化学微格教学训练

主　编　杜正雄

副主编　卢一卉　王　强

科学出版社

北　京

内 容 简 介

本书共九章，内容分为两部分：一是微格教学的基本理论，包括什么是微格教学、微格教学的目标建构、微格教学的实施原理、化学微格教学设计及微格教学技能的构成，系统勾勒微格教学的基本原理和实践框架；二是微格教学的实践训练，结合化学学科的专业特点，对微格教学技能从概念、设计和应用三个方面进行详细介绍，并有针对性地进行专项训练和综合训练，涵盖了教师专业发展中教学技能训练的基本内容。本书还提供了相应的教学案例和阅读材料，以便课程教学及技能训练时借鉴和参考。

本书可作为高等师范院校化学教育专业和各级教育学院的微格教学培训教材或参考书，也可作为中学化学教师的继续教育用书和教学参考书。

图书在版编目（CIP）数据

化学微格教学训练 / 杜正雄主编. —北京：科学出版社，2019.11

ISBN 978-7-03-063213-5

Ⅰ. ①化… Ⅱ. ①杜… Ⅲ. ①化学-微格教学-高等学校-教材 Ⅳ. ①O6

中国版本图书馆 CIP 数据核字（2019）第 249250 号

责任编辑：丁　里 / 责任校对：何艳萍
责任印制：赵　博 / 封面设计：迷底书装

科学出版社出版
北京东黄城根北街 16 号
邮政编码：100717
http://www.sciencep.com
北京富资园科技发展有限公司印刷
科学出版社发行　各地新华书店经销
*
2019 年 11 月第　一　版　开本：787 × 1092　1/16
2025 年　1 月第七次印刷　印张：12 1/2
字数：320 000

定价：49.00 元

（如有印装质量问题，我社负责调换）

前　言

教学技能是师范生今后从事教师职业必备的专业技能。教学技能的训练与实践是师范生在校期间必须接受的专业任务，也是师范院校教学工作中的重要环节。微格教学是培训师范生和在职教师教学技能行之有效的方法，为此编者编写了本书。本书特点概括如下：

(1)以技能训练为中心，建构课程新体系，体现课程的系统性和有效性。

微格教学的核心内容是教学技能的训练，技能训练的目标建构是理论教学的重要环节，目标方向是影响微格教学有效性的重要因素。要完成训练目标，需要关注四个基本环节：微格教学实施原理、微格教学设计、教学技能及教学技能的实践训练。实践训练是将单项技能的训练与技能的整体训练相结合，目的是使学习者的教学技能得以有序提升。因此，微格教学是在教育教学理论的指导下，应用科学的方法和现代科学技术，将实践中的教学经验在教学技能的层次上进行概括，形成一套可控制、可操作的教学技能训练模式。多年的教学实践表明，合理的“教学结构模式”是有效实施微格教学的前提和关键，清晰的教学思路、明确的训练目标、适当的情景资源是“化学微格教学训练”课程架构的基本要素。各个要素间相互联系，相互影响，体现了以训练为中心、理论与实践相结合的课程体系，有助于教师有序地展开教学，更有利于学习者的学习和创造。

(2)以训练目标为依托，创建内容新体系，兼顾系统性和内容的精简性。

微格教学的基本目标不仅体现在学习者全面认识微格教学的相关内容以及透彻地理解基本技法，更重要的是体现在通过有效的操作训练，学习者能够获得基本的教学技能，最终形成实际教学工作中所需的基本能力。基于这样的目标认识，本书在内容的安排上主要有以下三个特点：一是汇集微格教学所涉及相关概念、实施原理、教学设计、技能理论等微格教学的基础理论，强化目标意识，深化理论对实践教学的指导意义。二是在提炼、归纳各种教学技能基础上突出技能训练的设计安排，指出各项教学技能的概念、构成要素、应用技能的基本要求、训练要点及训练程序，并提供相应的教学案例，供学生学习和模仿。在整体训练中增设了微格教学反思，赋予微格教学鲜明的时代特征。同时，为适应基础教育课程改革对教师的新要求，拓展教学技能，将说课和评课技能的训练以及化学多媒体教学技能的训练单独作为训练模块。三是优选相应的阅读材料，紧密围绕化学专业技能的训练而展开，加深学生对技能知识的理解和运用，促进个体知识的内化提升以及实际教学能力的提高。

在本书编写过程中，得到了西南大学化学化工学院教师教育研究所李远蓉教授、黄梅教授、杜杨老师及化学系主任柴雅琴教授等专家、领导的热情关怀和大力支持。在本书的出版过程中也得到了科学出版社丁里编辑的热心帮助。在此对所有提供支持、帮助的领导、同仁和专家一并表示最诚挚的感谢！

由于编者水平有限，书中不妥和疏漏之处在所难免，恳请各位专家和读者批评指正。

编　者

2019年3月

目　　录

第一章　什么是微格教学

第一节　微格教学的产生和发展

一、微格教学的产生

第二次世界大战后，直到20世纪50年代中期，美国的教育状况没有多大改观。1957年10月苏联发射了第一颗人造地球卫星，引起美国国会和教育界的极大震惊。于是，美国从20世纪50年代末开始，开展了较大规模的教育改革运动，其主要目标是改变教育状况，使美国的教育水平与现代科学技术的发展相适应。改革涉及教育思想、教育结构、教育评价、教师培训、教学管理以及课程现代化等方面。作为培训教师手段的微格教学，便伴随着现代科学技术的应用，在美国教育改革浪潮中应运而生。

作为教育改革的一部分，美国大学的教育学院对师范生的培训方法进行改革。斯坦福大学的艾伦(Allen)教授和他的同事们认为，师资培训的科学化、现代化是师范教育改革的主要任务之一。多年来，师范生在毕业前都要进行教育实习，要像教师一样到课堂上授课，再由指导教师提出指导意见。艾伦教授和他的同事们发现师范生的“角色扮演”(相当于我国的实习试讲)过程中存在许多问题，主要有：①初登讲台的实习生很难适应正式的教学环境；②每个实习生试讲时间太长，指导教师很难自始至终地认真听讲、记录和评估；③给实习生评价意见多属印象性的，较笼统，实习生难以操作和改正，一般也没有机会立即改正；④试讲学生对自己的教学没有直观感受，难以进行客观的自我评估。

艾伦和他的同事们经过多次反复试验，由师范生自己选择教学内容，缩短教学时间，并用摄像机记录教学过程，以便课后对整个过程进行更细致的观察和研究。1963年，艾伦教授第一次将手提式摄像机带入课堂，应用于师资培训，创立了微格教学。

二、微格教学的发展

(一)国外微格教学的发展

微格教学出现后，迅速在美国各地得到推广、应用和研究。20世纪60年代末传入英国、德国等欧洲各国，20世纪70年代又传入日本、澳大利亚、新加坡等国家和中国香港地区，20世纪80年代开始传入中国大陆地区，印度、泰国、印度尼西亚以及非洲的一些国家和地区。

在英国，微格教学得到了教师的支持，该课程的内容引起了教师的广泛兴趣。微格教学课程通常被安排在第四学年，学生在教育实习前先学习“微格教学概论”“课堂交流技巧”的理论和实践，以及“课堂交流与相互作用分析”。微格教学课程共安排42周，每周5学时，共计210学时，师范生接受微格教学训练后，再到各中学进行教育实习。20世纪70年代初，澳大利亚悉尼大学教育学院注意到微格教学对师范教育和在职教师进修的促进作用，在初步实践的基础上，由国家投资进行了微格教学课程的开发项目，并编写了一套(共五册)《悉尼微格教学技能》教材，于1983年出版，在国内外引起了强烈反响，并得到广泛推广。教材中的培训技能包括强化技能、基本提问技能、变化技能、讲解技能、导入和结课技能以及高层次提问技能，对以上六项技能还配以完整的录像示范资料，使微格教学培训课程更加生动、有效。

微格教学在发展过程中吸收了许多新的教育思想和方法，使其不断系统化并日趋完善。例如，美国著名教育心理学家布鲁姆的“教育目标分类”和“掌握学习”理论，加涅的“学习的条件”“学习的分类”等学习与教学的著名原理，均为微格教学中教学目标的制订、教学技能的划分、教学设计的思想方法提供了理论基础和依据。弗朗德的“师生相互作用分析”为分析教师教学和学生学习行为提供了记录范畴和分析方法。摄像机、计算机等教育新媒体的运用为行为的记录和分析创造了更为理想的条件。目前，许多国家不仅将微格教学列为师资培训的必修课程，而且还应用于其他教育类别的技能训练中，如职业技术教育、特殊教育、医学、军事、体育、戏剧、舞蹈等，并收到了良好的效果。

（二）我国微格教学的发展

1. 微格教学培训的开展

自1983年起，北京教育学院受教育部师范教育司的委托，举办了两期外国专家微格教学讲习班、五期国内微格教学讲习班，培养了一批我国开展微格教学的实践和研究人才。按照国家教育委员会师范教育司的意见和要求，1989年三、四月间，在北京教育学院举办了两期“微格教学研讨班”，全国有70多所教育学院的教师参加了学习和研讨。1992年12月，由北京教育学院和四川教育学院联合举办的全国首期微格教学高级研讨班在成都举行，会议讨论了微格教学的理论和实践问题。微格教学的实践活动已从全国教育学院系统和师范院校发展到中师、幼师、小学，国内一些院校已开发出各具特色的微格教学示范录像带，探讨了微格教学的某些理论问题，编写了适应不同层次教育工作者的培训教材和分学科的微格教学教材。

2. 微格教学实验的开展

20世纪80年代中期，随着我国电化教育的重新崛起，微格教学在国内开始受到重视。1988年10月，中国第一次派代表参加联合国教育、科学及文化组织在香港举行的“亚太地区微格教学国际交流会”，正式把微格教学列入国内研究项目，随后各地逐步开展了微格教学实验。例如，北京市丰台区教育科学研究所从1989年秋季开始，首先在一所条件较差的农村小学进行“利用微格教学培训教师掌握教学技能、提高教学水平实验”的实验，取得了较好的效果。又如，海南省琼山市教育局教研室从1992年10月开始，共举办了六期微格教学骨干培训班，先后选定了四所小学和教师进修学校、琼山中学作为微格教学的实验点，通过试点总结经验教训，1993年下半年全市逐步推广微格教学。

3. 微格教学研究的深入

我国开展微格教学十几年来，大、中专院校及广大中、小学的教育工作者撰写了一批质量较高的科研论文，先后出版了《微格教学初步》（孙文杰）、《微格教学与教学测量》（陈献芳等）、《微格教学》（王维平）、《微格数学教程》（金井平）、《教师教学技能》（郭友等）等一批专著。1991年，由全国微格教学协作组秘书长孟宪恺主编的《微格教学基本教程》出版。1992 年，北京教育学院与河南平顶山矿务局教师进修学校合作出版了《微格教学(示范带)》(5 集)，并先后在该院学报上刊登了《微格教学研究》专刊，为全国从事微格教学研究和教学者提供了参考资料。1997 年，北京教育学院孙立仁主编的《微格教学理论与实践研究》以及配套的中小学各学科微格教学教程的出版，标志着微格教学的研究和实践在我国不断地深入开展，为教师的专业化发展发挥重要的作用。

第二节　微格教学的内涵和实质

一、微格教学的内涵

微格教学(micro teaching)，又称微观教学、微型教学或小型教学。对于微格教学的真正内涵，不同学者有不同的见解。英国新乌斯特大学的布朗教授说："它是一个简化了的细分的教学，从而使学生更易于掌握。"微格教学的创始人之一艾伦教授则认为："它是一个有控制的缩小的教学环境，是使师范生可能集中解决某一特定的教学行为。"北京教育学院微格教学课题组则认为："微格教学是一个有控制的实践系统，它使师范生和教师有可能集中解决某一个特定的教学行为。"《教育大辞典》指出："微型教学是指师范生或受训教师用 10 分钟左右时间运用某种教学技能进行小规模的教学活动，录像后由教师和学生讨论、分析改进教学行为的有效方法。"斯坦福大学教育研究中心认为："微格教学改革了角色扮演的教学实践过程，具体地把教学行为格化为不同的教学技能。"《辞海》对"微格"的字意解释为：微是细、小的意思；格是标准、推究，乃格物致知。微格即微小的结构、细小的标准。

尽管人们对微格教学的定义和内涵有很多解释，但其核心内容是教学技能的培训。它是采用现代教育技术，将复杂的教学活动细分为许多易于掌握的单项技能，在有控制的教学环境中逐个展开训练—评价—再训练，使受训者的教学能力得到发展和提升。在微格训练过程中，师范生在学习完每一项教学技能之后，紧接着要通过一个简短的微型课对所学的教学技能进行实践训练，使其理论在实践的过程中完善和提高。正因如此，微格教学具备以下条件：一是有特定的环境，即监控环境；二是把课堂教学基本技能细化；三是促进受训练者的行为改变。"特定环境"是指师范生在有控制的情况下，在一定空间范围内由现代媒体控制系统训练教师教学技能的一种方法。"特定"还包括学生小组成员之间的心理控制。"课堂教学基本技能细化"则是指把完整的课堂教学过程化解为若干部分，学生接受各个部分的训练。"行为改变"则强调学生的教学行为提高，在不断反馈、不断评价中促进教学技能形成。

从内在意义而言，微格教学就是建立一套课堂教学技能的行为模式。其步骤是：先描述技能，然后将其分解为行为结构要素，再从序列上组合，以达到最终预期目的。因此，微格教学的界定非常强调现代特点，在现代技术的监控下进行教学技能的具体训练，它要求授课时间短(5～15 分钟)，教学内容、训练目标具体，学生人数少，是一种最真实地将整体课堂教学分解、细化为若干可操作的教学技能组块并加以逐一训练的过程。这种微格训练能有效地让学生把专业知识及教育学和心理学的理论以特定的教学策略外化为具体的教学行为规范，促进学生基本教学素质的提高与发展。微格教学作为有控制的教学活动，在操作规律和原则方面必然受到教学规律的制约，带有教学自身的内部的活动规律。因此，微格教学是以教育教学理论为指导，以视听技术为基础，为系统训练教师的教学技能而发展起来的一种教学方法。微格教学的实施过程则是以现代学习理论、教学理论、现代教育技术理论及系统科学理论为指导的教学技能训练过程，其教学特征概括如下：

(1)理论与实践紧密结合。微格教学中的一系列实践活动可以使相关的教育教学理论、心理学理论得到具体的贯彻和应用。这种理论与实践紧密结合的教学方法提高了学生对教学法课程的学习兴趣。

(2)学习目的明确，重点突出。由于采用微型课堂的形式进行实践教学，所用时间短，学生人数少，只集中训练一两个教学技能，有利于使受训者明确学习目的，便于把精力集中放在重点上。

(3)信息反馈直观、形象、及时。采用现代信息技术对学生的行为进行记录，能及时、准确地获取反馈信息，可大大提高训练的效率。

(4)有利于学生主体作用的发挥。微格教学坚持“以学生为主体，以指导教师为主导，以训练为主线”的原则，有利于学生创造性思维的培养。

二、微格教学的实质

(一)微格教学是提高实训者认识的实践活动

心理学认为认知在反映客观事物的整体时，总是先剖析内部结构，把存在各种内在联系的整体分解成各个因素、各个部分、各个行为加以分析，再进行综合、比较、抽象和概括。微格教学延续这一思维过程，把教学过程看成一个整体，通过分解建立若干个训练的子部分，经过观摩—训练—评价—再训练—再评价的过程，对各个部分、各个细节进行感知、训练，使受训者逐渐掌握教学的内部环节，进一步归纳形成相应的各种教学技能。微格教学的重点放在学生的技能训练上，以训练促进认识发展，通过主体对教学行为规范的认识与体验构建教学行为规范结构，这是发生在学生头脑内部的内在过程，它打破以往教学中先认识再实践的验证性模式，但又不是单向的，是反复认知、反复验证的双向实践活动，达到认知结构的自我形成，以控制自身的教学行为。

微格教学实践活动的特殊性，突出了学生自主学习、自主发展的过程。微格教学始终把学生放在主体地位，营造一个以学生为中心、以学生能力培养为目标的课堂环境，在观摩示范、编写教案、角色扮演、教学评价全过程中，学生都是主动参与，不断实践训练，自己进行总结、揣摩和感悟，以自身训练获取直接经验，学生的主体地位得以充分发挥。与此同时，微格教学也充分发挥了教师的指导作用。在其他教学形式中教师是课堂教学的主导，在微格教学中教师的身份是指导者。虽然整个训练过程的设计、管理由教师负责，但教学内容的选择、教学策略的安排及具体的训练都由学生自主完成，教师只是“牵马过河”，以导学为主要形式，而非“灌输”。

(二)微格训练是一种技术练习，是教学与实训的结合

如果微格教学没有训练，也就失去本身存在的意义，训练是真正体现微格教学的最重要的标志。一般来说，训练方式有很多，包括课堂小型训练、微格实训、见习实习的具体实践。微格教学就是对学生进行这种程序化、技术性培养，发展教学技能，使其通过多次模仿、练习，逐渐形成一定的自动化的操作行为，并提升为职业技巧和职业素养。微格教学作为教学技能形成的主要途径，改变师范专业的教学内容重理论、轻实践的局面，把每个单项技能作

为技术要求予以掌握，这样既可充实师范专业教学内容，又配合教师教育课程对理论内容进行实践操作，更形象、直观地体会教学规律。同时，学生通过亲自扮演，在实践中领会、掌握教学技能，在实践中实现技能迁移。技能迁移是指已经掌握的技能对掌握新的技能产生的影响。微格教学把教学过程是否顺利并有效进行的基本(特殊)技能分解，再经过训练形成基本的教学能力，这期间会出现技能的迁移现象，在技能形成中，各种技能之间可以互相作用，作用更多的是正迁移。这种正迁移实现技能的转化，既可以是单项技能之间的转化，也可以是局部技能向整体技能的转化。

(三)微格教学是合作性学习的表现

人的学习与训练不应当是封闭于个人主义的操作过程，而是以集体实训为基础的学习共同体的文化实践过程，是一种对话过程和修炼过程。通过集体性学习、训练，学生在借鉴他人的思维模式的同时，变革自身的思维方式，在集体合作中得到发展，为终身学习奠定基础。学生在微格教学中，由于不存在价值冲突，不会有太大的心理压力，因此即使失败，也不会产生不良影响，不必担心教学正常状态的发挥，而更关注如何解决实践中的问题，有助于提高自身的教学经验与教学水平。微格教学以小组为活动单位，互帮互学，增强小组成员的交流和互动。合作性学习是当前教育的一大趋势，微格教学在整个活动过程中都坚持合作性，把学生分成若干个小组，就是方便学生的相互学习和讨论。而在观摩示范、角色扮演、反馈评价阶段一直以合作为主要方式，学生之间不断学习技能的基本知识，对教学技能训练的设计、实施效果都可以大胆地提出疑问，彼此之间是平等的、互助的友好关系，学会与同学相处，建立良好的人际关系。

(四)微格教师是一种教师反思行为

教师职业技能的发展要求教师以建立对自我教学行为的反思为成熟标志。在某个技能训练结束后，先由受训者阐述教学过程是否符合教学设计，再通过指导教师和学生的观看，呈现主体者的主观感受，最后结合小组讨论，获取反馈信息。这种来自不同方面的评价反馈，增强培训者的客观分析和调整自己的教学行为的传递方式，围绕目的强化正确的教学行为，改进不足，尽快实现技能要求的最终目标。主要是把自己的教学活动作为思考的对象，通过回顾、诊断、讨论等方式，科学客观地辨析、修正自身教学行为。它是提高学生的自我观察、自我监控能力，促进主体反思能力发展的途径，不是简单的教学经验总结，而是对训练过程监控、分析和解决问题的具体操作活动。

在师范院校一般课堂教学为学生提供反思的机会很少，而微格教学以学生的过程训练、反馈评价来反观自身教学中的问题，哪些是可取的，哪些是要修正的，在指导教师和同学的共同讨论中寻找反思问题的有效解决策略，这也是为了在以后实际工作中建立反思的习惯，主动考虑教学的成效。微格教学的主要内容是对每个技能进行训练，通过反馈评价、不断修正提高教学技能的生成。这期间反思是主要环节，一般是引导学生对教学设想和行为进行反思，即每个学生在教学行为完成后对自己的表现、想法、做法的反思；引导学生对教学过程进行反思；引导学生对整个教学活动的反思。这种反思注重实践性与参与性，促进学生的自我教育能力发展，增强教学的自信心。

第三节　微格教学的特点和作用

一、微格教学的特点

微格教学是分解简化了的课堂教学，它的特点可归纳为：训练课题微型化，技能动作规范化，记录过程声像化，观摩评价及时化。

(一)技能训练单一

微格教学是将复杂的教学过程细分为容易掌握的单项技能，如导入技能、讲解技能、提问技能、强化技能、演示技能、课堂组织调控技能、结束技能等，使每一项技能都成为可描述、可观察和可培训的，并能逐项进行分析研究和训练，以提高培训效能。

(二)目标明确可控

微格教学中的课堂教学技能以单一的形式逐一出现，使培训目标明确，容易控制。课堂教学过程是各项教学技能的综合运用，只有对每项细分的技能都反复培训、熟练掌握，才能形成完美的综合艺术。微格教学培训系统是一个受控制的实践系统，要重视每一项教学技能的分析研究，使培训者在受控制的条件下朝着明确的目标发展，最终提高综合课堂教学能力。

(三)参加人数少

在训练过程中学生角色一般由 7～10 名学生组成，而且学生可以频繁地调换。实践表明，这样便于机动灵活地实施微格教学，深入进行讨论与评价。

(四)上课时间短

微格教学每次实践过程的时间很短，通常只有 5～10 分钟。在这期间集中训练某一单项教学技能，如讲解技能或板书技能，以便在较短的时间内掌握这项技能。

(五)运用视听设备

借助现代视听设备真实记录课堂互动细节，使受训者获得自己教学行为的直接反馈，并运用慢速、定格等手段，在课后进行反复讨论、自我分析和再次实践，以行为结果确定个别进度，强调合格标准。

(六)反馈及时全面性

微格教学利用现代视听设备作为记录手段，真实而准确地记录教学的全过程。对执教者而言，课后所接收到的反馈信息有来自于导师的，也有来自于听课的同伴的，更为主要的是来自于自己的教学信息，反馈及时而全面。

(七)角色转换多元性

微格教学突破了传统的教师培训的理论灌输或师徒传带模式，运用现代化的摄像技术，对课堂教学技能研究既有理论指导，又有观察、示范、实践、反馈、评议等内容。在微格教学课程中，每个人从学习者到执教者，再转为评议者，如此不断地转换角色，反复地从理论到实践，经过实践再进行理论分析、比较研究。这种角色转换多元化的培训方式，既体现了教学方法、教学模式的改进，又体现了新形势下教育观念的更新。

(八)评价科学合理

传统训练中的评价主要是凭经验和印象，带有很大的主观性。微格教学中的评价由于参评者的范围广，评价内容比较具体，评价方法比较合理，可操作性强，使评价结果包含的个人主观因素成分减少，因此比较科学合理。

(九)心理负担小

微格教学上课持续时间短，教学内容少，而且班级人数不多，可以使受训者的紧张感与焦虑感减少到比较弱的程度，从而减轻受训者的实质性心理紧张。又由于评价既指出不足，更要肯定优点，会增加受训者的自信心与成就感。另外，微格教学的环境是特殊安排的，是在一定控制条件下进行实践活动，避免了学生的干扰，因而也减轻了受训者的心理负担。

二、微格教学的作用

(一)微格教学是学生技能转化的主要途径

微格教学是通过技能的训练，学会如何引起、激发学生学习的动机、情感、需要；学会调节课堂气氛，学会控制自身的行为，保证受训者在今后的从教活动中得心应手，顺利过渡到教学成熟阶段。微格教学的出发点就是提高教师专业技能。从师范院校培养学生的素质看，学生在校期间以掌握有用专业知识与专业技能为培养目标，而专业知识主要从课堂教学中通过教师讲授获得，但这些知识能否转化为学生自身教学水平，依赖于学生的实践操作。教学实践可以通过见习、实习完成，但学生实习前的技能训练是构成学生感性经验的重要途径。微格教学虽然是几个人组成的小型课堂，但实质上确保受训学生从细微之处感悟体验教师的角色，以评价、强化教师行为，深化学生的专业知识和教育教学知识，引导他们将理论转化为具体从师任教的职业行为，使其掌握教学规律，形成教育教学能力和教学智慧。

根据职业技能专业化和专门化的要求，学生在学校花大量时间和精力进行系统的专业知识以及相关教育教学知识的学习与研究，但仅仅从书本上获得，也是纸上谈兵，不经过职业训练，这已经不符合职业要求。微格教学在知识形成向高一级的能力转化中发挥实践作用，尽管学生学习了怎样备课、怎样上课等学科知识，但是许多实习生反映刚到学校实习不知道怎样上课，对具体的上课环节只有一个笼统和模糊的概念。实习工作是完全教学的实践阶段，在由学校理论教学到实习过程需要一个中间环节，即学生课堂教学能力的训练，提供技能准备，在模拟课堂中体验到当教师的感觉，只有这样才能让他们有把握地走进课堂，尽快适应中小学教学，完成教育教学工作。通过训练过程——备课、实训、反馈、改进等方式，促进学生从各个角度掌握教师教学规范，培养从教的综合素质和创造能力，同时也是学生研究性学习的发展培养途径之一。通过微格教学，有效培养学生分析和解决问题的能力、创新能力、合作能力，促进教师专业的自主性。

（二）微格教学满足学生的心理需要，提高实效性

⑴动机明确。学生训练过程受认知、人格及社会等诸多因素影响，而动机是非智力因素的核心。动机是由某种需要所引起的直接推动个体活动，并促使个体活动实现目标的内部心理状态。它分为两个层次：一是内部需要引出的推动力，二是这种动力转化为个体的行为。训练动机一经产生，就必须发挥作用，即对训练过程与训练结果的作用。动机本身是无法直接观察的，只能根据动机引起的行为及行为表现方式去推论，微格教学的训练恰恰是行为的外部表现，同样受动机的控制与维持。在这个训练过程中学生对每一个单项训练都非常认真，始终处于这种积极性、主动性的发挥，满足学生的内部需求，增强“我要训练”的主体意识。

⑵消除心理压力。师范生由于缺乏训练，实践经验和教学细节方面不足，在实习过程中教学行为生硬、不合规范，甚至面对几十双眼睛时的胆怯、恐慌都会时有表现。在微格训练之中，这种心理压力减少。第一，受训者彼此都是熟悉的同学，每个学生都要训练，同学之间的训练经历相同。第二，学生虽然在学习水平、智力因素等方面表现一定差异，但微格训练是为了学生技能的掌握，每个学生都要达到共同标准，学生的个体差异表现不会明显。第三，学生一旦表现某个训练不规范，可以及时纠正，并重新进行，没有利益上的损失，信心不断增强。学生的纠正方式可以通过讨论反馈和设备反馈，在大家共同讨论时，角色扮演不成功时会遭受批评、责备，产生自责。但这只是训练的初期，在不断反馈后学生能坦然接受他人的指导，心理的承受力增强。

（三）微格教学是教师可持续发展的要求

教师可持续发展要通过终身专业训练，习得教育专业知识技能来实现专业自主。微格教学正是实现教师专业化的必经之路，是教学技能由不成熟到成熟的转变过程。北京师范大学谢维和教授认为，一个优秀教师的专业技能包括五个方面：一是专业化知识，包括关于学生的知识，关于课程的知识，关于教学实践的知识；二是对学生及其学习的承诺与责任；三是教学实践技能，包括制订适合学生的教学计划的能力、应用和结合条件课程知识的能力；四是班级领导和组织的技能；五是持续不断的专业学习。华东师范大学教授叶澜认为，教师专业知识的基本层面是：具有比较广博的知识和专业水平，强调师范性与学术性的统一，教师对所教学科内容的掌握程度是其专业水平的表现之一。因此，教师专业化背景下的教师职业技能应该包括：第一，面向人（学生）、发展人的技能，指导学生学习技能，引导学习探究的技能；第二，“学会学习、善于学习的能力，自我完善的技能”；第三，较强的创新意识和创造能力。教师作为一种专门职业，与其他社会职业如医生、会计等一样也有专业要求，也需要进行专业化训练，才能胜任教师职业。微格教学注重教师职业技能的形成与转换，以训练为目的，学生在一定时间内进行专门训练，掌握教学基本技巧，建立探究教学的基本思想，是教师必须经过的专业训练途径，也是今后自身发展的契机。

阅读链接

微格教学的当代诉求

1. 微格教学目标的综合化

当代教师的专业发展呈现出强烈的综合化特征，即寻求教师专业知识、专业技能与专业精神的合理统一。

其中，教师的教育智慧受到极大重视。教师教育智慧并非通过知识传授和技能训练可以生成，而需要在教育实践中不断运用、反思和创造。教师的教育智慧具有个性化与综合化特征，是教师的专业知识、专业技能与专业精神在真实教学情境中的综合性表现，是一种实践性智慧。教师专业素养的综合性取向要求微格教学的目标走向综合化，即不仅要关注教师专业技能的获得与熟练，更需要关注相关技能的认知成分与情感成分的发展及其对于真实教学情境的合理性，在实践中达成行为、认知与情感的合理统一。同时，微格教学目标综合化要求人们转换目标设计的基本思路，即不再通过教学分技能的训练提升教师的综合教学能力，而是在教师综合性专业素养的关照下展开教学分技能的生成。

2. 微格教学过程的合理化

教学活动是一种多因素相互作用的复杂活动。然而，在当前微格教学中，当人们致力于教学分技能训练时，通常会简化教学活动的影响因素，建立一个可控的、虚拟的课堂。在这样的课堂中，人们以行为主义心理学为基础，建立起“训练—行为改变”的线性关系，从教师的“教”入手，抛弃学生、教学内容等现实因素。这种虚拟课堂虽然对教师特定行为的改变具有重要作用，但由于脱离真实课堂情境，忽视了教师对真实教学情境的亲身体验，消解了教师对复杂教学情境的处理的智慧——教学机智的生成，所产生的行为改变也就失去了其合理性的基础。当行为改变失去其合理性时，微格教学就变成了一种机械、呆板的行为训练，由其所形成的教学技能的意义和价值也就岌岌可危了。

在“价值理性”关照下，单纯的“技能训练”或“认知发展”已经不能达成教师教育智慧的生成，教师个人知识的建构才是生成教师教育智慧的基本途径。当代知识观认为，知识是个体在实践中主动建构的，其获得离不开个体的介入。建构主义认为，知识是学习者在一定的情境即社会文化背景下，借助其他人(包括教师和学习伙伴)的帮助，利用必要的学习资料，通过意义建构的方式而获得。学习的过程由“知识传递”走向“意义建构”，学习成了一种对话性实践，是个体通过与客观世界、与他人、与自己的对话来达成意义重建。对微格教学而言，当代知识观与学习观的改变必然要求微格教学抛弃呆板的行为训练，转而走向“对话”，因为通过“对话”，学生不仅获得了理论知识，改变了教学行为，更重要的是在这种改变过程中获得了教学技能的价值与意义，体现了人作为主体的可能与价值，彰显了微格教学的合理性。

3. 微格教学形式的多样化

微格教学自产生之日起，便过着“单一的生活”。人们在进行微格教学时，往往在虚拟的课堂中，通过技能分解、小组划分、教学设计、展示、反馈与修正，实现教学技能的训练与熟练。这种虚拟的、封闭的、单一的教学形式难以使学生开展对话性实践，难以获得知识的价值与意义，更难以生成教师的教育智慧。特别是在目前高等教育大众化背景下，大规模的班级人数，缺乏的师资与设备，使得微格教学犹如“走马观花”，每个同学在微格课中只能进行一两次完整训练，以至于课程结束后，大部分学生对微格教学只是“有所感受而已”。

微格教学形式的多样化可以从以下三个方面入手：一是进行课程整合，即打破微格教学课程的绝对独立性，借助教师培养课程体系之间的相关性进行资源共享。例如，微格教学可以与(学科)教学论、教育见习、教育实习等课程进行整合，在各门学科中渗入微格教学的内容与方法，让学生在不同语境、不同层次下认识、体验和实践教学技能。二是充分利用网络技术和多媒体技术，拓展微格教学的时空。例如，在上课之前通过各种网络形式(QQ群、微信、博客、精品课程、自主学习平台等)让学生开展自主性学习，形成自主、合作、共享的教学氛围。三是鼓励多主体参与，增强师资力量。例如，在微格教学中实行导师制，选聘有一定教学经验的优秀学生承担小组“导师”；鼓励中小学合作单位教师参与微格教学指导；等等。

4. 微格教学评价的实践化

在“技能训练”取向下，微格教学活动中的教师、学生和教学内容均处于虚拟状态，是一种假设性的存在。这样，微格教学评价也只能针对虚拟教学情境进行假设性评价，教学评价失去了其应有的价值与意义。因此，要充分发挥评价的功能，培养智慧型教师，必须在实践取向下重构微格教学评价标准与评价方式。这需要，第一，重塑评价理念，坚持“实践是检验真理的唯一标准”。第二，微格教学中加强“实资源”的渗入，构建实践性评价的平台。例如，在进行微格教学活动之前，让学生多参加见习活动，充分体验真实的课堂教学情境；利用多媒体多观看该教学技能在真实课堂中的设计与实施；聘请有丰富教学经验的教师进行讲解与演示；等等。第三，与中小学建立合作关系，如成立“教师专业发展学校”，在真实课堂中检验学生的学习效果。

思考与实践

(1)如何理解微格教学？它有哪些作用和特点？试用自己的理解方式在小组内讨论。

(2)微格教学与微课有什么不同？查阅、整理资料，并提交报告。

第二章　微格教学的目标建构

微格教学有两个目标：一是使受训者掌握一定的教学技能目标，这一目标又称为培训或训练目标；二是通过技能的运用，进行微格试讲，以实现目前中小学课堂教学目标，就是常称的课时教学目标，也称“三维”目标，只不过试讲内容是一个教学片段，这一教学片段是一个知识点或一个概念等，所以教学目标的确定应立足于本片段当中。

第一节　微格教学的目标导向

一、微格教学的教学目标

(一)“目标”的主要类型

在教育教学的理论中涉及的目标主要有教育目的、培养目标、课程目标和教学目标等概念，它们的关系在结构层次上有上下位次之分，依次为：教育目的—培养目标—课程目标—教学目标等。

教育目的是培养人的总目标，是含有方向性的总体目标和最高目标。它反映的是一个国家总体的终极的教育意图和方针，所要说明的是教育应满足什么样的社会需求和应培养人的哪些身心素质。它一般在教育法或教育方针中规定，是一个国家教育工作的总目标和长期目标。教育目的可以理解为一级教育目标，具有高度的概括性，表现普遍的、总体的、终极的价值，是整个国家各级各类学校必须遵循的统一的质量要求。

培养目标是各级各类学校或各个学段的教育目标，是教育目的的具体化。

课程目标广义为课程总目标，狭义为分科课程目标，各阶段、各学科的教育目标，是指从某一领域或某一学科的角度所规定的人才培养具体规格和质量要求(分科目标)。

教学目标是具体教学过程的结果和学生的行为准则，它是学科课程目标与具体教学内容的结合和具体化。课程目标的制订主要由教育行政部门完成，具有较强的规定性；教学目标主要由教师来规定，具有较强的灵活性。

(二)教学目标的设定

按照新课程标准的划分，教学目标可分为：知识与技能、过程与方法、情感态度与价值观三个维度。因此，在编写教案时，对教学目标的书写应当尽量从这三个维度进行考虑(详见第四章)。

对于微格教学目标，教师灵活把握，根据学生的知识和技能水平，并依进度灵活制订。以课时目标为例，教师在设置教学目标时，要考虑的因素有：①学生已有的教学技能和水平；②本次教学要达成的技能学习目标；③在教学中能体现出来的师德教育。因此，教师在编写教学目标时，需要对学生已有的水平加以了解和掌握，还必须在技能的培训中培养学生的师德，进行恰当的情感教育。

当微格训练结束后，教师应对本次活动所达成的目标进行评估，一般从学生的学习效果入手，可以设定一些问题，让学生思考并回答，以评估学生学习的效果，并以此作为教师教学目标是否达成的依据。设定的问题可从以下方面考虑：学生对本课程中的原理是否理解；对技能的掌握程度如何，是否大部分学生都能理解技能使用的规则和技巧；在微格教学过程中体现出来的技能是否有相当大的差异，部分学生在技能的使用上是否仍存在困难；在微格教学中能否体现其师德；是否能掌握教学技能，并能按教学内容灵活运用；等等。

二、微格教学的训练目标

微格教学的核心内容是教学技能的训练。既然是通过训练获得技能知识，从而熟练地运用这些技能知识进行化学教学，首先就应该明确训练的目标，才能做到心中有数，有计划，有安排，按照一定的训练程序，避免反复的机械训练的弊端，提高训练的有效性。因此，建构清晰可行的训练目标十分重要。

(一)微格教学的训练原则

(1)目的性原则：目的是活动最终要达到的结果，目的越明确，活动积极性就越强。微格教学将复杂的教学活动过程科学地分为若干阶段或若干单元，并与现代化视听技术结合进行片段训练。每个训练都是可描述、可观察、可培训的训练，每次集中一两个训练，内容简单，目的具体，用时短，人数少。受训者完成每一方面的技能时都要明确懂得教师应该做什么、怎么做、为什么做和做的结果。他们将投入更多的精力进行深入思考，确定行为的目标，保证在讨论评价时体现可描述、可观察、可培训。导入技能明确突出新内容的趣味与动机，提问技能一定要启发思维、学生参与等，目标越具体，操作性越强。

(2)主动性原则：微格教学使学生通过大量的自主训练、客观性评价，学会教学的基本技能，通过新的信息记录技术——录音或录像，受训者可以正视自己在教学中的表现，刺激大，修正速度快，容易自我改正。在整个训练过程中受训者处于主动地位，充分体现个体的主人翁性，打破被动局面。受训者主动学习他人的优秀示范，积极讨论，体现创新，根据自己的特色实现主体愿望，创造性地提出方案，逐渐加深对技能的理解与掌握，丰富技能的运用方法。同时，受训者通过对教学内容的安排、教学的组织、教学目标的确定，自己的设计、自己的实践，真正感受教师的劳动特点与劳动价值。另外，使用录音和录像的现代化技术，将教育技术与训练结合，探讨如何设计教学，营造自然、轻松的模拟环境，为学习者或共同体进行互动提供平台。受训者用“第三只眼”观察自己的教学过程，更清晰地意识到自身的长处，变被动为主动，反映并纠正自己的短处。训练时受训者分组练习，每组人数 10～12 人，这种小型课堂保证每一个受训者都有登台表演的机会，积极热情、自觉地参与到培养能力的过程中。

(3)实践性原则：教学是一种实践活动，任何教学中都蕴含着教育元素，要想教育活动完美实现，除了依靠教育思想、原则、方法等指导以外，还要依靠实践的操作，形成教育技能、技巧。而教育技巧的创造性发挥达到灵活自如、随机应变的程度，并同人的情感结合，促使教育达到最佳效果，这就是教育艺术。微格教学为实现教学艺术性，强调受训者自身教学经验的获得，形成课堂教学的操作规范，为今后工作的自我完善提供职前训练。

(i)学生系统学习教育学、心理学和教学法的基本理论仅仅是理性认识，而微格教学可以增强学生的实践能力，把获得的理性知识应用于实践，并在实践中检验和修正自己的行为，从研究教师、学生的静态转向直接的动态研究，从根本上实现技能的形成途径，整个过程受训者没有过大的心理压力，为教育实习或今后教学工作打下坚实的基础。

(ii)微格教学带来可操作性，整个过程就是实践过程，教学本身的目的是让学生学会学习，这一过程通过有序训练才能建立。微格实训对每个技能训练提出明确的操作程序，便于学生理解掌握，也容易建立活动模式。

(4)及时反馈原则：行为主义的代表人斯金纳说："教育就是塑造人的行为，有效的教学和训练的关键是分析强化的结果及设计精密的操作过程的技术。"微格教学采用现代技术为受训者提供自己行为的及时反馈机制。及时反馈原则是学生在训练环节结束后，通过现代手段和教师的讲评对自身的技能掌握的状况和结果及时了解，调整或修正自身的教学措施，并不断提高。第一，按照现代系统科学理论，学生根据大量的反馈渠道(录像回放、教师指导、学生评价等方面)获得更多信息来发展教学能力。传统的教学反馈更多采用笔记或问卷调查进行，教师无法回忆教学的每一个细节。微格教学过程是当一节微型课结束后利用录像等设备将每一位受训者的教学行为真实客观地记录下来，提供小组讨论后自评的感性资料，受训者仿佛照镜子一样看到自己教学中的课堂形象，获得更多的改进信息，还可以通过暂停、重放等方式实现连续强化，增强学习动力，减少错误，提高学习效率。第二，学生训练从学生实际出发，有的放矢地进行，做一切事情要从实际出发，以反馈调节教学行为，讲究实效，逐渐从外反馈向内反馈转化，达到技能的稳定性和灵活性。

(5)整体性原则：微格教学正如体育运动一样，在严格训练基本技能的前提下更强调个人技能的合理整合，它并未排斥发展的主体风格，打破培养模式的固定化、同一化。微格教学在实践中不能仅限于单一技能的训练，要建立开发性、整合性的训练体系，须走训练与试讲相结合的道路，才能改变"只见树木，不见森林"的局限。因此，把单项训练贯穿起来形成整体—局部—整合的模式，创建学习技能—尝试训练、理解技能—综合运用、形成技能—建立特色的个别化教学，微格教学才有更大发展空间。另外，教学技能不是教学片段或教学环节，教学片段或教学环节具有综合性。实际上，任何教学活动行为总是同时整合若干技能类别，从不同方面表征不同技能之间的相互作用，技能的整体性也不是技能简单的累加，而是经过训练达到完全融合。不能说训练讲解技能，就是纯粹的讲解，它必须与提问、板书等结合进行。

(二)微格训练目标的设定

训练目标是某一技能门类或科目学习完以后所要达到的学生发展状态和水平的描述性指标，是训练设计的基础环节和重要因素，直接影响和制约训练内容。活动组织、教学实施等后续课程因素的设计和操作，直接影响和制约日常的教育教学行为。

培养目标是制订培训目标的依据，而培训目标则是培养目标在某一领域或学科角度所规定的人才培养的具体规格和质量要求。在微格教学中，由于内容特色不明显，不是传统意义上的狭义课训练，一般称课程目标为培训目标，体现微格教学是一门培训课程。

从微格教学的培训目标和师范类院校培养目标的关系上看，微格教学的培训目标是将培养目标中的教学技能这一要求进行具体的培养和提高。

培训目标的制订应以教育目的和培养目标为依据，并体现教育目的与培养目的的意图。微格教学的培训目标可以设定为：通过微格教学，学生掌握基本教学技能的概念和原理，熟练运用各种教学技能进行教学活动，最终实现技能娴熟、教学有序。

1. 掌握基本概念和原理

从知识与技能的关系来看，知识的学习有助于技能的掌握，而在技能的学习中，先进行理论的学习是必要的。对教学技能概念和原理的掌握有利于形成“先行组织者”，使日后技能的训练相对容易。

通过理论知识的教学、教师示范和录像示例等形式，学生对微格教学中各技能进行全面了解，掌握概念、目的、分类和构成要素，应用原则及实施要点，形成基本的知识框架，明确技能训练的目的与要求，其具体内容包括：

(1)了解微格教学的概念、特点及原理：对概念、特点及原理的学习，使学生从整体上认识微格教学，提高学习兴趣，有利于学习迁移的形成。

(2)理解微格教学存在的意义：为什么要进行微格教学？通过微格教学，学生能获取什么？对这两个问题的回答，使学生体会到微格训练的重要性，增强参与意识，提高学习动机。

(3)掌握微格教学的原则：掌握微格教学的原则，在微格教学和训练中坚持这些原则，使得整个课程“有法可依”，整齐有序，形成良好的学习氛围。

2. 熟练操作教学技能

教学技能的分类具有多种方案，为了达到利于明确培训的目的，便于提供示范、易于获得客观评价和有助于优化教学过程的目的，通常把微格教学技能训练划分为十项，简称“十大教学技能”：语言技能、讲解技能、提问技能、演示技能、变化技能、板书技能、导入技能、强化技能、课堂组织调控技能、结束技能。每种教学技能的操作规范见表 2-1。

表 2-1 微格教学技能及操作规范

教学技能	操作规范
语言技能	语言准确、规范、有条理；语言清晰、速度和节奏恰当；语言具有情感性和感染力；语言具有启发性和应变性；体态语言和表情恰当；与学生之间的语言互动有效
讲解技能	讲解的内容重要、有价值；讲解内容感性、易理解；讲解有条理；科学性；举例恰当；用词确切、重视关键词；具有逻辑性；语速恰当；不断深化学生的认识和巩固知识
提问技能	问题明确；与旧知识相联系；包括不同层次，面向全体、照顾各类学生；把握时机，具有启发性；时间恰当，给学生思考时间；给予一定的暗示；对学生的回答给予评价反馈；适当的鼓励和批评
演示技能	突出演示目的；清楚介绍所使用的仪器构造；启发性、指明观察方向；直观易懂、清晰明确；程序步骤清楚；操作具有示范性；演示和讲解相结合
变化技能	声音、语速的变化；面部表情、目光、手势和动作的变化；运用媒体的变化；教学手段、方法的变化；师生相互作用的变化
板书技能	与教学内容联系密切；有条理、简洁；美观、直观、规范；速度适宜；表达力强；板画、板图简、快、准
导入技能	趣味性；自然性和衔接性；目的性和新课的关联性；时间的恰当性；面向全体学生
强化技能	引起学生的注意；目的性；使学生参与强化；对教学重点的强化；强化方式多样、灵活；科学性
课堂组织调控技能	组织管理恰当、课堂气氛好；及时反馈、控制、调节教学；变换不同组织方式；组织不同层次学生投入学习；注意个别学生、关注全体学生；课堂的自然、活跃程度
结束技能	目的性和关联性；学生参与活动的程度；内容概括、恰当；作业明确；巩固加深理解；时间恰当

教学技能的学习和掌握是微格教学课程的核心目标。通过理论讲解和学生的教学实践—评价—实践，最终促使学生掌握基本的教学技能。其中，具体的培训目标有：

(1)了解各项技能的概念、特点：对概念、特点的了解，是为了对各种技能有一定的认识，在头脑中形成初步的印象，以便于更深入的学习。

(2)区分各种不同的技能以及每种技能的不同类型：在对各种技能认识的基础上，要依据各自不同的特点，对它们加以区分。对每种技能中的不同类型也要能够区分，因为这些类型从另外的侧面说明其训练的方法。

(3)理解每种技能的目的和原则：对每种技能使用的目的和原则，要能够理解，这是操作各种技能的前提。对目的的认识，有助于增强对实际教学的了解；对原则的把握，有利于增强对技能操作的理解。

(4)熟练操作各项技能，技能娴熟(表 2-1)：要不断地训练，对于薄弱点要加强训练，错误处要及时纠正，使技能不断提高，最后达到技能娴熟。

(5)综合运用各项技能，教学有序：技能熟练后，综合运用各种技能，使其融会贯通，衔接稳妥，最终达到教学有序。

第二节　微格教学的实施过程

一、微格教学的训练流程

微格教学的实施包括学习相关知识、确定训练目标、观摩示范、分析与讨论、编写教案、角色扮演与微格实践、评价反馈、修改教案等步骤。

(一)学习相关知识

微格教学是在现代教育理论指导下对教师教学技能进行模拟训练的实践活动。在实施模拟教学之前，应学习微格教学、教学目标、教学技能、教学设计等相关的内容。通过理论学习形成一定的认知结构，有利于以后观察学习内容的同化与顺应，提高学习信息的可感受性及传输效率，以促进学习的迁移。

(二)确定训练目标

在进行微格教学之前，指导教师首先应向受训者讲清楚本次教学技能训练的具体目标、要求，以及该教学技能的类型、作用、功能及典型事例运用的一般原则、使用方法和注意事项。

(三)观摩示范

为了增强受训者对所培训技能的形象感知，需提供生动、形象和规范的微格教学示范片(带)或教师现场示范。在观摩微格教学片(带)过程中，指导教师应根据实际情况给予必要的提示与指导。示范可以是优秀的典型，也可利用反面教材，但应以正面示范为主。如有可能，应配合声像资料提供相应的文字资料，以利于对教学技能有一个理性的把握。要注意培养受训者勤于观察、善于观察的能力，吸收、消化他人的教学经验的能力。

（四）分析与讨论

在观摩示范片（带）或教师的现场示范后，组织受训者进行课堂讨论，分析示范教学的成功之处及存在的问题，并就"假使我来教，该如何应用此教学技能"展开讨论。通过相互交流、沟通，集思广益，酝酿在这一课题教学中应用该教学技能的最佳方案，为下一步编写教案做准备。

（五）编写教案

当被训练的教学技能和教学目标确定之后，受训者就要根据教学目标、教学内容、教学对象、教学条件进行教学设计，选择合适的教学媒体，编写详细的教案。教案中首先说明该教学技能应用的构想，还要注明教师的教学行为、时间分配及可能出现的学生学习行为及对策（将在第四章详细讲解）。

（六）角色扮演与微格实践

角色扮演是微格教学中的重要环节，是受训者训练教学技能的具体教学实践过程，即受训者自己走上讲台讲演，扮演教师，因此称为"角色扮演"。为营造出课堂气氛，由小组的其他成员充当学生。受训者在执教之前，要对本次课作一简短说明，以明确教学技能目标，阐明自己的教学设计意图。讲课时间视教学技能的要求而定，一般为 5～10 分钟。整个教学过程将由摄录系统全部记录下来。

（七）评价反馈

评价反馈是微格教学中最重要的一步。在教学结束后，必须及时组织受训人员重放教学实况录像或进行视频点播，由指导教师和受训者共同观看。先由试讲人进行自我分析，检查实践过程是否达到了自己所设定的目标，是否掌握了所培训的教学技能，指出有待改进的地方，也就是"自我反馈"。然后指导教师和小组成员对其教学过程进行集体评议，找出不足之处，教师还可以对其需改进的问题进行示范，或再次观摩示范录像带（片），以利于受训者进一步改进、提高。

（八）修改教案

评价反馈结束后，受训者需修改、完善教案，再次实践。在单项教学技能训练告一段落后，要有计划地开展综合教学技能训练，以实现各种教学技能的融会贯通。

二、微格训练安排与指导

（一）划分学生小组

一次理想的微格教学活动，需要多人参与、多种角色协调配合。对每一个师范生进行分组，按微格课室的间数进行，5～8 人或 10～12 人一组，可以是自愿组合，也可以是教师按平时的学习情况分层次合理匹配。

（二）指导教师选派

指导教师在微格训练过程中处于组织和指导的作用，需要有一定实践经验的教师，善于发现实践的问题，提高学生的教学技能，使之名副其实。指导教师的选派也是很关键的，一般所考虑的范围是教材教法的教师、教育学教师和一部分曾在小学或中学任教的教师。指导教师的工作内容一直贯穿整个训练过程，讲授理论知识后，教师对教案进行审查指导；学生试教之后，教师组织学生讨论、反馈，启发引导，找出差距。

(三)进行角色分工

教师角色由登台进行微格教学技能实际训练的同学担任，由于课堂教学时间的限制，每次扮演教师角色实际登台教学的机会宝贵，扮演教师角色的同学一定要充分准备，从教师角度思考、处理训练课的教学任务，切实起到应有的锻炼作用。在确定好训练的单项教学技能、编写好微格教学教案之后，同学登台进行教学，利用 5～10 分钟时间，按照单项教学技能的基本要求进行训练。

学生角色由等待进行微格教学技能训练的同学扮演，在听他人讲课时，学生角色并不是被动地浪费时间，可以根据训练内容配合“教师”的教学，也可以从学生角度提出问题和制造“麻烦”，在回答问题时尽量从学生角度做出反应，要学会观察、判断教师角色如何组织教学、呈现教学，学会借鉴他人的优点，逐步形成自己的教学特色。

记录者可由 1～2 名同学担任，最好用录像机对教学过程进行记录，重点是记录登台讲课同学的教学行为，讲课录像可为以后同学进行教学反思提供参考依据。如果没有录像机、录音笔等教学设备，记录者就需要认真观察，用纸笔以文字和符号等方式，认真记录课堂教学过程。

评价者角色既可以由任课教师担任，也可由多名小组同学担任。评价者应实事求是地对登台教学的同学进行评价，用自己的眼光分析讨论和反馈问题，指出优点、说明不足，以利于同学的进步。评价方式可以采用以下步骤：①自我剖析，阐述这样安排的目的，效果如何；②同伴评价，从自身认知角度考虑这节训练的可行性、合理性；③教师评价，教师从整体上进行综合评判，需要教师真正懂得教学规律，具有丰富的教学经验，并由教师填写学生评价表；④自我反思，听取大家的意见之后，学生本人思考今后要改进的地方。

第三节　微格教学技能的评价

微格教学中的评价是对教学技能的评价，是以一定的目标、需要、期望为准绳的价值判断过程。它通过对各项教学技能指标的考查与分析，对教学构成、作用、过程、效果等进行教学的价值判断，从而评价受训者的课堂教学技能水平。在教学技能的学习和形成过程中，评价起着重要的作用，没有评价就不能通过微格教学进行技能改进。

一、微格教学评价的意义和作用

(一)微格教学评价的意义

微格教学的评价是微格教学的重要组成部分。评价的重点是课堂教学的技能技巧方面，评价的目的在于考查受训者对各项课堂教学技能的掌握和提高程度。通过评价来比较、区分受训者的教学能力，获得受训者是否掌握某项技能的证据，以便及时指导；通过评价可以让受训者看到自己的成绩和不足，好的地方得到强化，缺点和错误得到纠正，从而提高课堂教学技能；教学技能评价指标的制订一般都体现了方向性和客观性，通过评价目标、评价体系的指引，可以为教学指明方向。因此，教学技能评价具有促进受训者提高教学技能水平的导向作用。

（二）微格教学中评价的作用

(1)及时全面获取反馈信息。教育学上的传统反馈形式是执教者上完课后通过回忆听取来自评课者的反馈和来自学生的反馈。但有时执教者很难理解这些评议，因为他想象不出自己教学行为的形象是如何的。微格教学则利用了现代化的设备，记录下全面的现场资料。执教者可以反复观看自己的微格课录像，因而不仅可以得到上述来自评课者和学生的反馈，而且可以得到来自执教者自身的反馈，执教者可以自己发现教学行为中的优缺点。从心理学的观点出发，这一反馈无疑是一个强刺激，最能强化行为人的优点，并改变行为人的缺点，所以在微格教学的评价中所接收到的反馈信息是及时全面的。微格教学又是一个受控制的实践系统。微格教学的评价使师生双方及时全面地获得反馈信息，因而使受训者在有控制的条件下进行教学实践，控制沿着有目标的、正确的方向进行。

(2)理论与教学实践紧密结合。从信息论的观点来看，让受训者观看示范录像是对复杂的教学过程的一种形象化解释。受训者从各种风格的教学示范中得到的是大量有声有像的信息，而这种信息是最易被接受的，因为视觉神经的信息接受能力要比听觉神经的信息接受能力大得多。在微格教学的理论学习阶段，受训者已经从理论上学习分析了各项课堂教学技能的作用、方法和要领；在角色扮演阶段又亲自运用了某项教学技能进行微格课的实践；在微格教学的评价过程中，通过讨论评议，将各项教学技能的理论和实践科学地结合起来，从观察、模仿到综合分析，形成了完整的课堂教学艺术。

(3)相互交流，促进提高。微格教学通常采用定性或定量的评价方式。定性评价根据反馈信息，结合课堂教学技能的理论，由小组成员提出各种个人的观点和建议。微格教学的组织形式已使全组师生成了研究教学技能的知己，每位成员都可以坦率地提出意见，互相取长补短。微格教学的评价也为执教者本人提供了充分的发言权。这与传统的评课是不同的，这种评价既不是简单地打分，也不是单看教学实践成绩的高低，而是在整个评价过程中发挥集体的智慧，对提高课堂教学质量起了重要作用。对于师范生来说，微格教学评议的重点是能让受训者对照课堂教学的基本技能要领，看到自己课堂教学的不足之处，从而加以改进，使自己尽快掌握课堂教学基本技能。对于有一定经验的中学教师来说，微格教学要求参加培训的教师能发挥个人教学特长。评议的重点是经验交流，同时在微格教学中暴露出来的不足之处也将在和谐的气氛中得以解决。通过评价，本来已具有一定教学经验的教师在课堂教学技能的掌握运用方面将更上一个台阶。

(4)促进教学理念与技能的提升。微格教学融进了国内外许多现代教学理论的观点、技能和方法。经过微格教学的理论研究、课堂教学技能分析示范、微格备课、实习记录等环节，受训者对这些新的理论观点、技能方法已有了一定的认识。微格教学评价过程充分综合了来自各方面的反馈信息，这种全新的评议方法能激发受训者学习。在微格教学中应用新理论、新方法，钻研新教材，运用新的课堂教学技能，从而使每位受训者的职业技能和素质在原有的基础上有所提高、有所发展，并使其适应教育改革的新形势，加快实现现代化课堂教学的进程。

二、微格教学评价的实施和反馈

(一)微格教学评价量表的制订

微格教学是以提高课堂教学技能为主要任务的教学研究活动，评价的重点应该以达到技能训练的目标要求为标准，经过比较判断价值。因此，如何建立合理的课堂教学技能评价量表对于微格教学评价工作来说是十分重要的。微格教学的评价指标就是根据每项技能的目标要求分解确定的。这些指标必须是具体的、可观察的、可比较的、易操作的，并尽量注意相互间的独立性。下面以教学语言技能的评价为例加以说明(表 2-2)。

表 2-2　语言技能评价记录表

课题名称：	执教教师：			
评价项目	好	中	差	权重
1. 讲普通话，字音正确	√			0.10
2. 语言流畅，语速、节奏恰当		√		0.20
3. 语言准确，逻辑严密，条理清楚		√		0.15
4. 正确使用科学名词术语，无科学性错误	√			0.15
5. 语言简明形象、生动有趣		√		0.05
6. 遣词造句通俗易懂		√		0.10
7. 语调抑扬顿挫		√		0.05
8. 语言富有启发性	√			0.10
9. 没有不恰当的口头语和废话	√			0.05
10. 音量恰当		√		0.05

根据教学语言技能的作用、方法和要领，确定了评价记录表中的 10 项具体指标。每一条指标在该指标体系中的重要程度用权重表示，各项权重之和应该等于 1。每一条指标的评价等级可分为好、中、差三等。假设各项评价的等级为：好(95 分)、中(75 分)、差(55 分)，那么某一评价者对试讲者的评分为：各项所给等级对应的分数乘以各项所对应的权重，统计各项目的得分之和，即

$$95\times0.10+75\times0.20+75\times0.15+95\times0.15+75\times0.05+75\times0.10+75\times0.05+95\times0.10+95\times0.05+75\times0.05=83\text{(分)}$$

按以上方法，逐一统计出每位评价者的评分，最后计算出平均分。

(二)微格教学定性评价与反馈

(1)微格教学定性评价：教学评价是基于具体的教学行为的价值判断过程，它是以教师的课堂教学行为为基础，并以相关的教学操作规范为标准。定性评价微格教学质量，应该以完整的课堂教学录像或严格的课堂教学记录为基础，以微格教学操作规范为基础，对微格教学提出建设性的意见或建议，见表 2-3。被评价者要认真倾听，理智地判断他人的意见或建议，不断锤炼教学思路，逐渐改进教学行为，渐次提升教学水平。

表 2-3 微格教学定性评价表

微格教学评价意见			
优点	不足	改进建议	备注
1. 2. 3. ⋮	1. 2. 3. ⋮	1. 2. 3. ⋮	

(2)微格教学的反馈：根据对其他学生微格教学的观察，或是根据教师或其他学生对自己微格教学的评价，在表 2-4 中填写自己对微格教学训练的感受。

表 2-4 对微格教学训练的感受

教学技能	进步	不足	后续努力方向
导入技能			
讲解技能			
提问技能			
⋮			

阅读链接

微格训练的有效教学

一、什么是有效教学

有效教学(effective teaching)的理念源于 20 世纪上半叶西方的教育科学化运动，特别是受美国实用主义哲学和行为心理学的影响，引起了广泛关注。国内学者综合国外学者的观点，绝大多数研究者把有效教学概念界定为：有效教学就是有效率的教学，是指在一定教学投入内(时间、精力、劳力)带来最好的教学效果，教师充分利用和开发课程资源，运用多种教学策略，激励学生主动参与教学，促使学生在知识与技能、过程与方法、情感态度与价值观方面得到最大的发展。具体表现为：充分准备和精心组织；教学目标明确；教学有条理或清楚；教学富有挑战性；适应性教学措施；让学生肩负起一定的学习责任；训练技能；师生充分地交流。

微格教学中的有效教学是指在新课程改革的背景下，信息技术支持的教学环境中的有效教学。信息技术支持下的微格教学打破了传统的微格教学中的时间、空间、资源等的限制，能够充分利用信息技术的优势开展各种基于微格教学模式的教学，信息技术在微格教学中的应用并不意味着有效教学的发生。因此，考察微格教学是否有效，仍然要从是否完成教学的训练目标、促进学生学习教学技能出发，综合教学目标、微格教学模式的应用、信息技术的应用和教学技能训练等多方面因素，从而探索微格教学技能训练有效性的规律。

二、基于训练的研究

“训练”在教育中的定义很多，我国的《教育大辞典》定义为：①教育的基本方法，对培养技能、能力、意志、行为方式和习惯具有特殊功能，偏重于通过强制性的实际操作活动，实现教育的目的，如学生的军事训练，以及品质、习惯、艺术技巧和其他技能的训练；②与“培训”“学习”通用，如通过专业训练加强专业知识。

不同教育理论流派视野中的“训练”也不同。进步主义教育的杰出代表人物杜威曾经这样说道：“我们所依赖的唯一训练，也就是成为直观的唯一训练，是通过生活本身得来的……经验正是一切有价值的训练源泉……这种训练来自参与创造活动，儿童从中贡献出自己的力量和达到一定成果……”要素主义教育的主要代表人物之一贝斯特一再强调，“真正的教育就是智慧的训练”“经过训练的智慧是力量的源泉”。要素主义注重心智训练，认为心智训练是对儿童具有积极意义的、有效的智慧情感方面的陶冶，而且这种训练并不是强加到教学过程的东西，而且训练本身就是学习，如果离开了它，任何真正的学习都不可能发生。

不同的心理学家虽然对技能所下的定义不同，但他们都强调教学技能的训练。皮连生认为：“技能是在练习的基础上形成的按某种规则或操作程序顺利完成某种智慧任务或身体协调任务的能力。”马忠良等认为：“技能是通过训练而形成的活法则的活动方式。”概括起来，教学技能是以教学操作知识为基础的心智技能与动作技能的统一，既包括内隐的心理活动，也包括外显的行为活动，这种活动需要训练才能成功。教学技能的实现需要借助内部语言在头脑中设计教学行为，把陈述性知识或教学操作知识表征系统构建这一系列教学技能图式，再通过外显的教学行为操作来表现。微格教学的过程是学生在原有知识和技能的基础上，通过训练学习，建立或形成教学技能内化—外化，从而迁移到具体的情境中。

教学技能的应用不会导致有效教学的必然发生，只有在尊重教学规律的前提下，将技能和教学法进行有效结合，制订出符合教学目的和教学条件的设计方案，并成功地实施，有效教学才会发生。而成功的微格教学技能有效训练是与特定的教学环境密切相关的，采用微格教学模块与其对应的训练模式(表 2-5)，制订出最佳的教学技能训练方案，促进微格教学技能的有效训练。

表 2-5　微格教学模块和对应的教学技能训练模式

训练模块	采用的训练模式
微格教学基础理论、教学设计理论等	有意义传递——接受式教学模式
课堂基本教学技能	教师主导、学生主体的训练模式
信息技术应用技能	基于任务的训练型教学模式
教学技巧技能	教师主导下案例学习、自主协作的训练教学模式

三、微格教学模块的建构

(1)教学理论训练模块。微格教学基础理论等训练模块属于认知性知识，教学中采用“有意义传递——接受式教学模式”开展教学。首先，由教师在课堂上对这些理论知识进行讲解，通过教师有意义传递，学生对理论进行内化。在充分肯定微格教学理论基础、教育心理学理论、教育技术学理论对新课程教学技能实践非同寻常的重要性的同时，也必须看到这些理论与教学技能的潜在差距，之所以微格教学基础理论与教学技能训练有着如此显著的距离，其关键原因就在于这些理论的内化严重不足。因此，深化教学技能训练改革，必须把理论逐步内化，转变为学生的教学技能训练智慧。而只有把理论内化转变为学生的训练智慧，才能切实促进学生教学技能的提高。

(2)课堂基本教学技能训练模块。这一模块内容包括导入、讲解、提问、语言、板书、变化、演示、强化、观察、结束等技能。这些模块内容采用双主训练教学模式开展训练。以学生为主体，学生是训练的主人，要发挥学生的主体作用。教师要成为课堂教学技能训练的组织者、主导者，学生自主训练的帮助者、促进者，教学资源的开发者、提供者。学生通过自主训练达到对教学技能初步认识与理解，通过自主训练进一步深化对所学技能的意义建构，然后在小组(或班级)的合作训练过程中，通过技能训练、协作交流、取长补短，以及教师的必要指导，完成深层次的训练加工，达到对所训练的技能深层次意义建构，从而最终理解并掌握这些课堂的基本技能。

(3)信息技术应用技能训练模块。信息技术应用技能训练模块包括：网络信息检索技能、现代媒体应用技能、多媒体课件设计制作技能、多媒体课件评价技能。在这一组训练模块中，重点强调多媒体教学课件的设计、制作及应用(如 PPT 课件的设计、制作及教学应用)。另外，对视频展台、多媒体计算机、直观教具等教学媒体在内的多媒体组合训练，以演示技能为主。在进行信息技术应用技能训练时，要求学生运用案例进行学习和自主协作训练，训练的模式是以小组活动为主体，强调小组成员的互助合作，自己设计信息技术教学片段，在课堂上展示教学片段的训练成果并进行评价，然后教师指导总结。

(4)教学技巧技能训练模块。该训练模块从教学技巧研究的视角，借鉴澳大利亚学者特尼等提出的教学技巧分类，结合我国新课程改革的实际，教学技巧技能包括：课堂倾听技能、教学沟通技能、组织合作技能、教学评价技能。这些技能是较高层次的综合教学技能，与传统的课堂基本教学技能相比更为复杂而且难度较大，训练起来费时费工。因此，要明确训练内容、训练原则与方法，重点强调教师与学生互动、学生与学生互动，在互动中训练技能，提高训练质量。

四、基于训练的教学模式的实施

1. 任务驱动

教师课前首先要分析教学技能训练的目标，确定教学技能训练的核心问题，即驱动的任务是什么；然后设计要训练的技能任务，接着设计训练什么、怎样训练有效。多媒体课件制作技能模块是任务驱动的对象，也是训练的重点。通过呈现任务，主要是激发学生学习技能兴趣，培养学生学习多媒体课件制作技能的目的就是更好、更方便地使用技能。

2. 前期准备

学生要做好训练前的准备工作，根据自己的实际情况，对自己现有的技能水平进行评估，按照评估的结果，恰当地制订训练目标，以便安排训练前的准备工作。要进行理论学习、选择技能、案例观摩、自我探索、教学设计、合作备课等训练前的准备工作，其主要目的是培养学生训练前的教学能力。

3. 中期训练

学生在完成前期准备任务之后，可根据自己所确定的目标，选择技能进行小组合作、协作训练。例如，把各班学生分成6组，每个小组8人。这 48 名学生在自己的小组内进行角色扮演、微格录像，同一小组和不同小组的学生可以多人同课轮流训练、多人异课循环训练、组内同伴互导训练、个体反思分析训练等。在训练过程中，互相观摩、共同研究、面对面地交流，以深化对技能训练的理解和掌握。协作训练也可以利用网络来完成，对“网络信息的检索、现代媒体的运用、多媒体课件的设计制作、多媒体课件的评价等”，都可以在网上协作进行。在协作中师范生不但能了解自己，也能更深入地了解他人，互相学习，取长补短。教师在协作训练中进行必要的指导，完成受训者深层次的认知加工，达到对所学技能深层次意义的训练，从而最终理解并掌握所训练技能。

4. 技能展示

通过以上多种形式的有效训练，学生之间就最终训练的成果进行交流和展示，通过展示来介绍自己在原有知识和技能训练的基础上教学能力的提高，展示技能训练的个性风采，从而在相互学习中获得结论和产生新的任务。师生互评学生在技能训练中的成果，教师与学生在对话中指出优点与不足，让学生改进学习行为，促进学生教学技能的提高。通过对学生训练技能成果的评价，学生更加明确了完成任务的有效途径。

5. 后期反馈

在师范生自我展示技能后，教师组织学生进行技能竞赛。竞赛是培养学生能力、提高技能、发展智力的有效措施之一，也是对学生知识与技能、过程与方法、情感态度与价值观等状况的一次综合检验。通过竞赛，不仅可以反馈学生的训练情况，同时也为完成诊断性评价、形成性评价、自我评价、师生互评提供了合适评价的内容及评价时机。教师总结强化，除了总结竞赛的情况之外，还可以结合学生在任务中的表现，总结和重视训练中的技能，让学生在任务或者竞赛结束后对自己训练的技能进行一次全面的梳理和巩固，同时对于学生难以训练、难以把握的深层次教学技能进行概括性的讲解和拓展，并与学生所完成的任务联系，加深学生对所训练技能的认识，通过总结与强化最终达到较为合理的训练效果，获得知识、掌握技能、提高能力。

思考与实践

⑴试简要说出微格教学训练的目标有哪些。画出微格教学训练的流程图示。如何正确处理微格教学中的各种关系？结合教师课程教学安排和自己的实际情况，对技能训练进行初步规划。

⑵按照微格教学训练的安排与指导，划分小组，确定角色分工，制订计划等组织安排活动，初步拟订训练方案。

第三章　微格教学的实施原理

第一节　元认知理论与微格教学

一、元认知理论对微格教学训练的支持

（一）元认知的概念

元认知(metacognition)这一概念是由美国发展心理学家弗拉维尔(Flaveii)于20世纪70年代提出的。他认为元认知是指“个人关于自己的认知过程及结果或其他相关事情的知识”“反映或调节认知活动的任一方面的知识或者认知活动”。也就是说，元认知可以指两种现象，一是有关认知的知识，二是对认知活动的调节。国内研究者把元认知概念界定为“个体对当前认知活动的认知调节”。这是目前关于元认知概念的一种新的解释，也是一种广为接受、引用的新观点。

元认知结构的三个要素(图3-1)：一是元认知知识，即个体关于自己或他人的认识活动、过程、结果以及与之相关的知识。二是元认知体验，即伴随着认知活动而产生的认知体验或情感体验。这种体验的初期阶段主要关于任务体验，中期阶段主要关于当前学习进展的体验，后期阶段主要关于任务完成过程中的收获体验。三是元认知监控，是主体在认知活动进行的过程中，对自己的认知活动积极进行监控，并相应地对其进行调节，以达到预定的目标。概括起来有以下三大方面。

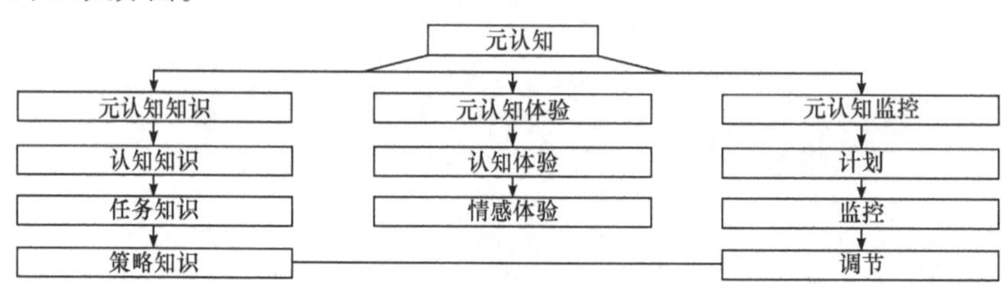

图3-1　元认知结构

(1)计划。计划是指个体对即将采取的认知行动进行策划。也就是说，根据拟订的目标，在教学活动之前计划教学活动，明确题意，拟订目标，回忆相关知识，选择解题策略，确立解题思路，想象出各种解决问题的方法并预测其有效性。

(2)监控。监控是指对教学活动的进程及效果进行评价，即在教学活动的进行过程中以及结束后，学生对教学活动的效果所做出的自我反馈。在教学活动中期，监控主要包括教学活动的进展、检查自己有无差错、检验思路是否可行。在角色扮演后期，监控主要表现为对教学活动的效果、效率以及收获的评价，如检验是否完成了任务，评价角色扮演的效果如何，总结自己的经验、收获、教训。

(3)调节。调节即根据监控所得来的信息，对角色扮演采取适当的矫正性措施，包括纠正错误、排除障碍、调整思路。调节存在于教学活动的整个进程之中，学生可根据实际情况随

时对教学活动进行必要、适当的调节。

元认知体验可以补充、删除或修改原有的元认知知识，通过同化和顺应机制发展元认知知识，有助于激活认知策略和元认知策略。元认知监控制约着学生的元认知知识的获得。元认知这三个要素相互联系、相互影响、相互制约。三者的有机结合便构成了一个统一的整体。因此，元认知的过程就是指导、调节认知过程，这个过程对师范生在微格教学中训练教学技能、提高教学能力等方面起着相当大的作用。

元认知理论的核心是人对自己认知活动的自我意识和自我调节。认知活动的自我意识和自我调节就是以主体及其活动为意识对象，根据教学活动要求，选择适宜的策略，监控认知活动进程，不断反馈和分析信息，及时调节自己的认知过程，坚持或更换解决问题的方法和手段。这种认知活动的自我意识监控和调节对于研究微格教学(图 3-2)发挥了重要作用。

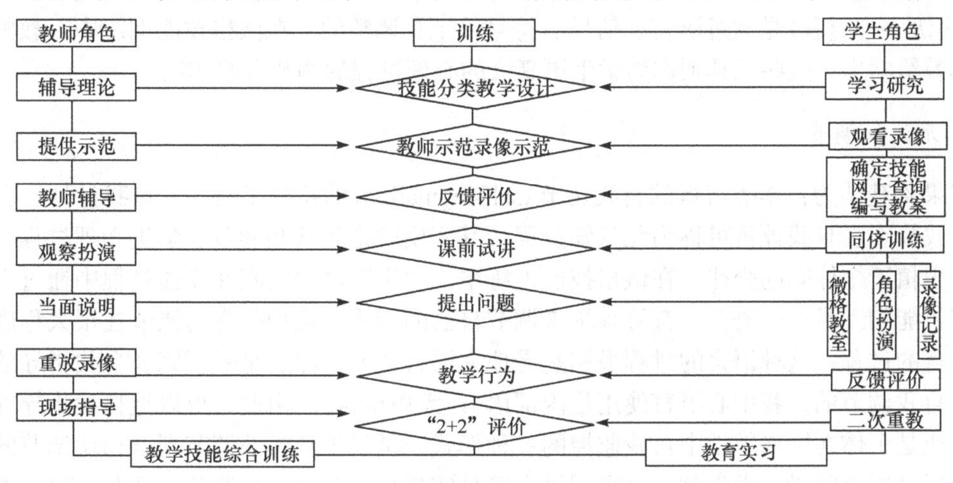

图 3-2　师范生教学技能训练模式

从训练模式来看，微格教学在其发展的过程中，元认知理论起到一定的作用。例如，微格教学的第一步是理论学习和研究，即在技能训练之前应学习有关的微格教学理论、教学技能分类、教学设计等内容。通过理论学习和研究，在长时间的记忆中储存了认知的知识、任务知识、策略知识，这些知识有利于技能训练的同化与顺应，提高教学技能的可操作性及迁移效应，促进了教学技能的发展。另外，微格教学的实践步骤及训练过程具备了元认知的三个要素，这正是构成元认知理论所必须具备的属性。以元认知理论为指导，运用元认知策略研究微格教学训练模式，强调元认知调节与微格教学所具备的环境相互作用，就能使师范生在微格教学活动之前有一个计划的安排，形成学习动机，分析学习情境，制订学习计划，选择学习方法，安排学习材料，执行学习计划。这样，学生在学习之前为学习活动做好各种心理准备，如准备学习媒体、创设学习情境、调节好情绪与精力。在微格教学进行中，从心理上说具备了意识性、方法性和执行性。这“三性”在微格教学模式训练中都与元认知的自己对当前认知活动的自我意识和自我调节分不开。在微格教学活动之后，还具备反馈性、补救性和总结性。这“三性”与元认知监控密切相关。这种监控在学生角色的扮演中显得尤为重要，因为自我监控是学生自我发展和自我实现的根本保证。正是由于有了自我监控能力，学生在微格技能训练中才得以对自己进行审视与反省，进而达到教学目标，制订教学训练计划，从而为以后教学技能的自我完善和自我提高奠定基础。如果在角色扮演中缺乏自我意识和自我监控能力，学生就没有也无法对自我进行审视与反省，当然也就不会有自我发展和自我实现。因此，自我监控是学生自我发展教学技能和提高教学能力的前提。从学生在微格训练的环节中看，无论是观看录像、编写教案、角色扮演、同侪训练、反馈评价，还是二次重教，其中每一步骤的顺利完成都是以个体一定的自我监控为手段的，实际上也都是个体自我监控能力的具体表现。因此，可以说自我监控是学生自我发展教学技能和提高教学能力的根本保证。

(二)元认知理论对微格技能训练的调节

在元认知监控中，调节是根据反馈回来的信息，对自己下一步的教学技能训练活动采取修正、检查、补救、调整等措施的自我控制。这种控制的实质是学生根据获取的有关信息和已有的知识经验对自己教学活动系统中的某个环节或某些因素所进行的调节。这种调节过程(也称高级心理过程)是通过语言、信号、符号等工具调整的。在微格技能训练中，教师把这些工具教给学生，这些工具则作为学生更高级的心理过程的调节者起作用。

1. 元认知调节

维果茨基认为：学生习得的自我调节(self-regulation)的符号工具——自我计划、自我监控、自我检查、自我评价可称为元认知过程，其实质就是元认知调节。学生心理过程的元认知调节根植于个体间的交往。在微格技能训练中，学生与学生之间在交往过程中通过掌握高级心理机能的工具——语言、符号系统来调节自己的行为。这种行为的调节在很大程度上是一个语言的过程，这种语言的过程最初是受他人语言调节，然后是受训练者自我指导的语言调节。自我调节的自我中心语言使用是内部语言(无声语言)。由此，可以把自我指导的语言使用看成是个体在微格教学中自我监控的一种形式，是学生从外部调节到自动化调节的中介阶段。通过这个阶段，学生就可以采用语言符号实现自己对自己的调节。师范生教学能力的形成，同样也经历了通过外部语言来调节别人的教学行为，通过运用内部语言来调节自己的行为。这样对于元认知水平不高的学生来说，就能有效地监控自己的教学行为，表现出较高的元认知调节水平。在微格教学技能的训练中，为学生活化元认知调节的方法，提供元认知监控经验，提高教学行为并发展教学能力是非常必要的，也是十分有效的。

2. 认知自我调节

认知的自我调节是指在微格训练中，师范生对自己学习计划的制订、学习方法和策略的选择、学习材料的使用、教学结果的检查和修正等认知过程进行计划、监察和调节。运用认知自我调节作为训练手段，通过“认知—行为”策略改变师范生思维定式，使其学会运用语言自我调节的方法，最终使学生的认知和情感得以重建。这种认知自我调节可用以下图形模式(图 3-3)来表示。

这种认知的自我调节模式包括以下五步。

1)任务的选择

把教学活动分为五个维度，即制订计划、教材选择、微型课堂、角色扮演和反馈评价。这五个维度根据讲课进程和师范生的实际情况，又可分为更小的任务，在训练过程中，指导教师和师范生一起研究如何完成任务。

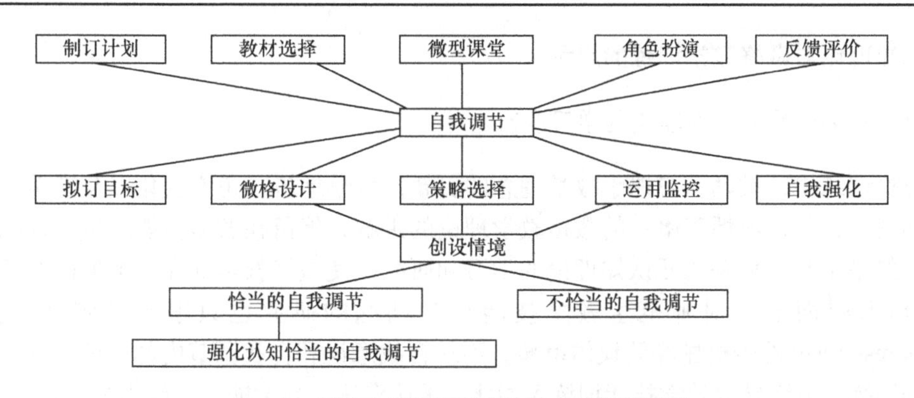

图 3-3　师范生微格训练中认知自我调节模式

2) 认知体验

这一步骤，师范生具体体验任务完成的过程，这个体验经过实践训练是以师范生口述进行的，包括五个方面：①拟订目标，拟订完成任务的具体目标；②微格设计，对教学过程中相互联系和各个要素做出计划和安排，运用恰当的方法进行设计，对预期的结果进行分析；③策略选择，寻找完成任务的具体策略，选择其中的最佳策略；④运用监控，将所选择的策略运用于教学任务完成之中，并对解决问题的过程进行自我监控；⑤自我强化，对自己教学行为进行自我评价分析。

3) 外显的自我调节

学生按照上述认知体验的五个步骤运用出声思维的方法说出自己在教学过程中解决问题的理由，并陈述其做法。这一步对师范生来说是很难的，指导教师听学生发言，帮助学生思考，以便学生自我调节。这一任务师范生自己独立完成。教师不要越俎代庖，用自己的思维代替学生的思维。运用这种语言活动，充分发挥语言调节在自我监控能力培养中的作用是有效的。

4) 内隐的自我调节

这一步骤，首先指导教师示范内隐的自我调节，并告诉师范生实现内隐自我调节的技巧，如提示教学语言的要素、讲解概念的方法、提出问题的过程等。然后师范生自己独立思考完成任务，指导教师借助观察师范生教学行为或向师范生提出问题等方式，了解师范生内隐的自我调节过程。

5) 归因调节

归因调节是指对自己和他人教学行为的产生原因进行因果分析，并进行比较积极的归因调节。这种方法旨在改变师范生对自己教学状况的不合理认识，强调通过努力可以使师范生教学行为得到更好的发展。归因调节的基本假设是，如果归因对自己的行为有影响，则改变自己的风格，就会改变自己的教学行为方式。在微格教学中，采用两种方法：一是团体发展法，即在微格教室里组成合作学习小组一起分析、讨论教学行为成功与失败的原因。先由个人对自己的教学行为进行分析，并提出自己的意见，其他学生则对该学生的原因表述进行评价，然后由教师对每个人的教学行为做出最终比较全面的评价，指导学生做出比较容易控制的不稳定的因素归因，引导他们做出正确的归因。二是观察学习法，即让学生观看优质课、专家型教师上课等的录像，给师范生具体示范，为他们树立榜样，使其观察学习，将观察学到的技能迁移到教学行为中。

二、元认知理论对微格教学训练的启示

（一）教师要注重元认知理论的学习和研究

在微格训练中，教师不习惯于教学理念的更新，教学地位、角度变化以及教学方法和教学模式的变化，往往习惯于单一的微格教学理论的讲解，停留在教学技能的步骤训练上，而不重视或忽略了与之相关的元认知理论的学习和研究，使微格教学处在一个理论贫乏与陈旧过时的知识层面上，对师范生教学技能行为训练的研究也只限于“刺激—反应”(stimulus-response)外表机械经验模仿范畴，不从自我意识和自我调节内部心理过程去研究教学技能的训练，最终导致教学技能训练表面化，无法深入，教学能力不能提高和发展。为此，教师要从元认知的理论研究探讨训练技能的过程，让元认知的理论真正在微格训练中起作用。从行为主义的“刺激—反应”的圈子跳出来，提出“同化—顺应”的认知建构过程和“计划—监控—反馈—调节”的元认知发展过程。这样，教师自我意识和自我调节水平才能提高，教学过程才能有效监控，也才能促进学生在教学技能中的有效调节。

（二）要加强师范生元认知培养

在实践中看出，虽然师范生已学过教育学心理学、教材教法等专业理论知识，但他们在认知现象的知识与认知方面，即在元认知方面是十分有限的。他们对有关学习及学习策略方面的知识比较贫乏，他们对自己学过的知识和其他认知活动还很少加以监控。元认知正如人的智力一样，是一个不断提升的过程，需要在教学中从以下几方面有意识地进行培养：①要提高学生认知水平；②要培养学生认知能力；③要激发学生学习动机水平；④要加强培养学生迁移能力；⑤要训练学生掌握元认知策略；⑥要交给学生反思自控训练的图式。在实践中，按照以上六个方面对师范生的元认知进行培养，并把元认知的培养贯穿于微格训练的各个环节，将有利于师范生在认知过程中提高自我意识、自我监控、自我调节能力。这种能力的形成也必将促进教学技能的发展。这种发展也进一步表明了元认知理论对于指导微格教学的研究与实践的有效性。

（三）要进一步强化教学技能的训练

心理学家一致认为，教学技能是教师运用有关原理、经验，促进学生学习发展的方式。有关原理、经验的掌握是教学技能形成的必要条件。但是，并不是掌握了理论就能自然转化为技能，技能的形成必须通过训练才能实现，而且这种训练还必须具有以下要素：①正确性；②协调作用；③速度；④利用技巧；⑤反应自动化；⑥自动化的设计。显然，练习是技能形成不可缺少的一环。因为技能的熟练程度多由练习而来，师范生教学技能的形成也是如此。教师必须在微格教学中强化对师范生的技能训练，并加以必要的针对性指导。这样他们才能做到：在教学时，为了保证教学的成功，达到预期的目标，在教学的全过程中将教学活动本身作为意识对象，不断地对其进行积极、主动的计划、检查、评价、反馈、控制和调节，学生通过多种技能的有机组合和综合训练，经过教师有针对性的指导和自我反思，能够获得大量的、更高级的感性认识，促进教学技能的内化和熟练，形成较为完善的关于教学技能的认知结构，提高教学技能的元认知水平。

第二节　系统论、信息技术与微格教学

一、系统论与微格教学

(一)微格教学的系统性

1. 微格教学的构成

微格教学的创始人之一艾伦教授和北京教育学院都将微格教学定义为技能系统的形成。实际上,微格教学是由五个基本单元组成的技能系统,即指导教师发出命令、要求(控制单元)、受训者设计(计划单元)、受训者的操作方法和过程(操作单元)、评价反馈(审视单元)和整合单元构成。例如，受训者掌握讲解技能，必须进行基础知识的认知、明确要求、教学设计、实际训练、共同评价等部分环节，直至该教学技能的统一体形成，教学技能系统的建立。所以，微格教学是一个系统，决定教学的效率、水平的高低。在训练过程中，影响技能系统有三个重要因素：潜在因素——受训者的教育思想、知识水平、学习动机、原有能力、责任心等基本素质；决策因素——受训者的教学计划、措施、教学目标的确定等因素；操作因素——受训者实施操作的能力，是个人的感知过程、记忆过程、思维过程等心理因素。

2. 微格教学系统具有系统的性质

首先，根据系统的定义，微格教学系统的五个系统是一个有机的整体，它们相互关联，相互制约，缺一不可。各个系统的配合程度都影响整个系统的运行效果。假如有四个系统性能良好，而一个系统出了问题，系统都无法正常运行，这就是系统的整体性。其次，系统始终处于一种动态平衡之中，微格教学也是这样。它开始处于初始的平衡，经过理论学习、观摩示范、角色扮演，暴露出问题。受训者原来的知识结构、技能体系被打破，产生了不平衡。经过评议，重新备课，在新的水平上产生了新的平衡。受训者将理论知识、技能纳入自己的知识结构和技能体系。随着下一轮学习，又会产生新的不平衡，再达到更新的平衡。这就是系统的动态平衡性。再次，微格教学系统存在于课堂教学系统之中。微格教学系统都可以单独当作系统来研究，也就是说，微格教学系统符合系统的相对性。最后，微格教学系统信息量大，传输方向复杂，通道多种多样。但是由于现代视听手段的应用，信息传输有条不紊，可靠准确，这就为反馈创造了条件。反馈是控制的核心。有了及时准确的反馈，就能随时调整各单元之间的关系，创造最佳教学效果。微格教学的反馈是双向的，反馈信息来源于受训者的表现和指导教师的评议、调控，反馈使教和学两方面都能得到相关信息，都能调整自己的行为。这是系统可控性的充分体现。

(二)系统论对微格教学的影响

系统论的出现使人类的思维方式发生了深刻的变化。以往研究问题，一般是把事物分解成若干部分，抽象出最简单的因素，再以部分的性质说明复杂事物，这是笛卡儿奠定理论基础的分析方法。这种方法的着眼点在局部或要素，遵循的是单项因果决定论，虽然这是几百年来在特定范围内行之有效、人们最熟悉的思维方法，但是它不能如实地说明事物的整体性，不能反映事物之间的联系和相互作用，只适合认识较为简单的事物，而不胜任对复杂问题的

研究。在现代科学的整体化和高度综合化发展的趋势下，在人类面临许多规模巨大、关系复杂、参数众多的复杂问题面前，就显得无能为力了。所以系统论，连同控制论、信息论等其他横断科学一起所提供的新思路和新方法，为人类的思维开拓新路，它们作为现代科学的新潮流，促进着各门科学的发展。

而课堂教学是由教师的教和学生的学共同组成的双边互动活动，是由很多个环节构成的系统，这个系统控制整个环节活动的完成。根据系统的定义，系统是由相互联系、相互制约、相互作用的要素构成的具有特定功能的有机整体。要对系统进行研究，必须首先对其构成要素进行分解和研究。要使系统达到优化，首先必须使各要素达到优化。对教学研究也是如此，教学技能是教学系统的基本构成要素，要使课堂教学达到优化，实现教学的总体目标，首先要使每一项教学技能达到优化，然后把它们有机组合起来，相互作用而形成教学的整体。

微格教学的本质就是对教师的教学行为进行分析和研究后确定为不同的教学技能，然后分别进行学习和训练，当每个技能都掌握以后，再把它们组合起来，形成教师的整体教学能力，从而达到优化教学的目的。美国教育技术学家埃利(Elley)认为："当我们把科学和实验的方法，以综合有序的形式应用到教学任务的设计、实施和评价中时，这一过程通常称为教学教法的系统方法，而所谓系统方法的含义就是使用清楚的目标，靠实验获得的资料评价教学系统的结果，然后根据评价结果改善教学系统。"微格教学的训练过程就是体现了这一系统方法的过程。课堂教学活动的教学行为是复杂的，各项教学技能的教学行为在时间和空间上交织在一起。微格教学要集中训练某项教学技能的教学行为，这就要求在微格教学的各个环节实行有效的控制。

第一，所介绍的技能模式是清晰的，是关于教师行为的操作模式，并回答了受训者应该做什么、怎么做和为什么要这样做的问题。

第二，音像示范的内容中有提示该项教学技能行为要素的字幕说明和该项教学技能的应用目的和应用要点的文字说明。

第三，微格教学的教案编写与一般的教案编写相比有特殊的要求，要求说明所设计的教学过程中哪些行为是当前训练技能的要素。

第四，在反馈评价中突出对角色扮演活动中训练的技能行为进行评议，而对其他行为不做评价。

二、信息技术与微格教学

著名的瑞士心理学家皮亚杰认为：学生学习总是依靠感官得来的信息对环境刺激做出反应。受训者在课堂上受到各方面的刺激，引起大脑皮层神经活动的兴奋，对接收到的信息迅速处理、加工，提高知识信息的识记和保持。20 世纪 60 年代心理学家特瑞赤拉研究结果表明：人们通过视觉和听觉共同获得的信息就占 94%。微格教学利用信息技术等多渠道充分刺激学生视觉、听觉、运动觉(还能用手操作)等多种感觉，形成多种感觉通道的协同作用，增强神经活动的兴奋。这样通过多种感官的刺激获取的信息，比单纯的课堂训练印象深刻。特瑞赤拉还指出：在人类的记忆与感官之间的关系中，人们能记住自己阅读内容的 50%，如果把自己接收到的信息再用讨论的方式表达出来，则可以记住信息的 70%。利用视听设备则可以同时获得视觉和听觉的信息，促进认识的主体——学生的外部器官的伸长，又可以通过信息反馈的交互作用与同学或教师进行交流，达到知识信息的巩固、保持与修正，形成知识与能力相长。

微格教学的基本特点之一就是运用了视听设备，对自身的教学状态进行监控和指导，在整个过程中利用信息的传递、处理来提高教学水平，因此有必要对微格教学系统中的信息技术处理的相关知识进行综合全面的认识。

(一)信息技术的概念

人们对信息技术的定义，因其使用的目的、范围、层次不同而有不同的表述：信息技术是指有关信息的收集、识别、提取、变换、存储、传递、处理、检索、检测、分析和利用等的技术；现代信息技术是“以计算机技术、微电子技术和通信技术为特征”的技术；信息技术是指在计算机和通信技术支持下用以获取、加工、存储、变换、显示和传输文字、数值、图像及声音信息，包括提供设备和提供信息服务两大方面的方法与设备的总称；信息技术是管理、开发和利用信息资源的有关方法、手段与操作程序的总称；信息技术是指“应用在信息加工和处理中的科学，技术与工程的训练方法和管理技巧；计算机及其与人、机的相互作用，与人相应的社会、经济和文化等诸种事物”；信息技术包括信息传递过程中的各个方面，即信息的产生、收集、交换、存储、传输、显示、识别、提取、控制、加工和利用等技术。

综上所述，信息技术就是人类开发和利用信息资源的所有手段的总和。信息技术既包括有关信息的产生、收集、表示、检测、处理和存储等方面的技术，也包括有关信息的传递、变换、显示、识别、提取、控制和利用等方面的技术。

(二)微格教学设备

1. 微格教学的设备配置

微格教学设备主要包括主控室和微格教室两部分。

1)主控室

主控室的主要设备包括计算机、主控机、摄像头、录像机、VCD、监视器、监控台等，主控室可以控制任一微格教室中的摄像头，可以监视和监听任一微格教室的图像和声音，并可随时受控暂停在某一个微格教室与其进行电视讲话，也可以在微格教室播放教学录像与电视节目，把某个微格教室的情况转播给其他的微格教室，进行示范，可以录制某个微格教室的教学实况供课后评讲。

2)微格教室

微格教室的设备主要包括话筒、摄像机、电视机及其他教学设备。在微格教室中可以呼叫主控室，并与主控室对讲。同时，在微格教室中还可以控制本室的摄像系统，录制本室的声音和图像，以便对讲课情况进行分析和评估，电视机可以用来重放已记录的教学过程录像，供学生进行评价分析。

随着信息技术的发展，数字化的微格教学系统应运而生，它是一个集微格教学、多媒体编辑、影音音像制作、多媒体存储、视频点播、数字化现场直播为一体的数字化网络系统。在这里，观摩和评价系统均采用计算机设备，并通过交换机连接校园网或因特网，信息记录方式采用硬盘存储，或刻录成光盘，人们可以随时、随地通过网络或光盘进行点播、测评与观摩。

⑴微格教学系统必须具有全面的信息化教学环境配置，如多媒体计算机、实物投影机等，为学生提供真实的信息化教学环境，让学生通过实践掌握信息技术与课程整合的专业技能。在微格教学训练的过程中，指导教师根据现代教学理论与方法引导学生利用信息化教学手段贯穿教学过程，并通过教学设计使学生深入探讨信息技术与学科课程整合的方法与策略。

⑵具有信息化的微格教学过程管理与评价管理平台。微格教学的过程是一个不断修正教学设计与教学方法的实践过程，所以需要改变传统的实践与评价方式，使用信息化的手段与方法，将学生教学实践过程用文件夹的方式管理起来，运用过程性评价的方法，通过学习文件夹的评价方法有机地将教学、学习与评价结合起来。评价过程中注重学生自评、学生互评和小组评价，教师还可以借助"教学过程管理与评价管理平台"监控学生的微格训练过程，并组织不同小组、不同班级的学生进行实时或通过学习文件夹开展研讨与互评活动。

⑶指导教师能够基于网络实现现场实时观察、指导与分时个别指导。在微格教学中往往是多组同时进行，教师通过网络双向性，观察每组学生的教学过程，针对教学过程出现的问题，及时进行指导，并对优秀的教学方法或出现的常见问题，组织全体学生进行观看、交流、对话。同时，将学生施教过程记录存档。指导教师通过网络随时浏览学生文档，并将评价意见批注在学生的文档中，供学生参考。

⑷学生自我演练、自我修正的管理模式。现代微格教学系统应具有开放性，允许学生反复演练，指导教师与学生之间、学生与学生之间不断沟通、评价，使学生迅速掌握教学方法与教学技能。因此，管理平台是基于校园网络的，每次微格教学过程，师生可以实时或分时将评价意见批注在视频记录中，学生可以通过网络进行浏览，自己对比，自我评价，不断修正教案，提高教学水平。

2. 微格教室的常用设备

1)摄、录、放设备

⑴摄像设备：摄像设备的好坏直接影响角色扮演情况记录的好坏，应该选用质量较好、性能稳定的摄像设备。①摄像镜头，摄像镜头有变焦、定焦，自动光圈和手动光圈之分，要根据实际情况选配；②摄像机，一般采用低照度，水平分辨率至少在 300 线以上，信噪比在 46 dB 以上的电荷耦合器件(CCD)摄像机。

⑵录像、放像设备：①录像设备，一般采用带高频头的 VHS 录放机，不带高频头的录像机因其不能收录电视信号而很少被选用；②放像机，放像设备要具有有利于教学分析的慢速重放、逐帧重放和完全静止等功能。

2)传声设备

微格教室对传声器的要求是失真度小、灵敏度高、指向性强。一般采用高级拾音器，但采用这种拾音器要有专用电源。现在普遍采用一间微格教室中，师生共用一个固定在天花板或黑板上方墙壁上的拾音器的传声方法，效果较好。

3)控制设备

一般的控制设备是机械式面板控制。它有如下缺点：①操作不便；②一个面板控制器只能控制有限几个摄像头。目前，已开发研制出新一代控制设备，即键盘控制系统。它操作简便，只用一个控制键盘就可控制多个摄像头。另外，还出现了更先进的多媒体控制设备。

控制设备的辅助系统还有：①信息沟通系统，微格教室和主控室的信息沟通变得更为方便，主控室和微格教室之间距离比较大时，也能迅速沟通，不受任何干扰；②录、放像远距离遥控系统，微格教室的角色扮演者可以利用它很方便地实现对自己的教学情况进行录、放，从而随时进行实践或观察。

4)照明设备

角色扮演时，要把整个过程用摄像机拍摄下来，要求微格教室有较好的自然照明条件，以保证画面的应有层次。如果室内亮度过低，就要把镜头的光圈开得较大，这是以牺牲画面景深为代价的。为了补充自然光线的不足，可在微格教室中加装新闻灯。微格教室要避免日光灯的整流器的蜂鸣声，可以采用工作时无噪声的节能型电子整流器。如果用线圈整流器，则要把它安装在室外。

阅读链接

微格教学的环节及其理论依据

一、观察、模仿是微格教学的初始环节

在正式训练前，为了使受训者明确训练的目标和要求，通常利用录像对所要训练的技能进行示范。如果采用放录像的方法，应在录像带上做好文字说明，或在放录像时随着示范的进行作指导说明，以便于对各种教学技能的感知、理解和分析，进而产生模仿行为。模仿或者通过观察进行学习，已成为习得教学技能的一个组成部分。

(1)示范作用：提供一个榜样和仿效的说明，就会产生模仿。在微格教学中，模仿在培养受训者掌握教学技能的实践中已起到了重要的作用。在微格教学中采用模仿，如果受训者在实践某个技能之前能观看这一技能的示范，那么很可能会增强这一技能的习得。把示范课录制下来，这样可以有系统地一次又一次地观摩风格各异的老教师的示范课，所有这一切都能促进有效的学习。有趣的是，大多数人认为这是一种机械的、低水平模拟过程的“示范模仿”，也可视为是含有高水平认知的过程。麦金太尔等认为，班杜拉关于社会学习理论的概念，“较之人们通常理解的更趋向于认知性”。提供若干榜样并创设一个能促进评估和需要灵活性和决策性的学习环境，可以说是一个高度的认知过程。当看到众多不同的榜样时，观察者会有创造性的表现。事实上，大多数榜样行为不只局限在所观察到的行为范围内，而往往是各种榜样特征的组合，不同于原先任何一种个别的榜样行为。例如，师范生既从教师那里，又从录像带里学习教学技能，但结果是他们的某项教学技能不同于任何一个教师或同学。

(2)示范过程：提供集中点会增强模仿的相对效果。微格教学中模仿的运用，绝大多数使受训者置于更为简单的观察或无指导的阅读。班杜拉说：“把模仿活动的密码转换成单词，或简明的标记，或生动意象的观察者，要比那些只是简单地观察的人能更好地学习和保持行为。”具有这种集中点的手段有：进行某种提示，编制密码或标志，通过某种形式进行辨别训练，通过向受训者提供标准行为所要求的并能最大限度地增加保持的效率的符号表象。但是，从通过带有辨别训练的模仿而习得教学技能的研究中所得到的证据表明，实践并非必不可少。有些看一遍就会了，或者在心中多次演练，不必去实践。

(3)示范媒介：书面模式和视听模式的作用相差无几。人们都很关注用作示范的媒介，因为它涉及成本问题。榜样示范的类型主要有三种：一是行为示范，二是言语示范，三是图像示范。这三种类型也可归为两种，即符号模仿(书面模仿)与知觉模仿(电影或录像)。科伦等的研究表明：符号型和知觉型实验小组在形成书面问题的标准方面和对随后课堂提问行为都有作用，且没有什么重大差异。也有人认为，知觉型模式的作用稍大于符号型模式，究其原因，如果知觉型和符号型模式的信息量是相似的，那么，这可能归因于知觉型模式所具有的较大的动机或集中注意的价值。正如班杜拉所说：人们“很少是被迫看电视的，然而采用口头或书面报告这些相同的活动，不会长久地吸引住他们的注意力”。

二、微格教学实践是微格教学的核心

在做中学是微格教学实践所依据的主要原则。杜威从获取知识的角度指出“教育即经验的继续不断改造”，由此他进一步提出“从做中学”的口号，全面否定传统教学。学生应“由做事而学习”。实践的途径是多种多样的，但是人们还是普遍认为，在实验环境中所进行的模拟实践活动应该先于现实生活中的实践和学习，这是人们所期望的。工程师、医生等专业人员的专业训练，军事演习，训练特种部队、宇航员都采用在实验环境的状态下训练。

罗杰斯人本主义学习理论为微格教学实践中学生的“自我实现”提供了理论依据。人本主义学习理论以人的整体性研究为基础，崇尚人的尊严与价值，关心人的理性与非理性的发展，反对传统教学中忽视学生的情感需求，一味进行刻板的理智训练。因此，人本主义在教学上提出了如下主要观点：①在教学目标上，强调个性与创造性发展；②在课程内容上，强调学生的直接经验；③在教学方法上，主张以学生为中心，放手让学生自我选择、自我发现。他认为，教学是一种人与人之间的情感活动。他说：“如果教师是能够移情的话，就将格外有力地增添课堂的气氛。”教师的作用是通过情感因素促进学生自觉乐意地积极学习，为学生提供学习的机会和条件。

将罗杰斯人本主义学习理论运用于师范生课堂教学技能的训练，就必须突出学生自我，充分发挥学生的主观能动性，把教学技能的训练当作学生“自我实现”的舞台，让学生自己选择训练的内容，自己寻找学习的资料，阐述自己的问题，暴露自己的不足，承担选择的后果。在教学技能训练中，教师的主要任务是允许学生自己摸索、自我体验。教会学生学习和掌握教学技能，是学生“自我实现”的前提条件。只有学生掌握了学习策略，才能自主决定学习什么，采取什么顺序进行学习，才能实现学习者的独立性和创造性。

皮亚杰的“发生认识论”为师范生如何适应课堂教学环境提供了认识论基础。皮亚杰认为：认识是主体在转变客体的过程中形成的结构性动作和活动，是一个积极、主动的建构过程，其目的是取得主体对自然和社会环境的适应，进而达到主体与环境的平衡。平衡是指个体通过自我调节机制使认知发展从一个平衡状态向另一个较高平衡状态过渡的过程。平衡过程是皮亚杰认知发展结构理论的核心之一。皮亚杰认为，个体的认知图式是通过同化和顺化而不断发展，以适应新的环境。一般来说，个体每当遇到新的刺激，总是试图用原有图式去同化，若获得成功，便得到暂时的平衡。如果用原有图式无法同化环境刺激，个体便会做出顺化，即调节原有图式或重建新图式，直至达到认识上的平衡。同化和顺化之间的平衡过程也就是认识上的适应过程，是人类智慧的实质所在。

微格教学的技能训练正是一个学生主体认识的建构过程，目的是适应课堂教学环境的需要。在教学技能训练中，学生角色和教师角色经常互换，对教学技能的认知，对课堂环境的适应，也在平衡和不平衡中变化。因此，教师在教学技能的教学中，要不断指出既定的目标，找出问题和差异，激起学生的“不平衡”，引起他们的求知欲，通过学习、讨论、研究，不断建构新的认知领域，逐步达到与教学环境相适应的平衡。

三、直接反馈是微格教学的优势

在这一环节里，微格教学不仅能为受训者提供指导教师和学生主观感觉的间接反馈，而且通过现代视听设备能够为受训者提供即时和大量有关自己教学行为的直接反馈，便于受训者依据训练目标客观地分析和调整教学行为。直接反馈能促进行为的变化。行为科学研究结果表明，反馈能够有效地激发和促进行为的变化。就某一特定教学行为提供及时、准确的反馈，会促进该行为随后的表现。学习是由经常、迅速和肯定的反馈而增强的，这是一个一般的结论。从一定意义上讲，没有反馈就没有微格教学。磁带录像机被认为是反馈的主要手段。由于它能够迅速、完整、客观、可靠地复制教学情况，因此就把它当作指导教师、受训者和学生进行评论的“助手”，使评价变得客观。

反馈时若不伴以适当的强化，行为将不会有重大改变。人的行为只有经过一定的强化才能固定下来，而强化的最佳手段是提供直接的第一反馈。微格教学模式中来自录像的反馈就属于第一反馈，所以能起到最佳的强化作用，使有效的教学行为得以固定。在微格教学过程中，教师发挥指导作用主要体现在以下三个方面：①依据行为主义理论，给受训者提供一个典型的教学行为，受训者试图接近这一行为，而指导教师及时地向受训者提供学习行为的反馈信息；②指导教师向受训者提供咨询；③在评论时集中于各种认知变量的指导方法，使人们将受训者看作信息的处理者，将指导教师看作这个过程中的促进者。对反馈阶段指导教师的影响作用，许多研究支持这样一个主张，即受过训练的指导教师与音像设备的结合提供了一个有活力的反馈手段。在微格教学中，指导者的反馈是非常重要的。研究结果赞成受过训练的指导教师到场，提供集中点，进行强化，提高受训者的士气。音像设备的反馈是镜像式的反馈，不能代替受训者的自我反馈，更不能排除指导教师的反馈，指导教师能集中受训者的注意力，并引导受训者进行自我评价分析。

四、科学评价是微格教学不可或缺的环节

微格教学评价就是将受训者教学技能的实际状态与预定的目标进行比较，从而做出价值判断，指出其成功和有待改进之处，帮助他们进一步提高教学的整体性和艺术性。布鲁姆的目标分类理论为微格教学的评价提供了理论依据。布鲁姆目标分类理论是以外显行为作为教育目标分类的基础。布鲁姆认为，内隐心理活动与外显行为是有区别的，但是内隐心理活动可以通过外显行为表现出来。从认知领域的教学结果来看，知识的获得可以通过再认、再现等行为外显出来，各种智慧能力与技能的获得也都可以通过相应的行为表现出来，因而以外显行为作为分类的统一基础当然是可以的。同时，布鲁姆认为，外显行为是可以观察测量的，依据它建立的分类理论有助于确定和描述可观测的教育目标，使教育评价显示出其优越性。

随着科技的发展，计算机已进入课堂，设计跟踪教学行为的教学测量应用软件使用方便，客观性强。教学过程是一个师生互动的过程，根据美国著名教育家费朗德的 FSIA 系统理论，把课堂教学中的师生行为分为若干类，随时间把各类行为发生的先后顺序记录下来，在二维坐标中，代表师生行为的数据作为纵轴，以时间单位的数据作为横轴，计算机编制程序用 Windows10 的界面展开，教学中让一个学生随着受训者教学行为的进行，用鼠标点击对应的教学行为项目，随着教学演练的结束，一张反映师生行为的曲线图即展现在眼前。用计算机进行这样的操作十分快捷，几个同类的训练可开设两个或四个窗口进行比较分析。教学行为项目可根据不同学科训练技能予以变动。计算机随时间跟踪教师的教学行为客观、可靠、说服力强，已成为微格教学评价中一种科学的测量手段。

重放录像为微格教学评价提供科学测量的依据。利用摄像机把演练的情况记录下来，进行比较分析，客观性强，容易让人接受。几个人演练同一课题、同一种技能，有竞争，有比较，有利于评价。录像的播放应在一课题演练之后，指导教师根据教学行为曲线所提供的线索，结合听课记录，有的放矢地进行重播，对技能掌握较好的、有独创之处的学生应给予表扬，对技能掌握中问题突出的，要耐心指出错误及原因，不讽刺挖苦，从而使音像反馈这种现代化的教学测量手段成为微格教学评价的科学依据。费朗德认为：没有评价就没有教育；没有科学的评价就没有有成效的教育；没有先进技术参加的评价就没有现代化的教育。在微格教学中科学地进行教学测量和评价，是提高教学成效的重要保证。

思考与实践

(1)什么是元认知理论？它对微格教学训练指导有什么意义？

(2)指导微格教学的教育教学方面的理论还有哪些？试查阅相关资料，重点分析这些理论与微格教学的结合点。

(3)以小组为单位，在教师或管理员的指导下了解学校微格教学设备、使用要求，熟悉操作过程，为微格教学试讲做好场地见习的准备。

第四章　化学微格教学设计

教学设计就是运用系统科学的方法，以学习理论(教学理论)和传播理论的研究为基础，依据相关学科的理论和研究成果，计划、安排教学的全过程(包括教学目标确定、教学活动组织、教学信息传递、教学管理和评价)，以期取得最优化的教学效果。教师通过教学设计，将对化学课程标准的理解、对具体的教学内容和教学对象的分析等加以整合，做出对教学的整体规划、构想和系统设计，形成一种思路，对一系列具体的操作层面的教学事件做出整体安排，形成一个个体现一定教育思想观念、具有可操作性的教学方案。从某种意义上来说，教学设计实际上是课程实施过程中的一个决策过程，教师要回答“为什么教”“教什么”“怎么教”“教得怎么样”等问题，对教学做出整体安排。

第一节　化学课堂教学设计

一、化学课堂教学设计的依据

(一)化学新课程理念

新课程教学设计中要注意从学生已有的经验出发，让学生在熟悉的生活情景中感受化学的重要作用，了解化学对人类文明发展的巨大贡献，认识化学在实现人与自然和谐共处及促进人类社会可持续发展中的地位和作用，形成持续的化学学习兴趣，相信化学为实现人类更美好的未来将继续发挥它的重大作用。新课程教学过程中要注重探究化学变化的奥秘，使学生体验探究的过程，在知识的形成、联系、应用过程中养成科学的态度，获得科学的方法，在“做科学”的探究实践中逐步形成终身学习的意识和能力，具备适应现代生活及未来社会所必需的化学知识、技能、方法和态度，具备适应未来生存和发展所必备的科学素养。

(二)现代化学教育思想

新的世纪，在经济、科技和教育一体化发展中，教育是科技进步、经济发展的基础，它是通过培养具有较高科学素养的“人才”来体现和发挥其作用的。现代化学教育思想突出“以人的发展为本”，强调教育、教学过程不仅仅是传授化学知识的过程，也是人文科学与化学科学的整合过程。在尊重学生个性和想象力、拥有和谐和民主的师生关系、创设激励和允许差异的课堂教学氛围、重视知识形成和方法培养的教育理念、整合学科与信息技术的教学方法的基础上，以学生的全面发展为目的，通过科学探究活动，切实给学生提供参与教学活动的时空条件，使他们获取知识和技能、丰富实践体验、培养道德情操、形成行为习惯、提升人文修养、培养科学素养、提高创新能力。

(三)化学学科特点

化学是以实验为基础，以科学的认识论为原则，以科学的方法论为指导，以联系生活和社会实践为方法的自然科学。化学新课程的课堂教学过程是以科学探究为突破口，激发学生自主学习的兴趣，培养学生对科学的情感，使学生加深理解科学的本质，形成科学的价值观的过程。以化学实验为基础，可以为教师教学的创造性和学生学习的主动性提供广阔的空间，有利于促进学生对知识的理解、技能的掌握及科学素养的培养；以科学的认识论为原则，从宏观、定性的角度认识物质的性质和变化，从微观、定量的角度研究物质的组成、结构和变化规律，是学生研究化学和学习化学的必由之路；以科学的方法论为指导，进行操作和观察的实验方法、概括和抽象的思维方式及探讨和研究的科学方法等方面的培养，有利于全面提高学生的综合素养；以联系生活和社会实践为方法，充分挖掘化学与生活、社会及科技的紧密联系，有利于学生调动学习兴趣，端正学习态度，开阔视野，丰富知识，增强社会责任感。

二、化学课堂教学设计的方法

化学新课程的课堂教学要充分体现学生的主体地位，紧紧围绕促进学生知识与技能、过程与方法、情感态度与价值观三个方面的发展进行设计。根据化学新课程理念、现代化学教育思想及化学学科特点，化学新课程的课堂教学可以按图 4-1 的流程进行设计。

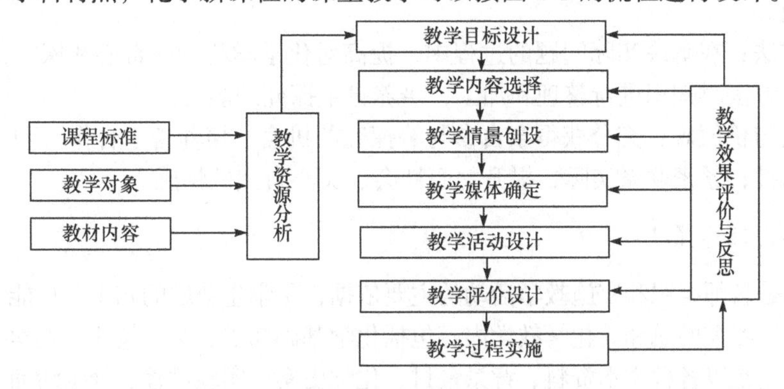

图 4-1　化学新课程课堂教学设计流程

图 4-1 中课堂教学设计的各个环节之间是一个循环系统。教师只有根据课程标准的要求，在分析教学对象、教学内容的基础上，才能制订出适合学生的具有可操作性的教学目标，再根据教学目标要求，依托教科书选择合适的教学内容，依据学生年龄特征和先有知识创设激发学生求知欲的问题情境、确定适当的教学媒体、设计丰富的教学活动和有利于学生发展的教学评价。通过教学过程的实施与反思，为下一个教学目标的制订提供有效的反馈信息。

（一）教学资源分析

新课程强调“以学生的发展为本”。化学新课程课堂教学设计，首先要结合所使用教材内容的重点、难点及知识价值，认真分析学生的能力、知识等起点行为和身心及学习特点，精确领会化学课程标准的要求并利用其中的活动探究建议及学习情景素材，在学生的最近发展区内确定适合于学生的、可具体操作的教学目标。在教学内容选择、情境创设、媒体确定、活动及评价设计时，启发教师的思维，开阔教师的视野，使教师在教学设计中更好地针对学生营造学习情景，创设探究活动、确定教学媒体、设计教学评价，充分把握教学要求，体现课程宗旨，提高教学效率。

(二)教学目标制订

教学目标是教学目的中“学”的部分的具体化，一般适合于单元或课时设计。教学目的是教学的终结性目标的概括，适合于课程或学期设计。化学课堂教学目标是对化学课堂学习活动预期达到结果的表述，它确定了教学工作的方向，制约着化学课堂中教与学的活动。在设计时应遵循四个原则，即课堂教学目标与化学课程目标保持统一的一致性原则，知识与技能、过程与方法、情感态度与价值观三个领域的目标体现纵贯横联的整体性原则，高层次目标中包含低层次目标、不同学习者的个体存在差异的层次性原则，教学目标要难度适中、明确、可测量、易操作的具体性原则。

在目标叙写时，要注意教学目标的主体一定是学生，对知识与技能的陈述应明确、具体，对过程目标的陈述不可忽视，对情感态度、价值观的陈述不应有具体结果，而且在陈述上要反映学习结果的多样性和层次性，要与单元、课题目标相一致，要有一定的计划性和阶段性。其基本表达句式一般为：行为条件+行为主体+行为动词+程度标准+行为结果。例如，义务教育“身边的化学物质”主题中课题1“单质碳的化学性质”的教学目标设计。

知识与技能：通过对煤炉内发生反应的探究，认识碳的化学性质，解决身边发生的有关碳的简单问题。

过程与方法：在解决实际问题的过程中，提高对化学学科的好奇心和探究欲，学会运用比较、归纳等方法对知识进行整理和加工，培养自主探究的能力。

情感态度与价值观：充分获得亲自参与、探究的机会，培养善于合作、勤于思考、勇于创新的科学精神；紧密联系实际，提升关心社会、关心自然的情感。

(三)教学内容选择

教学内容是教师组织和实施教学活动的主要依据，是学生获取的知识、技能、方法及形成的思想、观点、习惯的总和。化学教学内容包括化学基础知识、基本技能、科学态度和科学方法四个方面，它是以各种文本资料、背景素材、化学史实、实验过程、师生活动为载体的。新课程强调“用教材教”，因此在课堂教学设计时要根据课程标准的要求、教材内容、学科特征和学生特点，针对教学目标，选择具有认知、实践、社会、德育、美育和情感等方面意义的内容。所选择的教学内容要适应学生的学习能力，以学生现有的知识和能力为起点，以他们的生活经验为桥梁，能循序渐进地引导学生进入新的学习情景中，能提高学生的科学素养。

(四)教学情景创设

教学情景是指教学内容在其中得以存在、运动和应用的环境背景。它能对教学过程起导引、定向、调节和控制的作用。课堂教学情景设计就是教师为了实现教学目标，依据一定的教学内容，创造某种认知情景和情感气氛，用于激活学生已有的知识经验和学习动机、调动学生参与学习活动的积极性和主动性、促进学生对知识的理解、提高学生解决实际问题的能力、引导学生在新旧知识之间及日常经验与科学知识之间建立起联系，是学生通过对已有知识经验的运用和改造来学习新知识、获得新体验的过程。教学情景一般包括：①事实情景，包括化学史实、日常生活、社会热点、工农业问题以及能体现化学与社会、经济、人类文明发展等有关的事实和材料；②实验情景，创设多种真实、生动、直观而富于启发性的实验教学情景，可使学生通过动手、动脑的有机结合获得全面的发展；③经验情景，学生已有的知识经验、社会经验等，可用于某一新内容的引入或某一问题的分析、解释和应用；④问题情景，提出问题，让学生思考，形成积极主动的学习氛围。在情景创设时要指向明确的课程目标，要与学生已有的知识经验相联系，其所蕴含的知识内容要符合学生的认知发展水平，要注重学生的情感体验等。

（五）教学媒体的确定

教学媒体是指在以教育为目的的活动中，在主客体之间传递信息的中间体。化学教学中常用的教学媒体主要有图片（静态的影像和文本）、幻灯（投射的静态影像）、视觉媒体（在电视上移动的影像）、听觉媒体（声音和音乐）及计算机多媒体等。而计算机多媒体更能充分发挥其生动、形象、不受时间和空间限制、有较强感染力和表现力的特点，为化学新课程课堂教学注入新的活力。在确定教学媒体时，要考虑所选媒体是否符合教学内容的要求，即内容是否正确、资料是否新颖、介绍是否简洁，考虑所选媒体能否激发与维持学习者的兴趣、提高学习者主动参与的程度，考虑所选媒体是否具有良好的制作品质、能否提供有关效能的证据，考虑所选媒体是否关注了教学对象的特性、先有知识和技能。

（六）探究活动设计

化学教学活动是化学教学系统运行过程的总称，是进行化学教学的途径。化学新课程以科学探究作为突破口。化学教学中的科学探究活动是由提出问题、猜想与假设、制订计划、进行实验、收集证据、解释与结论、反思与评价、表达与交流等八个要素的一步或几步组成。一般在内容上包括：①事实性知识探究，即与物质的性质、存在、制法、用途等事实性知识密切相关的探究；②理论性知识探究，即针对化学概念、原理、规律等理论性知识解决“具体化”问题的探究；③策略性知识探究，即针对化学科学研究方法的探究；④STS 型知识探究，即从学生所熟悉的、联系生活实际的化学知识内容出发，寻找新的视角和切入点，调动学生学习化学的积极性和主动性，通过探究活动体验化学与技术、化学与社会的密切联系，认识化学在促进社会发展、人类进步过程中的重要作用。科学探究活动在形式上一般包括实验型探究、讨论型探究及调查型探究等。

（七）教学评价设计

化学新课程倡导以评价学生科学素养的发展为中心，其评价标准着眼于培养全面发展的人，主张综合地、积极地、真实地评价每一个学生。在评价中：①要注重过程与结果相结合，充分发挥评价的诊断、激励和发展的功能，而不是选拔和淘汰的功能；②要力求评价形式多元化，促进学生更积极主动地学习，并使教师能及时地改进教学，确保提高教学质量；③要体现评价途径的多样化，既要评价学生掌握化学知识的情况，也要重视评价学生在探究能力、科学情感、科学态度与科学价值观等方面的发展状况。在教学评价设计时，不但要制订学生学业成绩的评价标准，而且要制订评价探究能力、实验技能、兴趣爱好、批判性思维和创新能力以及个性差异等方面发展的标准，发挥学生多方面的潜能，帮助学生树立自信。

第二节　微格教学设计思路

微格教学训练的目的在于培训师范院校学生或在职教师的教学技能。所以，在完成关于某一技能的理论学习之后，最重要的是要通过微型课堂进行实际训练，将理论和实践有效地结合起来。为了保证这种结合的质量，有必要针对每项技能训练的要求做出预期的计划和安排。教学系统是由相互联系、相互作用、相互影响的多种要素构成，通过这样的设计，将各要素联结起来，成为一个有机整体，为课后的反馈和评价提供标尺，以改进和完善课堂教学。

微格教学的教学设计是根据课堂教学目标和教学技能训练目标，运用系统方法分析教学问题和需要，建立解决教学问题的教学策略微观方案、试行解决方案、评价试行结果和对方案进行修改的过程。它以优化教学效果和培训教学技能为目的，以学习理论、教学理论和传播理论为理论基础。

微格教学的教学设计与一般的课堂教学设计既有联系，又有区别。一般的课堂教学设计对象是一个完整的单元课，教学过程包括导入、讲解、练习、总结评价等完整的教学阶段。而微格教学通常都是比较简短的，教学内容只是一节课的一部分，便于对某种教学技能进行训练。因此，不能像课堂教学设计那样主要从宏观的结构要素来分析，而是要把一个事实、概念、原理或方法等当作一套过程来具体设计。所以，在微格教学教学技能训练的过程中应有两个教学目标，一是使被培训者掌握教学技能；二是通过技能的运用，实现中小学课堂教学目标。教学技能是实现教学目标的方法和措施，而课堂教学目标所达到的程度是对教学技能的检验和体现，二者紧密联系，互相依存。由此，微格教学的教学设计既要遵循课堂教学设计的原理和方法，又要体现微格教学的教学技能训练特点。

一、微格教学设计的方法和步骤

(一)明确训练目标

一项教学技能中的教学行为仍然是很丰富的，其核心内容是各项技能要素，这些是概括化的典型的技能行为。角色扮演的训练目的主要是训练这些技能要素的表现和组合运用。在实际训练中，一次微型课的教学往往不是所有的技能要素都能涉及，要根据学员自身的特点和选择合适的教学内容共同确定。训练目标的内容确定之后，应结合技能的评价表明确训练目标的教学行为内容和所应达到的掌握程度。

(二)选择教学内容

微型课教学与完整课教学的目的不同，教学内容是为训练技能的目的服务的。教学内容的选择要依技能训练的目标而定，使教学内容适合于应用训练目标中的教学行为。教学内容的选择不应该追求知识内容的完整性，应仅以技能训练目标为取舍，确定教学内容片段的范围，通常是一个知识点、一个原理或概念，因此教学内容比较单一。所选定的教学内容片段要尽量体现所要训练的技能行为，体现微格教学对变量进行控制，集中训练某项教学行为的精神。注意防止将45分钟的教学内容压缩在10分钟教学中的做法。选择教学内容应在教学技能的功能的知识指导下进行。

(三)开展教学分析

分析教学内容，依据学科知识结构的逻辑顺序，从所选定的教学内容片段的终态认识成果开始逐次向下分析下属的认识成果，直到所假设的学生初始的认识状态。在加涅的“学习结果层级分类”理论指导下，将对知识结构的分析转化为认知结构的描述，并依据认知结构的层级关系规律对这一分析结果的顺序做必要的调整。

（四）阐述教学目标

在前段分析的基础上，用学生的行为描述各层级的学习成果，一般在微格教学中教学目标不要求对条件和标准进行详细精确的描述，因为微格教学并不意味着要对模拟的学生进行教学内容和知识技能的测量评价。每一层次的教学目标都以实现该目标后学生能做什么的方式进行描述，并从低到高排成序列，使前一个目标是后一个目标的必要前提，后一个目标是前一个目标的发展结果。由于微型课教学中的终态学习成果往往不是教材章节的教学目标，所以终态的学习成果可以是知识技能的，也可以是情感态度的，或同时包括认知和情感的教学目标。

（五）制订教学策略、运用教学技能

教学策略是实现教学目标序列的具体操作方法，这不仅仅是对教学目标顺序的排列，而且还要制订如何提出问题，如何呈现教学内容，如何举例说明，如何指引学生回忆或思考等实现教学目标的方法。教学策略的制订应以有关的教育教学理论为基础，恰当地安排相应的教学技能行为要素，将与教学技能相关的教育教学理论和教学技能模式的知识，结合具体的教学目标，创造性地加以应用。

（六）开发和选择教学资源

对教学策略中计划的教学媒体和需要补充的教学材料进行实际的准备，有条件的情况下可据需要自制一些简单的教具、投影片等。

（七）进行形成性评价

利用微格教学教程提供的评价表，对所制订的设计方案进行形成性评价。评价可以在学员间进行试讲听取意见，也可以与指导教师进行讨论听取修改意见。

（八）修改设计方案

根据形成性评价反馈回来的各种意见，对原设计方案进行必要的修改。从训练目标，选择的教学内容，所进行的教学分析、教学目标，所应用的教学技能、媒体等各个方面进行考虑，修改某些不满意的环节，并对其他环节做必要的调整。

二、微格教学设计与课堂教学设计的比较

（一）相同点

（1）钻研课程标准和教材与学习需要分析是相同的。它们都是教学设计的开端，是以教材内容为客观依据，进行问题分析，确定教学的目标。

（2）教学内容分析与学习内容分析是一致的。它们都是教师根据课程标准，结合学生的实际情况，在研究教学内容的基础上，对学生所应掌握的内容构思一个框架图，突出教学重点，明确教学难点，使教学效果更有效。

(3)学习者分析是一致的。学习者分析就是对教学对象的分析，它是教学设计的一个重要步骤，是分析教学起点、决定目标体系、选择教学策略、设计教学活动、制订评价方法的重要依据。教师要依据学生自身的特点和原有知识与技能的掌握程度的不同，制订一个比较适当的教学方案。

(4)教学设计的试行、评价、修改也是一致的。它们既是教学设计过程中的主要环节，也是微格教学技能训练的中心环节。

(二)不同点

(1)微格教学的目的是通过微观研究的方法培训课堂教学技能。因此，微型课的教学策略除了要考虑一般课堂教学设计的教学程序和教学方法等因素之外，还要具体设计教师的教学行为和学生的学习行为，以及如何具体训练各项教学技能，才能使受训者的思维和行为方式受到微观具体的训练。

(2)微格教学的教学设计模式把“教学媒体的选择和运用”具体化，分为教学方法的选择和组织，教师活动的设计，教学技能训练的设计，学生学习活动的设计，教学媒体的选择和制作等。针对不同的学科、不同的教学任务、不同的教学对象，选择不同的教学方法、不同的教学媒体，制订不同的教学策略。

(3)微格教学设计是对一个教学片段的设计，以一两种教学技能为主。由于是一个教学片段，所以微格教学设计不像一般教学设计那样必须涉及教学的全过程(当然要考虑这个片段与全过程的关系)。

第三节　微格教学教案编写

一、微格教学教案的作用和设计原则

(一)微格教学教案的作用

教案，在一般的学校教学活动中属于教学计划中的一种。其中课时计划就是通常所说的教案。而微格教学中的教案与一般通常所说的教案不同。微格教学由于其目的具体明确，本身并不需要一般意义上的教学计划体系，且微格教学整个过程时间不长，一般为5～15分钟，因此也并不是通常所说的课时计划。微格教学的教案注重于教学过程的设计，为技能训练服务，与一般教学设计在目的上有很大的不同。为了通俗，我们仍然把它称为教案。纵观微格教学的框架体系，教案在微格教学的整个过程中处于非常重要的环节。教案的编写是介于学生学习微格教学理论、观看示例和微格教学实践以及评价的中间环节。

1. 教案的编写体现了学生对理论学习的掌握程度

微格教学的主要目的在于使实训者掌握教学所需的各项技能，因此一开始就必须对学生进行技能的理论训练。如果这些理论学习不够深刻，实训者或者不能把这些技能体现在教学设计中，或者张冠李戴，把不相关或没有联系的技能胡乱穿插于教案中。从实训者的教案中，教师很容易发现学生对理论的掌握程度。

2. 教案的编写体现了学生对示例的理解程度

在讲解了各项技能之后，一般会给学生放映或展示一次示范课。示范课的教师一般由资深的教师担当，学生听示范课的关键是要理解与教学内容相关的各项技能。如果学生不能认真学习或者其关注角度发生偏差，停留在教学内容上而放弃了对教学技能的分析和把握，那么他们在教案的编写上就会由于缺乏实例而显得不够深刻。

3. 教案的编写直接影响学生的微格教学实践活动

微格教学实践是学生运用理论见诸实践的活动，从马克思主义哲学中实践和认识的关系上看，认识对于实践具有巨大的反作用。实践活动本身就包含认识的因素，需要以正确的认识作先导。正确的认识对实践起促进作用，错误的认识对实践起阻碍作用。学生教案的编写，体现了学生对微格教学的认识。教案编写的好坏对于微格教学训练的质量有着重大影响。

4. 教案的编写是指导者考查评价的重要依据

对于指导者而言，考查实训者的教案是检验实训者的理论学习和示例理解的重要手段。除此之外，教案的编写也可作为指导者评价学生的重要手段，教案的编写直接影响学生的实践，对教案的评价是对实训者进行的评价体系中的一部分。

(二)微格教案设计的原则

1. 目的性原则

目的性原则是指在微格教案设计过程中，实训者必须明确微格教学的目的，以技能为中心设计教案。由于微格教学目的明确，即要求学生掌握几种主要的教学技能，因此学生在教案设计过程中必须充分体现这一原则，要明确每一个实践过程所要达到的目的。教学内容与技能之间的关系应当是清晰明了的，而不是学生生搬硬套的。这一原则也可以理解为技能性原则，这是微格教学设计与一般教学设计的主要区别。

2. 详尽性原则

详尽性原则是指在微格教案设计过程中，实训者必须周全详细地设计教学的每一个环节并书写注明。微格教学实践的时间不长，但其中体现的教学技能却可能是多种的。微格教学与一般的教学活动目的不同，要达成这些目的，体现学生技能掌握的程度，就必然要求事先详细地考虑微格教学的每一过程，甚至要以时间为单位进行教学设计，在设计时不仅要标明内容所体现的技能，对教师的行为有具体的描述，而且对学生可能的反应行为也要进行预测和描述。因此，微格教案必须详细。

3. 灵活性原则

灵活性原则是指在微格教案设计过程中，实训者必须考虑微格教学可能出现的各种情况，并做出灵活的处理设计。由于实训者缺乏教学经验，在设计了详尽的教学方案后，实践环节未必能完全依所编教案的预设进行，一旦出现未预料到的情况，实训者可能方寸大乱，以致活动不得不中断甚至终止。因此，要求学生事先编写一份灵活的教案，以应付各种可能出现的情况，并及时加以调整。但应处理好灵活性与详尽性这两个原则的关系，把它们统一在目的性原则下。

4. 修正性原则

修正性原则是指在微格教案设计过程中，受训者应综合各方意见和具体实践，对教案存在的问题及时加以修改和更正。微格教学的一个重要特点是其诊断性。通过微格教学，学生在实践中对未掌握的或不够熟练的或运用错误的技能评估诊断，经由多次反复训练，以形成教学技能。在教案的编写中，学生可通过摄像、小组讨论或教师指导，对原来教案中存在的谬误加以修正。这一原则是微格教学特点在教案编写中的体现。

二、微格教学教案的要求和设计格式

(一)微格教案的具体要求

在微格教学中，教案的编写是教师的一项重要工作，它是根据教学理论、教学技能、教学手段，并结合学生实际，把知识正确传授给学生的准备过程。微格教学教案的产生是建立在微格的教学教学设计基础之上的，以“设计”作指导，具体编写微格教学的计划。

(1)确定教学目标。片段教学内容教学目标的确定和整堂课教学目标的确定方法一样，只不过对象是一个片段，所以教学目标的确定应立足于本片段当中。

(2)确定技能目标。教师课堂教学技能训练目标，针对不同的学员可以有不同的技能要求。

(3)教师教学行为。要求教师把教学过程中的主要教学行为，以及要讲授的内容、要提问的问题、要列举的实例、准备做的演示或实验、课堂练习题、师生的活动等，都一一编写在教案内。

(4)标明教学技能。在实践过程中，每处应当运用哪种教学技能，在教案中都应予以标明。当有的地方需要运用好几种教学技能时，就要选其针对性最强的主要技能标明。标明教学技能是微格教学教案编写的最大特点，它要求受训者感知教学技能，识别教学技能，应用教学技能，突出体现微格教学以培训教学技能为中心的宗旨。不要以为把教学技能经过组合就是课堂设计，而要根据教学目标结合教学实践决定各种技能的运用，这对师范生来说尤为重要。

(5)预测学生行为。在课堂教学设计中，对学生的行为要进行预测，这些行为包括学生的观察、回答、活动等各个方面，应尽量在教案中注明，它体现了教师引导学生学习的认知策略。

(6)准备教学媒体。对教学中需要使用的教具、幻灯、录音、图表、标本等各种教学媒体，按照教学流程中的顺序加以注明，以便随时使用。

(7)分配教学时间。每个知识点需要分配的时间预先在教案中注明清楚，以有效地控制教学进程和教学行为的时间分配。

(二)微格教学教案的格式

微格教学教案的具体格式可以有不同的样式，但大致应该包括教学目标、教师的主要教学行为、对应的教学技能、学生的学习行为、所用教具仪器和教学媒体、教学时间分配等项目。学生可依据这一样式灵活完成单项技能训练教案(表 4-1)。

表 4-1　单项技能训练教案格式

姓名		院系专业		年级	
教学课题					
教学目标	1.	2.	3.		
技能目标	1.	2.	3.		
时间分配	教师教学(预期)行为	学生学习(预期)行为	应用的教学技能(技能要素)	教具和教学媒体	备注

阅读链接

化学教学目标表述

教学目标是预期的学生学习的结果。所谓“学习结果”就是指预期学生学习之后所发生变化的行为领域。制订教学目标应反映学习结果的多样性和层次性。一般应包括科学素养的三个维度，即知识与技能、过程与方法，情感态度与价值观。教学目标应陈述通过一定的教学活动后学生的行为变化，而且陈述应该明确、具体，可以观察和测量。最后，要对各方面的教学目标进行整合，协调好各目标之间的关系，做到既突出重点又兼顾全局，使学生确实能学有所获，学有所成。

教学目标是学生通过学习应达到的行为结果，是学生以前所不能做而学习后能做的事情。教学目标的表述是对结果达到的程度的表述。因此，教学目标的表述措辞要准确，所采用的行为动词不能有多义性，也就是说要将学生的学习结果以一种特定的行为方式来陈述，使教学目标变得清晰、明确，具有可操作性。例如，有关“质量守恒定律”的教学目标是：①认识质量守恒定律，说明常见化学反应中的质量关系；②正确书写简单的化学反应方程式，并进行简单的计算；③认识定量研究对于化学科学发展的重大作用。

用这种方式表述教学目标时，教学目标直接注意的是学生和作为学习过程的结果所表现出来的行为类型。在这里行为的具体类型是“说明”“书写”等术语，这些具体的行为术语指出了学生通过学习之后发生了哪些改变，使教学意图变得清晰，避免了用传统方法制订教学目标的含糊性，使学生知道了“如何学”“学什么”“学会什么”等。另外，用这些具体的行为术语表述教学目标还有助于教学测量和教学评价。但是，这种教学目标的表述也有它的缺陷，它只强调行为结果而忽视了内在的心理过程。因此，这种教学目标的表述也不是完美无缺的，它适用于比较简单的技能和比较低层次的知识。

用内部过程和外显行为相联系的方式表述教学目标。学习的实质是内在心理的变化，因此教育的真正目标不是具体的行为变化，而应是内在能力和情感的变化，而内在的心理变化是不能直接进行观察和测量的。教学目标的表述采用内部过程和外显行为相结合的方式，可以用具体的行为样本间接测量和观察内在的心理变化，这样既保留了行为目标表述的优点，又避免了行为目标只顾及具体行为变化而忽视内在心理变化过程的缺点。例如，培养学生学习化学知识的兴趣，理解化学能与电能的相互转化：①给原电池、电解池下定义；②区别原电池与电解池的异同；③联系实际说明化学能与电能的相互转化的意义。这种教学目标的表述，第一句话“培养学生学习化学知识的兴趣，理解化学能与电能的相互转化”是对内部过程的表述。后面的几句话是为了说明内部过程而表述的可观察、可测量的外显行为。这种教学目标的表述既适合认知目标的表述，也适合情感目标的表述。通过实践，人们认为这种教学目标的表述适用于比较复杂的技能和比较深层次的知识。

思考与实践

(1)进行远程教学实况观摩，研究其课堂教学的特点，重点关注教师课堂教学的整体把握以及教学技能的运用，并做好记录。

(2)微格教学教案编写有哪些项目？试就一个中学化学教学片段撰写微格教学教案，在小组内展示、讨论，并修正自己的微格教案。

(3)试查阅相关的化学教学资源，选取化学课堂教学设计(教案)案例，分析其结构、特点，并与微格教学设计(教案)进行比较。

第五章　微格教学技能的构成

第一节　教学技能的概念和分类

一、教学技能的概念

心理学认为，技能是指顺利完成某种任务的一种动作活动方式或心智活动方式，技能通过练习而获得。技能可以分为动作技能和心智技能。动作技能是通过练习而形成的符合一定法则的活动操作方式，如生产劳动技能、日常生活技能、文体活动技能等，它具有活动对象的客观性、执行动作的外显性和动作结构上的展开性等特点。心智技能又称智力技能、认知技能，表现为一种调节和控制心智活动的经验，是通过练习而形成的符合一定法则的心智活动方式，包括感知、记忆、想象和思维等认知因素，其中抽象思维因素占据最主要的地位。作为一种活动方式，心智技能属于一种动作经验，区别于程序性知识。但作为一种心智活动方式，心智技能又区别于操作活动方式和外部言语活动方式，它具有动作对象的观念性、过程的内潜性和结构的简约性等特点，它是在不断的学习过程中，在主体与客体相互作用的基础上，主体通过动作经验的内化而形成的。掌握技能有利于学生对知识的理解、智能的发展，也是进行学习的必要手段。

教学技能是一个具有历史范畴的概念，在不同的历史时期有不同的内涵。早期，教师不需要经过特殊培养和训练，“学者即为师”。17 世纪末，教师教育机构开始萌芽，1681 年在法国出现的教师训练机构，1695 年在德国出现的教员养成所，以及同时期欧洲其他地区出现的短期师资培训机构是被公认的世界上第一批教师教育机构。这些机构对准备从事教师职业的、有一定文化基础知识的人进行专门的师范教育职业训练，以保证其能够胜任教育教学活动。

20 世纪 60 年代，在“技术理性”的支配下，教师教育将教师假定为技术员和教学机器，认为存在对所有教室与所有教师普遍有效的程序、技术与原理，教师教育的基本任务就是让教师掌握一般化的程序、技术和原理，每个合格的教师都必须按照一套既定的程序、技术和原理开展教学工作。“技术理性”教师教育观强调教师教学技能的训练，对技术和能力的重视使教师教学技能的训练成为这个时期的研究热点，作为专门训练教师教学技能的教学方式——微格教学应运而生。微格教学把重点放在可操作、可观察、可反馈和可控制的教学技能的训练上，将关注的对象定位于可观察的动作技能和心智技能，尤其是结合摄像技术的运用，最终形成了微格教学的基本模式。

20 世纪 70 年代，教育科学领域发生了重要的研究范式变革，由原来探究普适性的教育规律转向寻求情境化的教育意义。教学领域开始超越普适性的教育范式，走向理解范式——把教学作为一种多元“文本”来理解，走出应用学科的狭隘视域，开始运用多学科的话语来解读教学的意义。教师教学技能的训练也从模式化的统一要求向多元化和个性化转变，从而展现出教师职业与其他职业的不同，凸显教师专业独特的性质，教师职业基本达到被一般人所接受的专门职业的标准，并逐渐发展成为完善的专业。教师专业化要求教师不仅需要拥有广博的知识，还必须拥有一套经过长期训练而形成的特殊的技能体系。教学技能就是一名合格教师必须具备的专业素养和心智要求。专业背景下的教学技能已超越了专门的技术和能力训练，而成为促进教师专业发展的动力。

20 世纪 80 年代，教师专业化的重心从群体的被动专业化转到教师个体的主动专业发展，教师个体内在的能动性越来越被重视。教师的专业发展不仅应具备传统的“专业特性”——掌握学科内容和必要的教学技能技巧，还要具备“扩展的专业特性”，即有能力通过系统的自我研究、与其他同事合作，对课堂中有关理论进行检验和研究，实现专业上的自我发展，能运用来自经验的知识反思教学实践，成为创造教学的“反思性实践家”。

20 世纪 90 年代以来，随着教师专业发展研究的不断深入，人们把教师的教学技能置于一个更为广阔的视野中进行研究。技能不仅是一个事件，更是一种素质。英国分析哲学牛津学派的创始人和主要代表赖尔(Ryle)在《心的概念》一书中对“素质”和“事件”进行了区分。事件是指一个具体的行为；而素质是指行为方式，即在某种条件下以某种方式行动或反应的能力、倾向、可能性或趋向性，它不只是可以观察到的具体的行为、个别的事件。英国学者曼斯菲尔德(Mansfield)也认为，技能是整体的，理解力、情感、价值观和稳定的情绪是其中的重要组成部分，不能像行为主义者那样只把技能看作是简单的身体能力。在对教师专业特性研究中，教学技能的内涵日益得到拓展和延伸。

什么是教学技能，目前国内外尚未给出一个公认的科学概念。人们从不同的角度来审视它，归纳起来有四种教学技能观：活动方式说、行为说、结构说和知识说。

活动方式说将教学技能视为活动方式或动作方式，强调技能是通过练习之后活动方式的掌握。活动方式说将技能等同于动作技能，忽视了技能与知识的联系，没有揭示技能尤其是智慧技能与知识的本质联系，容易导致教学技能训练方法上的机械模仿和重复练习。

行为说将教学技能视为教师的教学行为。行为说以行为主义心理学为理论依据，强调从行为的角度进行客观的研究，对教学活动中可观察、可操作、可测量的外显行为进行描述和训练。行为说忽视了人的内部心理因素在提高教学效果中的重要作用，对教学技能的研究仅停留在比较肤浅的经验描述上。

结构说认为，教学技能不是单指教师的教学行为或认知活动方式，而是教师外显行为与内在认知因素二者的结合，是内外各要素间的相互联系。但结构说只描述了技能的构成要素，未能正确揭示教学技能的任何内涵，让人难以理解教学技能的真正含义。

知识说不赞同将技能定义为行为变化，而认为应把技能纳入知识范畴。知识说以全新的观念对知识进行划分和表述，即将知识分为陈述性知识和程序性知识，程序性知识又分为动作技能、智慧技能和认知策略。这种知识观把知识、技能和策略统一在知识的范畴内，拓展了知识的概念，也使技能的概念发生了深刻的变化。但是，它模糊了知识与技能的概念，难以说明技能的本质，导致对技能训练的否定。

我们认为，教学技能是一般技能在教学情境中的迁移和具体表现，是教师在已有的知识经验基础上，通过实践练习和反思体悟而形成的达成某种教学目标的一系列教学行为方式和心智活动方式。它包括以下三方面的含义。一是教学技能是一系列教学行为方式和心智活动方式的整体体现，表现为教师在教学过程中，运用与教学有关的知识与经验，促进学生学习、达到教学目标的多种能力或者一系列的行为方式。二是教学技能的形成是内外兼修的结果。教学技能可以通过学习来掌握，在练习实践和反思体悟中得到巩固与发展。三是教学技能是教师在已有知识经验的基础上形成和发展起来的。教学技能不同于教学能力，教学技能是教师在课堂教学过程中，依据个人所掌握的教学理论、专业知识及对教学的认识和教学经验等所采取的一系列教学行为方式。而教学能力则是教师完成教学任务所必需的个性心理条件和心理特征。教师教学能力的形成是在教育理论的指导下，运用已有的知识，通过研究课程标准、教材，分析学生情况等一系列教学设计活动，明确教学内容、方法、教学组织形式和教学评价，确定教学策略的过程。

教学技能是教师的职业技能，它不但以教育教学理论为基础，也遵循实践的原则和要求，是教师素质的重要表现。教学技能的运用旨在激发学生的学习兴趣，引导学生掌握学科的基础知识，形成技能和发展智力，为学生顺利完成学习任务，达成教学目标创造有利条件。教学技能具有一定的目的性、可操作性、可分解性、后天习得性等特点。

不同的教学技能是与不同的教学目标联系在一起的，如导入技能总是与引起学生集中注意力、激发学生学习兴趣、启迪学生思维、明确学习任务等教学目标联系在一起的。不同教学阶段的教学任务、教学目标不同，要求有不同的教学技能与其相适应。

教学技能的形成以相关学科专业知识为基础。一个教师的教学水平和教学技能很大程度受制于教师掌握的相关学科专业知识，一名具有良好教学技能的教师除了具备专业知识和广博的社会文化知识外，还必须具备教育学、心理学等教育科学的知识和方法。因为教学技能训练是在现代教育理论指导下的实践活动。在开展教学技能训练前，进行必要的教育理论学习是必不可少的。另外，技能的获得要经过大量科学的练习，教学技能更是如此。

教学技能具有可操作性和可模仿性。教学技能有特殊的运作程序和特定的规则、规范，正因为这些特点，教学技能可以分解为具体的行为方式和步骤，具有很强的可操作性，从而可以通过观察和示范进行有规律的模仿，使训练系统化。

二、教学技能的分类

教学技能的种类很多，国内外对其分类方法也很多，在此主要介绍国内按微格教学的需要和依据一般教学体系进行的分类。我国学者孟宪恺在其主编的《微格教学基本教程》中把课堂教学技能划分为：①导入技能；②教学语言技能；③提问技能；④讲解技能；⑤变化技能；⑥强化技能；⑦演示技能；⑧板书技能；⑨结束技能；⑩课堂组织技能。陈传锋学者主编的《微格教学》中采用了“散点透视”的方法，将课堂教学技能分为基本教学技能和综合教学技能。基本教学技能包括教学语言技能、提问技能、板书技能、演示技能、变化技能和强化技能共6项；综合教学技能包括导入技能、讲解技能、结束技能和课堂组织技能共4项。

1994年，国家教委师范司在下发的《高等师范学校学生的教师职业技能训练大纲(试行)》(以下简称《训练大纲》)中把教学技能分为5类：①教学设计技能；②使用教学媒体技能；③课堂教学技能；④组织和指导课外活动技能；⑤教学研究技能。在课堂教学技能中又设了9项基本技能，即导入技能、板书板画技能、演示技能、讲解技能、提问技能、反馈和强化技能、结束技能、组织教学技能、变化技能。

从上述对教学技能的分类可以看出，关于教学技能分类研究的理论水平还不高，有些没有科学的分类标准，这也反映了课堂教学技能的复杂性。孟宪恺按微格教学的需要进行分类，虽然便于将微格教学与教学技能的训练结合起来，也易于把握每种单项技能的基本特征与构成要素，但这样分类偏重课堂教学技能，对教师整体的综合技能重视不够。《训练大纲》的分类较为全面地反映了传统教学对教师教学技能的要求，但不能反映随着教学观念的转变、教学理论的发展，对教师不断发展新的教学技能的要求。

随着科学技术的发展和教育教学改革的深入，特别是以计算机技术、多媒体技术及网络通信技术为主体的新信息技术正向社会各个领域渗透，对产业结构、工作、生活方式、思想观念等产生了重大影响，信息化社会已展现在世人面前。教育对推动社会信息化发挥着重要作用，反过来，信息化社会对教育也提出了新的要求。学生不再是知识的被动接受者，而是信息加工的主体、知识意义的主动建构者；教师也不再是知识的灌输者、课堂权威，而是学生学习的指导者、促进者、教育信息的组织者。教学观念、教学方式、办学模式正面临着深刻的变革。

我国基础教育课程改革对教师素质也提出了更高的要求，对教学技能的要求不断提高，使得教学技能的分类不断变化与发展，在建构教学技能分类系统时要充分注意到这一点。信息化社会要求教育者具备较高的信息素质，包括敏锐的信息意识、较强的信息能力、良好的信息伦理道德、熟练的计算机信息检索技能及较高的英语水平。

目前，我国专家学者对课堂教学技能的分类比较基本的共识有10项，即导入技能、教学语言技能、提问技能、讲解技能、变化技能、强化技能、演示技能、板书技能、结束技能、课堂组织技能。随着教育和教学改革的不断深入，现代教育技术手段越来越被广泛应用，教学技能的分类还必须考虑现代教学媒体的使用项目。

第二节　教学技能的形成过程

人们对教学技能更多的是放在更大的范畴内来研究的。例如，教学技能涵盖的内容是教师的基本技能和教师的教学技能等职业素养。而微格教学从形成之初就规定着重训练学生的课堂教学技能，提高课堂学生的知识吸收与技能迁移。因此，从另一个本质来看，微格教学应属于课堂教学技能。教学技能是教师运用专业知识、教学理论，依据学习和教学原则进行教学设计、教学研究、组织教学活动，有效地促进学生完成学习任务的活动方式，是激发学生学习兴趣、引导学生掌握学科知识，完成学业的重要保证。

(1)从活动结构的改变来看，动作技能的形成表现为：许多局部动作联合成一个完整的动作系统，动作之间互相干扰的现象以及多余的动作逐渐减少甚至消失；而心智技能的形成则表现为：认识活动的各个环节逐渐联系成为一个整体，概念之间的泛化和混淆现象逐渐减少甚至消失，内部言语趋于概括化和简约化。

(2)从活动的速度和品质来看，动作技能的形成表现在动作速度的加快和动作的准确性、协调性、稳定性和灵活性的增加上；而心智技能的形成则主要表现在思维的敏捷性与灵活性、思维的广度与深度、思维的独立性等品质上。学生掌握新的学习材料的速度和水平是心智技能的主要标志。

(3)从活动的调节来看，动作技能的形成表现在视觉控制的减弱与动觉控制的增强、基本动作的接近自动化和动作的紧张性的消失上；而心智技能的形成则表现在心智活动的熟练化、神经劳动的消耗减少和内部言语过程不太需要主体的意志努力。

无论是动作技能还是心智活动技能，都是通过后天练习形成的。练习是形成技能的基本途径，但练习不是动作的机械重复，它是一个有目的、有计划地采取必要方法逐步熟练的过程。为了使练习有效促进技能的形成，教师必须加以指导，给学生提供合适的练习条件。

一、课堂教学技能的心理结构

我国学者认为：教学技能是指能够有效地完成某一方面教学任务的一类教师教学行为，是建立在对有关教育教学理论的掌握和动作熟练的基础上，通过培训获得。根据这个描述可知：第一，教学技能是可以描述的、可操作的；第二，教学技能是通过训练不断达到熟练程度而形成的。因此，微格教学可以通过对师范生各项教学技能的科学训练，构建教学技能结构。课堂教学技能是具有某方面教学特质和教学行为方式的特殊的教学能力，教学特质是掌握课堂教学的基本技能，包括导入技能、讲解技能、演示技能、强化技能、提问技能、语言表达技能、课堂组织技能、变化技能、板书技能、结束技能。它是一种有效完成教学的特殊的教学能力，是一般能力的转化，包括心智技能和操作技能。因为教学技能的实现需要借助内部语言在头脑中设计教学行为，把陈述性知识或一种表征系统构建为一系列单一技能的图式；又需要通过外显教学操作来表现，即包括教学决策和教学执行技能，在内心建立操作的程序和心理方式，控制自身的教学行为。微格教学的过程是学生在原有的知识和技能的基础上，通过训练学习，建立或形成教学技能的内化-外化，从而迁移到具体情景中。

二、微格教学技能的心理阶段

在微格教学中，师范生接受课堂教学技能训练的过程本质上是一种学习过程，是师范生在原有认知结构的基础上，通过理论学习及教学实践，重新构建关于教学技能的认知结构、内化教学操作经验并顺利迁移到具体教学情景中的过程。根据课堂教学技能的结构模式，师范生课堂教学技能的形成，既包含知识的获得，又包括技能的习得。知识的获得以课堂教学技能的图式的形成为标志；技能的掌握意味着教学操作经验的内化，即具有一定的智力技能和元认知水平以及较为娴熟的言语技能、动作技能。我们认为，师范生课堂教学技能的形成正是这几种心理过程的综合，并将其概括为认知定向阶段、具体模仿实训阶段、技能联系整合阶段和熟练及内化阶段。

(一)认知定向阶段

为教学技能的学习和训练定向是技能学习的基础。师范生课堂教学技能形成的定向阶段首先是完成职业定向，并建立起较为完善的知识表征系统；其次是进行智力技能、动作技能及言语技能的原形定向。

职业定向是通过对师范生进行多种形式的专业思想教育，使其理解教师的职责和使命，明确教师的职业特点及教师应具备的基本素质，并树立正确的教学观念。随着教学技能训练的逐步深入，师范生通过教学实践活动，进一步体会到教学工作的复杂性和创造性，并由于教学技能的掌握和在教学活动中的成功体验而产生成就感，这些都将促使他们产生对教学工作的热爱和专注，其职业定向更加牢固。

知识表征系统的建立是通过教师的讲解、师范生的学习以及教师所提供的示范观摩实现的。通过教师的讲解，师范生明确学习课堂教学技能的目的和意义；了解课堂教学技能在教师教学能力中的地位和作用；理解各种课堂教学技能的知识结构、相关的教育教学理论和学科专业知识、典型的行为要素、特征和教学功能；熟悉每种技能的不同类型、执行程序、注意要点等。这是通过师范生直观、概括的认知活动及识记、保持等记忆活动完成的。它标志着师范生认知结构中关于课堂教学技能的结构化、条件化、自动化知识表征系统的初步建立，即课堂教学技能图式的初步形成。随着该图式的进一步完善，这一知识表征系统将成为课堂教学活动的定向工具。

智力技能、动作技能及言语技能的原形定向是技能学习从外部的物质活动向内部的智力活动转化的阶段。智力技能的原形定向就是学习和理解教学专家(或有丰富教学经验的教师)进行课堂教学决策的心理活动程序和要点，了解其教学行为执行的心理动作模式。这需要指导教师为学生提供一套“专家”进行教学决策时的心理动作模式图式，即外化了的专家经验。例如，提问技能，不仅要描述其外显的“引入、陈述、评价”等行为特征，而且要说明是在什么情境中、如何引入并陈述问题、如何评价、为什么选择这种方式，选择这些方式时决策的程序是什么、决策的依据又是什么。通过对师范生的讲解和观摩分析，学生理解这些心理活动程序和心理动作模式，形成初步的教学决策能力。动作技能和言语技能的原形定向是在示范观摩的过程中，了解教学专家在教学过程中的动作和言语活动的操作程序、执行方式以及它们之间的关联等，在头脑中建立起这些具体活动映像，形成对动作、言语活动的初步调节机制。

(二)具体模仿实训阶段

这是微格训练最重要的阶段，技能的形成必须借助具体的实践活动才能实现，同时在实践中表现出自身的水平。师范生根据在头脑中已经形成的图式，以角色扮演的方式把模仿的经验外化为显性的操作方式。主要经历两个途径：一是心理演练，把通过模仿建立的印象(表象)以心智技能加以体现，微格教学中，指导教师对各项技能讲解和示范，学生通过分析、思考，概括出教学技能的结构要求，如何选择适当的教学内容，如何撰写教案，在头脑中对教学策略进行预演，即进行心理设计。二是行为训练，即教案的实施环节，师范生在模拟的教学环境中，把设计变为具体的教学行为，从而完成单项的技能训练。这一阶段教师鼓励学生大胆练习所有的教学行为方式，包括教师的一言一行，举手投足，利用录像设备组织学生评判其合理性及改进方向，这一过程要与评价结合，达到教学要求。

(三)技能联系整合阶段

这是教学技能的完善阶段。本阶段的特点是把经过反复联系的技能联系起来，成为动力定型。主要的课堂教学过程是完整的有系统的活动，它依赖教学技能的熟练掌握，微格训练强调每一项技能的逐一掌握，目的是学生的教学能力形成，更有效地完成课堂教学。而教学技能的整合是多种教学技能的综合运用。师范生在训练过程中容易受到经验的影响导致教学策略实施不尽如人意，顾此失彼，对教学内容的把握和教学方法的运用也不正确，而通过多次的训练和指导教师的客观恰当的评价，消除多余的动作，提高教学动作的协调性，逐渐增强学生的自我认知水平，能够确定操作的系统性，保证训练活动的整体性。这一整合一般是在单项技能完成后再加以协调。

(四)熟练及内化阶段

熟练及内化是最高阶段，本阶段的特点是压缩和自动化，把训练获得的心智动作通过练习加以定型化、简约化和自动化，使基本的教学操作方式达到高度的规范化、稳定化，使学生对于教学技能的运用已经能够借助内部的智力因素灵活处理，对教学各项环节操作自如。通过不断的练习、充实、完善，在学生头脑中建立动力定型，防止技能动作的高原现象。当然，它的形成除了模拟训练之外，还要靠教学实习，不断进行自我反思才能提高。

阅读链接

知识观视域下教学技能的提升路径

一、狭义知识观视野下的教学技能的内涵及局限

对知识的解释，一般是从狭义的角度进行定义，同时这也是人们习惯性的对知识的理解。比较有代表性的狭义定义如《中国大百科全书·教育》中对知识的界定：所谓知识，就它反映的内容而言，是客观事物的属性与联系的反映，是客观世界在人脑中的主观印象，分为感性知识和理性知识两大类。我们日常生活中运用的“知识”概念，一般指的是狭义的知识。例如，我们常说“不仅要掌握知识，而且要形成能力”，这里的“知识”即为狭义的知识，指的是可以存储与提取的符号。在狭义知识观视野下，技能被认为是狭义知识应用的结果。又如，1989年出版的《心理学大词典》将技能定义为：个体运用已有的知识经验，通过练习而形成的智力活动方式和肢体的动作方式的复杂系统。1990年出版的《教育大辞典》第一卷将技能定义为：主体在已有的知识经验基础上，经过练习形成的执行某种任务的活动方式。在此基础上，学者对教学技能的定义沿袭了这一思路，形成了对教学技能的定义：教学技能是指通过练习运用教学理论知识和规则达成某种教学目标的能力。这种对技能的定义，是将技能看成知识应用的结果，这里的知识就是狭义的知识，指的是可以提取与存储的符号，对于教学技能而言，就是应用教育、教学理论类知识的结果。狭义知识观视野下的教学技能存在以下局限。

(一)狭义知识观没有揭示出什么样的教育知识可以较快、较直接地生成教学技能

现代知识的数量可用浩如烟海来形容，教育、教学知识也是如此。学术界对教学技能的培训，究竟要培训教师具备什么样的教育教学知识并不明确。其实，真正能形成教学技能的知识应是具有操作性的教学理论与规则，或者具有实践性的教育知识。如果是理念性、宽泛性、启发性的教育学知识，由于缺乏可操作性，则一线中小学教师无法将其应用于实践，也就不可能生成技能。例如，如何理解和落实“因材施教”理念，笔者认为，只有对“因材施教”理念进行可操作性的改造，使其生成可操作的“因材实施”知识，才能形成“因材施教”的教学技能，否则仅有启发思维是无助于“因材施教”教学技能形成的。

(二)狭义知识观视野下对教学技能的定义客观上阻止了实践练习环节

狭义知识观视野下的教学技能，知识与行为(技能)是相分离的，它强调先有知识，然后才有可能形成技能。这种定义虽然强调练习是教学技能形成的重要环节，但我国中小学教师培训的现状却是缺失教学技能的实践环节，这导致对教师教学技能的培训、提升效果不佳。

首先，狭义知识观视野下的教学技能养成的前提是教育学知识的学习，然后才是实践练习，中小学教师培训，学校是把理论知识的学习与实践练习分开进行。其次，由于中小学教师承担了繁重的教学任务，所以对他们的培训往往是在假期进行，但这时学生已经放假，接受培训的教师已无实践的条件和机会。最后，在实际的教育活动中，培训专家及培训组织者对培训后的教师并没有跟踪实践的义务与责任，教师在假期对理论知识的学习完成后就意味着教学技能的培训也结束了，教师个人很少会自觉地把理论知识应用到实践教学中。由此来看，狭义知识观把知识培训与实践练习相分离，现实因素造成实践练习环节的缺失。

(三)狭义知识观没有准确指出教学技能的本质属性

狭义知识观认为，教学技能是有关教育、教学的理论转化为实践的结果，但这一假设并没有指出对教学技能的形成还有什么其他的起决定性作用的因素。这可以用打网球技能的形成过程来说明狭义知识观视域下对教学技能定义的局限性。球手也许知道应该给对手放一个高球，但是能否成功地打出高球却完全是另外一回事。击球技能的形成过程有三大要素：关于各类击球的知识；能够判断在各种具体情况下最合适的击球类型；击出那种球的实际行为。如果仅强调击球技能形成中的第一要素，是远远不能形成相关技能的。教学技能具有复杂性，它不是对简单的教育学知识加以应用的结果，它是多种经验碰撞、融合后的理论体系。总之，

狭义知识观只是对教学技能的某一特征进行了描述，它忽视了智慧技能、知识与情境的联系，我们需要从一个崭新视角来透视教学技能的本质属性，这就是广义知识观。

二、广义知识观视域下的教学技能的内涵与属性

教学技能属于教师的教学行为。关于人类行为知识的研究，比较著名的当属英国哲学家波兰尼。20 世纪 60 年代，波兰尼的知识理论对教育领域许多重要问题的分析都产生了较大影响，特别是学校教育活动中大量的“缄默知识”及其教育意义开始为人们所发现。波兰尼认为，“阐明了明确知识的默会根源，验证了默会知识在人类知识中的决定性作用，逐步展现了个体知识理论的逻辑内涵及其动力机制，指出人类知识与认识主体须臾不可分离，从而为我们构建了超越客观主义的个人知识理论体系。”

(一)教学技能是教师教学行为的个体知识

个体知识是波兰尼提出的一个重要知识概念。在传统意义上，知识往往是普遍的、客观的和非个人的。波兰尼从经验主义和理性主义的纯粹客观的科学知识理念的角度，提出了一个新的知识概念，即个体知识。他认为，传统意义上的客观知识被称为个体知识更为合理，这是因为：科学知识发现的过程是以价值问题为导向，而价值问题的判断主要依赖科学家个人来进行；在运用科学研究技术的过程中，如那些普通的“规则”“技术”的运用，是非常个性化的实践过程，每位科学家所运用的方式与结果各不相同，在具体的科学实践中，科学家熟练的个人经验是不可缺少的；在科学证实的过程中，科学家个人的因素更是积极参与，如“什么时候将问题放下，在某一个时候又将什么问题放下，这不是科学证实的规则可以事先规定的，而是在很大程度上取决于科学家个人的判断”。总之，在知识的发现、应用与判断、选择的过程中，个体因素无时无刻不参与其中。基于上述分析，波兰尼提出了个体知识这一概念。基于个体知识概念提出的缘由，教学技能在形成、实践与提升过程中，无不有教师个体因素的参与，这是典型的个体知识。

第一，选择何种公共知识、形成何种教学技能是教师个体选择的结果。首先，教学规则、教学规律是公共的、普遍的教育知识，对某一位教师而言，这些知识并非都能形成教学技能，究竟选择何种公共知识才能形成自己的教学技能，这是由教师个体的选择所决定的。其次，教学技能是教师个体主动实践的结果，具体的教学技能都是个体的教学行为，如果教师本人不积极参与教学活动，那么其教学技能就不会形成。

第二，教学技能是公共教育学知识个性化的实践结果。从个体的角度来看，“教学有法而教无定法”，这一传统观念非常形象地表明了在教学技能形成过程中的普遍性知识与个体知识的关系。“有法”指的是教学有其基本的规律、规则，“无定法”指的是教学实践的复杂性及教学技能风格的多样性和个性化。教育学知识是普遍的、公共的，但这些知识被应用时就会呈现出多样性与个性化。这就像波兰尼所论证的弹钢琴技能的形成过程那样，即弹钢琴自然需要掌握技巧，如弹钢琴者的坐法、指法等，但是弹钢琴者在掌握了这些技巧规则后，并不一定能演奏一首很好的旋律，也就是说仅有知识是无法形成技能的。如果他想取得好的演奏技能，就必须在自己的演奏生涯中反复运用这些规则，直到它们已经得到了完全个性化的理解和表现。

正因为如此，全国优秀的中小学教师成千上万，但没有教学风格相似或雷同的，因为他们的经验、体悟与反思各不相同，所呈现出的教学技能也各不相同。名师教学技能一旦形成，就具有极强的个体性，不同的教师具有不同的教学风格与教学个性，这些风格和个性，是以教学行为或教学技能的形式而存在的，体现出典型的个体性。以导入情境创设这一教学设计为例，相同的素材、相同的教学内容，如果让具有不同实践经验的教师来设计，那么他们的导入情境教学设计方式是不可能相同的，这就体现出教学技能的个性化特点。从深层剖析，教师的教学技能就是教师职业个性品格、教学风格的外化，具有典型的个体性。

(二)教学技能是关于教师教学行为的知识，它包含了大量的默会知识

默会知识是波兰尼提出的另一个知识概念，它是作为个体知识的理论基础提出的。什么是默会知识？他认为，关于人类行为的知识中都包含大量的默会知识，如游泳、骑车等，当然也包括教学行为。在这类行为中，存在着大量“知而不能言”的、“高度个人化”的默会知识。这些技能如果仅靠熟记行为规则是无法掌握的，只有在反复的实践中，才能逐渐感知与掌握这些行为知识，进而形成个体的技能，这一过程正是对行

为知识体会的过程和形成相关默会知识的过程。教学技能以教学行为体现在课堂教学中，任何教学设计策略最终都将以教师教学行为的方式呈现出来，教学行为中怎么会没有存储大量的默会知识呢？正是因为这些默会知识的存在，教师的教学活动可以非常优秀，但教师本人却有可能说不出为什么如此优秀，在遇到不同的教学情境时，他为什么采取这样的行为而不是另一种行为，这便是教师个体的隐性知识在“作怪”。“隐性知识往往是零星的，并且常常具有浓重的个人色彩，与个人的个性、经验和所处情景交织在一起，以至于人们难以分清是具有一定普遍性的知识和才能，还是与个人魅力连在一起的独特才能。”

1996 年，国际经济合作与发展组织将知识划分为四大类：知道什么(know-what)的知识，即关于事实的知识；知道为什么(know-why)的知识，即有关自然法则与原理方面的科学知识；知道怎么做(know-how)的知识，指做事情的技能与能力(skill and capability)；知道是谁(know-who)的知识，涉及谁知道什么，以及谁知道如何做什么的信息。这四类知识分别对应知事、知因、知穷、知人的知识，其中前两类知识有一定的依据与标准，具有可证实性；后两类知识更多的是依赖于主体的实践经验、即兴智慧和创造力来实现的，在很大程度上只可意会不可言传，比较难以编码和测量，因而属于默会知识。

综上所述，关于人类行为的知识存在个体性知识与默会知识的成分。以教学技能为例，“名师的教学技能一旦形成，就具有极强的个体性。因为形成的这些技能，是名师个体教学经验、教学思想、教学表现形式以及个人个性特点、人格魅力的长期凝聚和升华的结果。”名师的教学技能包含大量知而不能言的默会知识，如何显现这些默会知识，如何使个体知识公共化，以供更多的人借鉴学习，是教师教育的重要课题。

三、广义知识观视角下教师教学技能的提升途径

从广义知识观的视角来透视教学技能，能使我们对教学技能的本质有更深入的理解。教学技能属于教师的个体知识，“这种知识不同于关于某种事物的理论知识，而是一种知道如何做某事的知识，它是无声的、潜在的、内隐于主体之中，不能用言语表达的，显然，它强调的是意向、信心等内隐因素”。教学技能是在教学设计理论的基础上，教师在教学活动中的行为方式，作为一种特殊的个体知识与默会知识，它具有个体性、动态性、情境性、隐性等特征，在提升教师教学技能时必须考虑这些特征，否则教学技能的提升就是低效或无效的。

(一)教学实践是公共知识转化为个体知识的重要途径

教学实践是教学技能所蕴含的个体知识与默会知识集中呈现的载体。在教学实践过程中，一定是教学技能在具体的教学情境中的呈现。在教学实践中，实践者本人能体会并建构教学技能中的个体知识与默会知识。正因为如此，教学实践是教学技能生成的重要载体，离开了教学实践，公共教育教学知识是不易转化为教学技能的。在教学实践中教学技能生成的过程可用图 5-1 表示。

图 5-1　教师教学技能的生成过程

当教学行为呈现的时候，一定是与当时当地的教学实践情境相切合的。教师个体要经过反复多次的实践才会建构出稳定的个体知识与默会知识，进而形成教学个性或风格。教育教学的情景是千变万化的，教育的对象是独特的，每个教师的教学个性又各不相同，要使公共知识转化为个体知识，只有经过长时间的教学实践这一途径才能实现。

对照上述教学技能形成的途径，当前中小学校对教师教学技能的提升缺失了实践环节，或者忽视了这一环节。对于教学技能的提升，大多数学校仍停留在学习公共知识的层面上，忽视了教师的教学实践环节。

毋庸置疑，作为普适性的公共知识，如教学规律、教学理念等在提升教师的教学技能中非常重要。但是如果缺失教学实践环节，那么公共的教育理论就很难内化为教师的个体知识，这种缺失实践环节的教师教学技能的培训结果就是：学者作报告，教师听报告，概念知不少，进修缺实效。“我们也发现，许多主张第一线教师主动参与、研究探索、交流分享的活动，一些旨在促进教师研究成果产品转化的活动，能够使教师的

继续教育真正有效，能够真正促进教师终身的专业发展。”总之，教学技能的提升，教学实践环节必不可少，这是建构教师教学技能的个体知识、默会知识的重要环节。

(二)对现场教学的观摩是把握教学技能中个体知识、默会知识的重要形式

最早研究教师专业发展的日本学者野中郁次郎注意到，在许多专业和行业中，当然包括教育行业中都有大量“知而不能言”、高度个人化的隐性知识，这些隐性知识支配个体的教学行为。隐性知识对于行为个体而言是无法言传的，它只有在特定的情境中才能以行为的方式显现出来。优秀教师在特定情景中产生的特定经验(个体知识)和隐性知识可能尚未抽象到显性知识的水平，但它对教师教学行为可能起着决定性的作用，而这些知识只有在教学现场才能观察到、体会到。因此，优秀教师的课堂教学现场是呈现与学习优秀教师隐性知识、个体知识的重要场所。例如，“在艺术界、医学界和教育界，我们经常要采取‘抢救措施’，把名演员表演的作品和名医的手术过程及医案和名教师的教学过程和经验，拍摄下来或者记录下来，让后来者琢磨、模仿、体悟、学习和研究，以防止‘失传’。”这种拍摄或记录下来的资料正是其中的隐性知识与个体知识。从知识观的角度来看，对优秀教师的课堂教学活动进行观摩和分析，主要是为了学习优秀教师教学设计中的隐性知识与个体知识，因为这些知识只有在具体的教学情境中才会产生，现场观摩是把握教学技能中情境化、个性化的个体知识与默会知识的重要方式。

(三)教学录像是教学技能提升的理想的学习载体

教学现场是学习教师教学技能的个体知识与默会知识的重要方式，教学录像本质上是对教学现场的保存与再利用。教学技能在教学实践活动中具有情境性、个体性和时间性。教学技能的情境性是指教学技能是在一定的教学情境中体现出来的，如果脱离了具体的教学情境，那么就不存在具体的教学技能。教学技能的个体性是指教学技能体现了不同的教学风格，具有个体性，即体现出教师的个体知识，而这种个体性必须在具体的实践情境中才会呈现出来。教学技能的时间性是指教学技能是在特定的时间段内呈现的，也就是说它一定是在课堂教学时间段内呈现的，一旦错过这个时间段，那么教学技能就不会呈现。在学习或优化教师个体的教学技能时，如何固化教师教学技能的情境性、个体性和时间性，最为理想的手段就是教学录像。

教学录像是把教学现场的所有信息全盘复制下来，是教学技能的固化，它类似于教学现场观摩，能充分体现教师的讲课水平和教学风格，并呈现了教师的隐性知识与个体知识，因此教学录像是学习教师教学技能最为理想的载体。特别是现在，信息技术和互联网的快速发展，为教学录像在提升教学技能方面提供了巨大的应用空间。在实践中，一些学校探索出了多种多样的以教学录像为载体的教学技能提升方式，并取得了良好的实践效果。他们把通过教学录像来优化教学技能的方法形象地比喻为“照镜子”，并总结出以下提升教学技能的形式：

第一，树镜子。树镜子其实是建立教学技能资源库的过程。每一学期每一教师都要推出能体现自身教学水平的课堂录像，并建立资源库。这一环节的本质是呈现教师自身教学技能的现状，并寻找能体现优秀教学技能的课堂教学现场，为优化、提升教学技能做准备。

第二，自照镜子。反复观看自己的教学录像，反思自己的教学技能的不足、教学过程中的得与失。“当局者迷，旁观者清”，在观看自己的教学录像时，对自己的教学行为要有准确的、深刻的认识，如有的教师看了自己的教学录像后说：“天啊！我的语速怎么这么快，我平时根本没有发现。”

第三，互照镜子。这一环节属于同伴互助环节。教师要有选择地观看其他教师的教学录像，学习、借鉴他人教学技能中的显性或隐性知识，以优化、提升自己的教学技能。教学录像在教学技能训练中大显身手，最早利用录像对教学技能进行提升的微格教学训练法，至今仍在教学技能提升领域中应用，这就足以表明，教学录像在提升教学技能方面具有很大的优势。

综上所述，在知识观的视角下研究教学技能，给我们呈现的是一种全新的视野。这种知识观不仅使知识的概念有了极大的拓展，具有更广泛的包容范围，也使技能的概念发生深刻的变化。教学技能的培训与提升，必须根据教学技能的本质特点来进行，如教学技能的个体性、实践性、情境性等，如果仅重视公共的教育教学理论知识的学习，将无助于教学技能的提升。

思考与实践

(1)在小组内观看优质课教学视频，重点观察教师课堂教学技能的运用，并做好相应的记录。
(2)联系自己的实践经验，在小组内探讨技能的形成过程，并结合教学技能进行反思。
(3)在小组内拟订微格教学评价量表，为单项技能的训练评价做好物质准备。

第六章　化学微格教学技能训练

第一节　教学语言技能

一、什么是教学语言技能

教学语言，也称教学用语，是指教师进行课堂教学时所选用的语言体系。由于教学活动是人类的一种特殊活动，教学语言具有其特殊性。它既不同于哲学、政治和自然科学用语，也有别于文学艺术用语；既不是纯粹的书面语言，也不是普通的日常用语。教师教学语言表达的方式和特点是由教师自己的特点与教学工作的特点等决定的。概括起来，教师的教学语言具有以下基本特点。

（一）科学性

作为教学信息传递的重要手段，教师的教学语言首先要求科学正确，不出错误。教学语言的特点是严密、准确、精练、逻辑性强，教师的教学语言要求准确、规范，不应使学生产生疑问和误解。因此，教师在进行教学时必须使用科学的、规范的术语来表述和讲授，不能用自造的土话和方言来表达，也不能仅凭字面意思断章取义。

（二）教育性

教学过程是知识传授与能力形成的过程，更是促进学生全面发展的过程。作为教书育人的教师，其教学语言对学生的思想、情感、行为习惯、思维方式都将产生潜移默化的影响。因此，教师的教学语言，除了正确表达外，还应对学生进行正确引导，使其形成积极、正确的思想、情感、行为习惯、思维方式。教师的教学语言要文明、纯洁、积极向上，教师要多鼓励学生积极思考和正确质疑；绝不能说粗话、脏话，不讲哗众取宠的大话和违背事实的假话，更不能用讽刺、挖苦的语言伤害学生。

（三）启发性

课堂教学的目的不仅在于向学生传授知识和形成技能，还在于通过知识和技能的教学让学生具有独立发现问题、分析问题的兴趣、意识和能力，提高其思维能力。这就要求教师的教学语言必须具有启发性，通过在平等教学关系中创设情境、处处设疑，促进学生在知识与技能、过程与方法、情感态度与价值观等方面获得全面发展。

（四）针对性

教师教学语言表达的根本目的是促进学生发展，因此教师教学语言必须符合教学对象的年龄特征。教师教学语言的用词、用句、语气、语调、语速等必须与学生的语言接受特点相符合。对于低年级学生，教师的教学语言要通俗、活泼、形象化、具体化、生活化，用通俗易懂的语言表达教学问题，促使学生积极、主动地学习。

二、教学语言技能的设计

(一)教学语言技能的构成要素

1. 语音和语调

语音是语言信息的载体和符号，教学中对语音的要求是要发音准确、吐字清晰、普通话规范。

语调是指讲话时声音高低、声调升降的变化。语调能体现教师的语言情感。如果教师讲课的语调较长时间低沉而平淡，则会使课堂气氛沉闷，学生精神不振，接受信息会很费力；教师讲课时的语调较长时间高亢激昂，则会使课堂气氛嘈杂，学生感到心烦，也会降低接受信息率。要做到语调自然适度、抑扬顿挫，教师要深刻理解教学内容，对全班学生充满感情，讲课时身心投入，做到语调情感的自然流露。

2. 语速和节奏

语速是指讲话的快慢。每个人平时讲话的速度可以有快有慢，但课堂上的教学语言必须语速适中，通常以平均每分钟 200～250 字为宜。语速快慢科学合理，意味着教师在课堂上发出的信息速率适宜，学生便于接受及储存，这样才能提高教学效果。教师上课时说话的速度太快，发送信息的频率就高，学生的大脑对收取的信息来不及处理，形成信息的脱漏、积压，导致信息传播和接收活动的障碍，甚至中止。反之，教学语速过慢，重复过多，则浪费时间，学生也会精神涣散，降低听课的兴致与效果。

节奏是指教学中的语速快慢、停顿等变化。节奏的时快、时慢、停顿均受教学内容的控制、影响，这样做的目的是创设情景，吸引学生注意，给予学生间歇时间思考，并不断激起学生继续学习的兴趣。

3. 词汇和语法

词是语言系统中最基本的构成单位，没有词就没有语言。作为教师要有一定的词汇量，并能规范、准确、生动地运用于教学，才能正确表达信息内容。教师讲课通常要用普通话，还要能正确使用专业词汇。凡讲课词不达意、语不成势、拖泥带水者，教学语言就很不流畅。语言的生动既反映了教师的专业知识基础，也反映出说话技巧及语言风格修养等。这些都可以通过研究训练提高。

语法是遣词造句的规则，按照这一规则表达语言才能互相交流、被人理解。教师语言的逻辑性是教学科学化、高效率的保证，也是培养学生思维能力和表达能力的一种有效方式。教师讲课要以某些知识点作为逻辑的依托，运用推理方式层层剖析事物，才可能使语言表述具有逻辑性。

综上所述，教师教学语言技能应达到语言规范、语调自然、语流顺畅、语法正确、修辞得当、逻辑无误的基本要求。

(二)教学语言的类型

1. 说明性语言

说明性语言是指教师在教学过程中对事物的形态、性质、构造、成因、种类、功能或事物的概念、特点、来源、关系、演变等进行清晰准确、通俗易懂的解说剖析，向学生说明事物、解释道理的语言。例如，在对某个公式进行教学时，对公式的结构组成、使用范围、使用时注意事项等要进行详细说明。说明性语言是教师在课堂上的常用语言，它从客观、公正的角度向学生进行介绍，使学生形成对事物的客观理解。教师在对事物进行说明时要形象、生动、系统、全面。

2. 叙述性语言

叙述性语言是指教师以叙述的方式向学生传递信息的语言。叙述性语言比较轻松，具有亲和力，容易引起学生的兴趣。例如，语文课中介绍作者和时代背景、讲述故事性的课文内容等，都适合采用叙述性语言。通过教师的讲述，学生可以在轻松的氛围中获得感性认识，形成正确的表象，为后面形成概念、讲解理论打下基础。教师在运用叙述性语言时一般以陈述的方式进行，语气比较平和，娓娓道来的叙述能使学生在轻松的环境下对内容有一个初步的认识。

3. 描述性语言

描述性语言是指教师借用一定的修辞手法，形象生动地向学生描述故事或创造某种情境的语言。描述性语言旨在通过教师优美、传神的语言表达，渲染出一种合乎需要的情感，让学生在这种情感氛围中增强体验，加深认识。描述性语言常用在刻画人物、描绘环境、介绍细节、渲染气氛、表达感情等方面。在运用描述性语言时，不仅要求所选用的语句优美、生动形象，而且要使语言和所要表达的情感紧密结合起来，做到“言情合一”。

4. 论证性语言

论证性语言是指教师按照一定的逻辑，运用恰当的数据、事实等证明某个观点或结论的语言。论证性语言往往在严密的逻辑下运用简单、精确的语言进行论证。教师在进行论证时可以选取多种方式，如实例论证、因果论证、正反论证、类比论证、比喻论证、归谬论证等，但无论哪种方式，都要求逻辑清晰、层次分明，语言简练、清晰。

5. 抒情性语言

学习过程是学生增强体验、形成认识的过程。在教学过程中，许多教师为了让学生对教学内容所包含的情感有充分的体验，往往以抒情的方式向学生传递信息，这时经常会采用抒情性语言。教师在运用抒情性语言时要注意选用恰当的词汇、语气和语调，充满感情地进行表达，同时还可以借助身体语言或音乐、图片等增强语言表达的效果。

（三）教学语言设计要点

1. 导入语言要精心设计

导入语，即开场白，是教师在新课开始时使用的语言。一堂课的导入，就如乐章的序曲、戏剧的序幕，能起到先声夺人、引人入胜的作用。成功的导入语，能吸引注意力，酝酿情绪，营造很好的课堂气氛，可激发学习兴趣，诱发学习动机，提高学习的积极、主动性，可温故知新，提示思路和讲课内容，使学生的思维迅速进入预定的教学轨道，为整堂课的成功教学打下良好的基础。

2. 讲授语言讲究逻辑性、透彻性、启发性

课堂教学的成败主要取决于讲授的优劣，决定讲授优劣的重要因素是教师的语言技能。也有人认为：教师的任务就是传授知识，只要把知识传授出去，学生能听清楚就行了。但在实际工作中，许多课堂教学的失败，并不都是教师知识贫乏或经验不足造成的，而是缺乏应有的语言技能。教师应从学生已掌握的知识以及知识本身的内在联系和系统性着手考虑，把学生的已知内容纳入教材的未知体系中，使已知与未知有机地联系起来。因此，此阶段应以讲解为主，辅以各种直观教学手段，同时注意教学语言的逻辑性、透彻性、启发性。

1)逻辑性

逻辑性主要指准确地使用概念，恰当地进行判断，严密地进行推理。但作为口头语言必须简短明快；语气的舒缓或急促，语调的轻重缓急，都应受制于教材本身的逻辑性，依靠语言的逻辑力量。

教师在讲授时，一定要按照学生的理解水平来进行。有些教师的讲授使学生感到高深莫测；另一些教师的讲授又失之肤浅，叫人难以忍受。要做到讲授深浅适度，教师表达内容的深浅、语言的明白程度和思维的进程都要与学生的水平相适应。

讲授的内容要从具体到抽象，再回到具体。教师还要注意教材前后内容的逻辑性，给学生提供必要的背景知识，以便理解教材。

2)透彻性

透彻性主要指阐述得透彻、清澈见底。要做到这一点，教师必须提高自己驾驭教材的能力，能够居高临下，对全课甚至整个章节有准确的分析，分清教材的主次，把握住重点和难点，把时间用在解决关键问题上。

3)启发性

启发性主要指充分激发学生学习的内部诱因，培养学生的认识兴趣和思维能力。具有这种特性的语言，一般使用在激疑、析疑、鼓励学生质疑和释疑之中。就技巧手段而言，多用设问、反问、比喻、比拟、排比、层递等修辞手法，致力于点拨、点染、引导、引发。实际上，启发性是教学语言的基本特征，应贯穿于讲授的始终。因为要使学生获得牢固的知识，就必须促使学生进行思考，而促使学生进行思考的第一颗“火星”，就是使学生认识到各种事物和现象之间的交接点，认识到把各种事实和现象串联起来的线索。为此，必须进行启发教学，而启发教学又要靠语言来实现。

3. 结束语言要凝练、平实和富于延伸性

总结、归纳是在两种情况下进行的。一种是在某个定理、概念、原理等讲解之后，通过归纳、总结使学生得到一个清晰的结论，在这种情况下，教师的语言主要是分析事实，适当穿插演示，采用的方法以讲解、直观演示为主。另一种则是在全课结束时先归纳、总结，使学生掌握全课的脉络、主要内容和概念，然后根据学生掌握概念的水平和运用概念的能力组织练习。无论哪一种情况下的归纳、总结，教师的语言都要注意凝练、平实和富于延伸性。

(1)凝练性：主要指语言简练、简约，要言不烦，此时的讲授应点到为止，用压缩的语句，用结晶性的表述，引导学生对刚刚学过的新的主要内容进行回味、咀嚼。

(2)平实性：主要指语言的质朴、严谨、实在，以促使学生提纲挈领地领会中心内容，此时大可不必渲染。

⑶延伸性：主要指顺延、伸展，向新的深度和广度掘进。此时，应当运用具有延伸性的语言，刺激学生从自己的精神领域中寻找并扩散与课堂上所学内容相通的千百个接触点，并从这里出发展开思维的翅膀，向更广阔的世界伸展。

三、教学语言技能的应用

（一）运用教学语言技能的基本要求

1. 强调使用标准的普通话

普通话是标准、统一的教学用语，在进行教学语言训练时学生必须用普通话。我国幅员辽阔，民族众多，各个地方、各个民族在平时进行交流时常使用地方性语言，并在一定程度上形成了习惯，这就要求教师在进行教学语言训练时不仅要把精力放在微格训练课堂上，还必须要求学生在平时的表达、讨论与交流中使用标准的普通话，养成良好的语言习惯。

2. 力求严谨、简明、流畅

教学语言必须保证其科学性。教学语言的严谨，体现在教师的每一句话上。对教学内容的表达，应当用词准确，正确地使用化学学科的专门用语。教学语言还应简明扼要、恰到好处、精练地表达教学内容；说话时语句要流畅，没有语病和赘词，如“那么”“这么”“噢”等。

3. 要有针对性

教师要研究学生的情况，从学生的实际出发设计自己的教学语言。教师所叙述的内容，必须是在学生已有的知识和经验的基础上能够理解的，不能超越学生的认识能力。教学语言还要符合学生的兴趣和需要，在表达时应当深入浅出、通俗易懂、简单明了、生动活泼、富于变化。只有有针对性地讲课，才能有效地达到教学目标。

4. 要有启发性

教学语言具有启发性，是发展学生思维的重要条件。启发性的教学语言要启发学生对学习目的的认识，激发他们的学习兴趣、热情和求知欲，使学生有明确的学习目的和学习主动性；启发学生联想、想象、分析、对比、归纳、演绎，引导他们积极思考；激发学生的情绪，丰富学生的思想感情。

要使教学语言具有启发性，必须做到：体现对学生的尊重，饱含丰富的感情；体现新旧知识的联系，尽可能把抽象的概念具体化、深奥的原理形象化，能够引起学生合乎逻辑的思考。

5. 要有机动性

在课堂上，师生的教学活动是丰富的，也是变化的。教师讲课的语言要和学生当时的情况相适应，要能够根据学生的反应灵活机动地改变词句或叙述方式。教师教学语言的机动性是有效地进行教学的重要保证。

教师要能够灵活机动地运用教学语言，不仅需要在备课中认真考虑对教学内容的表达，还要考虑学生的学习行为；要深入钻研教材；对学生的情况要有敏锐的观察力和判断力；要有较高的文化修养和广博的知识面。需指出的是，机动性的教学语言，绝不等同于不严谨的随意性语言。

（二）教学语言技能训练评价表

教学语言技能训练评价表见表 6-1。

表 6-1　教学语言技能训练评价表

评价项目	评价等级			权重
	好	中	差	
1. 讲普通话，发音正确				0.10
2. 吐字清楚，速度、节奏适当，语言流畅				0.10
3. 语调有起伏，富于变化				0.10
4. 语言逻辑严密、条理清楚				0.15
5. 表达情感与教学情景相适应				0.15
6. 感情充沛，有趣味性、启发性				0.10
7. 没有口头语和多余语气助词				0.05
8. 简明扼要，没有不必要的重复				0.10
9. 有形象的肢体语言，肢体语言与口头语言配合得当				0.05
10. 正确使用本学科名词、术语				0.10

阅读链接

化学教学语言要突出六点特色

一、化学教学语言要科学严谨、准确精练

化学是一门科学，科学语言要求用词严谨，因而教学语言应该准确。化学教学语言要准确、精练、有逻辑性，必须准确使用化学术语，以确切地表达化学事物的现象和本质。教师要有丰富渊博的知识，深厚的业务功底，在课堂教学中才能采用精确的语言，让学生体会到科学的严谨性、准确性。例如，阐述电解质定义是“凡是在水溶液里或熔化状态下能够导电的化合物称为电解质”，若其中“或”字误说成“和”，则概念全非；不能把氯化氢说成盐酸；“二氧化碳一般不支持燃烧”，不能说成“二氧化碳不支持燃烧”。精练是指重点突出、简洁明了、概括要点、详略得当、言简意赅。例如，制氧操作过程可概括为“查、装、定、热、集、移、熄”七字。化学教师的教学语言不准确、不规范常表现在以下几方面：

(1)用生活上的习惯用语代替教学用语。例如，把“加热”说成“点燃”或“烧一烧”，将“集气瓶”说成“玻璃瓶”或“粗口瓶”，“溶液由紫色变成红色”说成“溶液由紫色褪成红色”或“溶液由紫色褪成无色”或说成颜色消失等。

(2)随意类推、迁移，忽视某些物质或反应的特殊性。例如，说“碘遇淀粉变蓝”，实际上是碘与淀粉相互作用的结合物而显示特殊的蓝色，并不是碘变蓝，如果讲述不清，往往会使学生弄不清究竟是什么变蓝，搞得模糊不清。

(3)粗心大意。例如，元素化合价“+1”“−1”读作“正一”“负一”，化学方程式中的“＋”读作“加”，“$=\!=\!=$”读作“等于”；“淡水”说成“蒸馏水”，“PH_3”说成“氢化磷”，“HCl”说成“盐酸”，“$NH_3 \cdot H_2O$”说成“氨水”，“皮肤被腐蚀”说成“烧伤”，“NH_3”说成“氮化氢”，“或”字误说成“和”。类似的错例有很多，在此不一一列举。

语言精练，就是要求教师在课堂教学中“少说废话”“举例恰如其分”“描述现象准确无误”，用最少的语句表达更丰富的内容。有的教师怕学生“消化不良”，课堂语言机械重复，有些越描越黑的感觉，极大地降低了学生大脑皮层的兴奋程度，阻碍了学生学习的高涨情绪和求知的欲望，不利于学生掌握知识的重点

和理解知识间的衔接性，影响了对知识的逻辑性的理解，更不利于发展学生智力、培养学生能力。

语言精练并不是单纯地削减语言的数量，而是要提高语言的质量，这就要求教师必须有洞察关键的眼力。概念新授，概念的建立和剖析是关键；概念复习，理清概念间的脉络关系是关键……。例如，讲“气体摩尔体积”这一重要概念，就要扣住四个环节：①条件，标准状况；②物质的量，1mol；③物质状态，气体；④数值及单位，22.4L。又如，硫酸的工业制法，可引导学生用“五个三”来概括和归纳，即三原理、三阶段、三净化、三设备和吸收三个注意点。对于化学平衡，则用“逆、等、动、定、变”五字特征来分析讲述。这种简洁明确的语言使学生易于巩固，易于记忆。

二、化学教学语言要风趣、幽默

教师课堂教学的语言是一种语言的艺术，课堂语言既不能像演员背台词一样一字不变，又不能像日常生活那样随意，可以说，教师每说出一句话，都是要经过深思熟虑的，是有目的而发，要准确、简洁而有分量，而语言的风趣、幽默则是开启学生智慧之门的催化剂，是激发学生灵感的钥匙。苏联教育家米·斯特洛夫说过：幽默是“教育家最主要，也是第一位的助手”。幽默风趣的语言可以缩短师生之间的距离，极易形成愉快欢乐的学习意境。例如，向学生讲述氢气(已验纯)还原氧化铜的实验时，为强调顺序操作的注意事项，让学生更牢固地掌握操作顺序，可及时地配以化学韵语“氢气早出晚归，酒精灯迟到早退，前者颠倒可能炸，后者颠倒定氧化”。顺口的韵语，生动的提问，进一步激发了学生学习化学知识的兴趣。初中化学中有不少知识容量大、记忆难、又常用，很适合用编顺口溜的方法来记忆，因为顺口溜朗朗上口，生动形象，便于学生记忆。例如，学习化合价与化学式的联系时可用“一排顺序二标价，绝对价数来交叉，偶然角码要约简，写好式子要检查”。又如，在讲解过滤操作要领时可概括为：“滤纸折好，分开放入，稍加湿润，驱除气泡。记住要领：两低三靠，先清后浑，不要急躁。”另外，精辟的俗语，好的歇后语，如能恰到好处地运用，都能起到良好的效果，活跃课堂教学气氛，丰富学生的语言，给学生打上深刻的烙印，学生能在愉快中接受知识，得到启迪。例如，在做亚铁盐制氢氧化亚铁实验时，首先用神秘的语气配以简单的动作叙述道：“盛碱滴管更细长，插入盐液莫慌张，屏气缓滴不摇荡，白色沉淀呈絮状；倘若固执不照办，反应就给(你)颜色看。”在“颜色看”三个字上放慢速度，给人一种类似警告的威严，接着按照常规操作，在管口上方滴下碱液，试管里产生白色沉淀即刻转绿，最终变成红褐色，学生在惊讶不已、寻思之余，又为“反应就给(你)颜色看”双重含义的领会而眉开眼笑。在去除杂质以提纯物质时，学生往往使用不当而引入新杂质，针对这种情况，可形容为“前门驱虎，后门进狼”，或比喻为“迎新弃旧”，一语双关。通过这些幽默的描述、声情并茂的讲解，学生兴趣倍增，情绪高涨，进入一种最佳的学习意境。当然，幽默只是手段，并不是目的，不能为幽默而幽默，如果脱离教材的内容和实际需要，一味调笑逗乐，插科打诨，只会给学生粗俗轻薄、油嘴滑舌之感。

三、化学教学语言要善于激疑、巧于解惑

孔子曰：“不愤不启，不悱不发。”意思是在学生对所要解决的问题处于“心求通而未得、口欲言而未能”的时候，才去启发。然而，怎样才能使学生处于“心愤愤，口悱悱”的状态呢？这就对教学语言提出了更高的要求。实践证明，善于激疑，巧于解惑，是达到上述目的途径之一。激疑，就是通过教学语言，在学习过程中有意设置困难，激起学生的疑问。问，是探索知识的起点；疑，是发出问题的前提。因此，教师善于激疑，也就是在平凡的知识中，启发学生发现疑点。例如，软化硬水的内容中有一个化学方程式 $Ca(HCO_3)_2+Ca(OH)_2 = 2CaCO_3\downarrow +2H_2O$，通过实验，学生看到白色沉淀，从感性上接受这个知识并不困难。可是，教师却提出：“这是复分解反应吗？”这一问，就像在学生平静的脑海中投下一颗石子，激起疑问的浪花。因为当学生判断出不是复分解反应时，自然而然地就会产生为什么会生成碳酸钙沉淀的疑问，从而进入“心愤愤”的情境，然后教师才逐步启发学生，让他们自己加以解释。像这样“激疑”的语言，艺术性很高，高就高在一句话敲开疑惑之门，引出思维之路。

四、化学教学语言要抑扬顿挫、有声有色

语调是指讲话时，声音的高低升降、抑扬顿挫的变化。从所表达的内容出发，运用高低变化、自然合度

的语调，可以大大加强口语表达的生动性。节奏是指讲话时的快、慢变化。由音的长短和停顿的长短所构成的快、慢变化就是节奏。善于调节音程的徐疾变化，形成和谐的节奏，同样可以加强口语表达的生动性。经验证明，教学语言抑扬顿挫，能调节学生的神经联系；教师讲课有声有色，更能唤起学生的心智活动，从而使课堂气氛有节奏、有旋律、有起伏、有表情，增强学生美的享受，才能不断地把学生的学习情绪推向高潮。

五、化学教师语言要亲切、形象

教学语言是师生双方传递信息和交流感情的载体。亲切感人的教学语言能使学生保持积极舒畅的学习环境，最能唤起学生的热情，从而产生不可估计的力量。正如古人讲的“感人心者，莫先乎情”，教师在教学中不仅要晓之以理，以理育人，而且要动之以情，以情感人。特别是对待差生，更应做到这一点，以此维护他们的自尊心，激励他们上进。在与学生交流时，要关心寻找他们的“闪光点”，从而给予“表扬和鼓励”，使他们感到自己的进步，激发他们的学习动机，即使错了，也要用委婉的话语指出其不足。当然，表扬、鼓励都必须有的放矢，不失分寸。相反，教师如果对学生的错误过多地批评、指责，甚至讽刺、挖苦，就会使学生失掉学习化学的信心，由厌恶化学教师至厌恶化学学科，这不能不说是教学的失败。著名数学家波利亚非常注意这一点，有时他一眼就看出学生的计算是错误的，但还是喜欢以温和的态度、亲切的语调、慈祥的目光和学生一步一步地查看：“你一开头做得很好，你的第一步是对的，第二步也是对的，……现在关于这一步，你是怎么想的？”在学生回答问题时，多用“你答得很好”“你并不比别人差”“你也许没有复习，如果课前看了，我相信你一定能够回答”等，做到多鼓励、少指责，多进行正确指导、少板起面孔训人，让学生对学习有信心、有奔头、有积极性，使他们能“亲其师而信其道”。

有些化学概念、原理具有高度的抽象性，而高度抽象的化学内容又可以凭借十分生动具体的材料作原型。中学生的学习心理尚处在“开放期”，纯真、活泼，表现出强烈的求知欲和好奇心。因此，在教学中善于运用贴近学生生活的事例，把内容讲得形象、通俗，学生就能更深刻地理解知识。例如，讲“泡利不相容原理”时，借助于生活中买到两张(日期、时间、排号、座号)完全相同的电影票来说明；“同一轨道两个电子自旋方向必须相反”比喻为鞋盒装鞋子，两鞋头不能放在同一方向；“能量最低原理”，用一个人坐着比站着稳，躺着又比坐着稳来解释。虽然科学性欠周密，但能降低难度，使学生学而不厌。再如，讲述苯的结构和性质关系时，可以说苯就像“似驴非驴、似马非马的马、驴杂交后代——骡子一样，既有牛高马大的身材，又有长耳细尾的驴征”，苯中碳碳键就是单、双键的“杂交”产物，所以苯既有烷烃的某些性质，又有烯烃的某些性质。如此深入浅出的讲述，必然会使学生在愉快的心境中轻松地汲取知识营养。“南国汤沟酒，开坛十里香”这则广告用语，能让学生的思维在愉快的氛围中进入微观粒子的运动世界，进而积极探索分子运动的奥秘；“见风使舵的行家，灵活多变的舵手”这则比喻，能激发起学生观察指示剂和变色实验的兴趣，增强他们记忆酸碱指示剂变色情况的效果。显然，利用这种脍炙人口的名言以及充满时代气息的语言会让学生兴奋起来。

六、化学教学语言要充分运用教学中的副语言行为

教学中的副语言行为是以语言为基础并且配合语言活动进行的，它没有形成一种独立的语言系统，但是有着重要的作用：副语言行为能够使语言具有感染力，增加语言的表现力；它能在一定程度和一定场合代替语言，或者弥补口头语言在形象性方面的缺陷；副语言行为跟语言行为配合，不但可以增加信息的内容，而且可以使信息实行多通道传输和多器官感受，使信息传输更加可靠和有效，并且促进学生的全面发展。

人的身体的许多动作都能表达自己的情感意向。例如，点头表示同意，摇头表示否定；皱眉表示不满，啧嘴表示批评；挥手表示肯定，拍头表示疑惑；拍拍肩头表示亲热，竖起拇指表示赞赏；等等。教师应当善于利用副语言行为向学生传达自己的情感意向，促进学生搞好学习。面部表情是最常见的副语言行为之一，它能够表达人的多种多样的感情，人们能够通过表情了解彼此的情绪、体验，乃至思想、愿望和要求。

课堂教学活动是在知、情两条线的相互作用、相互制约下完成的。在课堂上，教师的表情应随着教学活动的开展作相应的变化。例如，当学生回答问题时，流露出专注的神情；当学生踊跃参加讨论时，流露出兴奋的神情……良好的情绪可以加速人的认识过程，而认识过程的加速又能引起良好的情绪效果。教师应当凭借自己的情绪色彩感染、激发学生的求知欲，形成轻松愉快的教学气氛。实践证明，学生不喜欢那种缺少微

笑的机器人似的教师，教师板着面孔讲课，学生会产生压抑感、沉闷感。苏联心理学家赞可夫对此批评道："如果教师像'教学机器'，学生以'冷眼相待'，最好的教学方法也是没有用的。"

第二节　讲 解 技 能

一、什么是讲解技能

讲解技能是教师运用语言向学生传授知识和方法，引发思考，促进学生的智力发展的教学行为。教师根据知识本身的逻辑规律和学生认知的顺序解释教材内容，形成知识和发展学生思维能力的基本途径。其实质是教师主导作用与学生的学习主动性的最佳结合，讲解的任务就是教师通过循序渐进的叙述、描绘、解释、推论，传递信息，传授知识，阐明概念，论证规律、定律、公式，引导学生认识问题和分析问题，并促进学生智力发展，体现教学相长的关系。

(1)讲解技能的首要功能是向学生传授知识，使学生充分了解知识的内在联系，进而形成系统的知识结构。教材是学生学习的专用书籍，也是教师教学的依据。但是，教学不是照本宣科，教师要对教材中的知识结构、知识间的纵横关系、重点和关键，按照学生的认知规律进行讲解。正确而恰当的讲解，不但能引导学生在原有认知结构的基础上感知、理解，巩固和应用新知识、新概念和新原理，而且能确保学生系统地掌握知识。

(2)生动有效的讲解能激发学生的学习兴趣和学习动机。讲解技能是教师应具备的重要的教学技能之一，有经验的教师是十分重视课堂讲解的。他们将熟练的语言技能与其他技能有机结合起来，把对知识的理解、对实验与演示中表现的现象、过程，知识的发生、发现、发展过程等融入生动和有效的讲解之中，常常能激发学生的兴趣，并逐渐形成志趣。

(3)通过对问题的讲解和剖析，揭示其中隐含的规律，启发学生思维，传授思维方法，强化学生对知识的理解，为学生培养科学思维方法提供示范。教师的讲解可以通过分析、归纳、推理等一系列思维活动，揭示知识的内在联系及形成过程，使学生形成正确的思维方法，提高学生的认知能力(如观察能力、思维能力、想象能力等)和实验能力(如运算能力、实验操作能力、设计能力等)。

(4)发挥正面教育的作用，教师在课堂教学过程中与学生进行情感交流，对学生进行思想教育。讲解过程中，教师所分析的教学内容隐含自己的思想意境和审美意识、价值观，能潜移默化地影响学生的言行举止，影响学生的思想和审美情趣；教师科学正确的讲解，能帮助学生发现和纠正错误，分析原因，把错误的观念、方法消灭在萌芽状态。

但是，讲解也有其致命的缺点：一是置学生于被动地位，尽管人们采取了各种方法加以改进，但终究无法解决师生交流和学生反馈的问题，影响了学生创造性品格和思维能力的培养；二是学生单纯地听，无直接的感性材料，无法亲身体验，无法培养学生动手实践的能力；三是只靠听，信息保持率低。尤其是满堂灌式的讲解，由于学生的注意力不可能长时间保持高水平，加上信息本身的干扰，信息保持量低。美国的特雷纳曼曾做过研究测试，讲解 15 分钟，学生只记住 41%；讲解 30 分钟，只记住 20%。讲解虽然给教师提供了主动权和控制权，但它并不是教学的唯一方式，不能代替其他方式。讲解技能只有与演示技能、板书技能、变化技能等多项技能结合灵活应用时才能取得良好的效果。讲解技能常用于事实性知识的传授，知识的综合、概括和总结，知识运用的引导与定向。

二、讲解技能的设计

(一)讲解技能的构成要素

1. 讲解的结构

讲解的结构是教师在分析学生的情况和教学内容的基础上，对讲解过程框架的安排。这一技能要素是整个讲解教学活动成功的基本保证。讲解过程框架的设计应在讲解实施前完成，讲解过程框架的实施是通过教学进行观察的，所以讲解过程框架应满足可操作、可观察、可评价的要求。

在微格教学中首先要使学生明确“讲解的结构”要做什么。讲解的结构就是将讲解的总任务分解为若干个关键部分，每一部分都有一个明确的阶段性目标，并根据各部分讲解内容之间的逻辑意义和学生认知过程的规律，将各部分讲解内容安排成一个序列，并在讲解实施中正确清晰地体现这一序列。所以，建立讲解的结构，实际上是对讲解内容进行分析综合的加工处理过程。讲解结构的课堂表现形式是通过提出系列化的关键问题和阶段性结论，形成清晰的讲解框架。

学生不仅需要知道建立讲解结构要做什么，而且还要知道怎样做。找出讲解内容中的关键成分，建立各部分之间的联系是有规律可循的。这个规律就是新旧知识之间的联系和新知识中各要素之间的内在关系。教师可以从分析新知识结论入手，找出构成结论命题的若干个关键因素。这些因素之间是以什么关系构成的命题结论？这些因素中哪些是已知的，哪些是新概念？对于新概念的关键因素还要向下追溯，直到与学生原有的知识建立联系。教师对知识本身的结构和新旧知识之间的关系进行分析，可以确定讲解结构中的关键成分。各关键部分之间的联系和讲解顺序的确定，除了要依据知识结构的本身逻辑之外，还需要考虑学生认知的规律，遵循由浅入深、由表及里的认识原则。

2. 语言清晰流畅

语言清晰流畅要求讲解紧凑、连贯，语言准确、明白，语音和语速适合讲解内容和情感的需要。讲解紧凑、连贯指两方面的内容：一是讲解连贯紧凑，没有吞吞吐吐和“嗯”“啊”等游移、拖沓的现象；二是讲解意义连贯紧凑，没有意义分散、跳跃的现象。讲解语言紧凑、连贯，要求教师准备充分和自信。具体来讲，教师要按讲解的结构框架进行讲解，在同一时间内只有一个具体的讲解中心(阶段性讲解目标)，思路清晰、目标明确，防止意义分散跳跃。

讲解语言准确、明白，就是语言中的句子结构完整、发音正确、用词准确。要做到准确，就要对讨论问题中的关键词事先找准，有所准备。要做到明白，就要将讲解中具体问题的结论与取得结论的依据或前提条件交代清楚，将依据与结论之间的关系交代清楚。若将依据和前提条件以及结论与依据之间的关系认为是不言自明的，一带而过，就会造成讲解不明白。

3. 使用例证

举例说明是进行学习迁移的重要手段，例证将熟悉的经验与新知识联系起来，是启发理解的有效方法。

(1)举例内容恰当。所举例证的内容要正确反映教学内容中的概念、原理。

(2)举例适合学生的认识水平。例证应是教学内容所涉及的一类事物中的典型事例，即概念、规律的本质因素或稳定联系在例证中的表现形式是比较鲜明的，便于学生分析概括，符合学生的经验和兴趣。

(3)举例数量符合认识过程的需要。举例的数量对于获得新知识是充分必要的，少了不足以说明问题，多了容易使人厌烦。

(4)注重分析。例子不在于多，而应对例证与原理之间的关系分析透彻，这样才能使学生举一反三。

(5)正确使用正面例证和反面例证。学生容易从正面例证中获得新概念、新规律，在没有形成正确理解之前，对反面例证的否定是比较困难的，所以在引入新知识时，正、反两面的例子交叉使用容易造成混乱。在初步理解了新知识后，再使用反面例证可使学生加深理解。

4. 进行强调

强调是成功讲解中的一个核心成分。强调将重要的关键信息从背景信息中突出出来，减少次要因素的干扰，有利于学生形成正确的认知结构。强调的形式是多种多样的，学生在训练中容易模仿和应用。学生感到困难的是强调的内容，学生一般都会知道强调重点内容，困难的是什么是重点。成功的强调来源于对新旧知识的联系和新知识结构的透彻分析。简单地重复结论不等于强调，强调结论中的关键要素及各要素之间的关系，强调新知识与原有知识的联系和区别，才能使学生清楚地“看到”这些联系，掌握新知识。

5. 形成连接

讲解结构中的系列化关键问题和相应的阶段性目标之间不是彼此孤立的，它们不仅有时间顺序，而且还有逻辑意义的联系。形成连接就是要将讲解中各部分之间的逻辑意义联系交代清楚。在训练中应避免学生仅仅简单地将讲解内容的1、2、3……罗列起来的做法，而应强调学生注重讲解各部分之间的转折和过渡。

6. 获得反馈

由于讲解主要是教师讲学生听，所以新教师往往忽视学生的反应，对于课文的讲解就像在背书。这是讲解的发展进程与学生理解不能同步，讲解缺乏针对性、交互性的主要原因。在训练中，指导教师要注意纠正学生这方面的问题。

(二)讲解技能的类型

根据我国课堂教学的实际情况和知识的类型，可将讲解技能分为解释型、描述型、原理中心型和问题中心型四种基本类型。它们之间既有各自的特殊性，又有其共同性。所以，就其结构而言，既有各自的模式，又有其共同的模式。由于讲解具有信息单向传递的特点，因此按教师的讲授方式进行分类更易于说明讲解的基本类型。

1. 解释型

解释型讲解也称为说明型或翻译型讲解。通过讲解，把已知与未知联系起来，是初级、具体事实的说明，一般用于概念的定义、题目的分析、意思的解释。事实与现象的说明、翻译性的解释及附加性的说明等，适合于对事实性知识的传授。对于高级的、抽象的和复杂的知识，单纯用解释的方法难以收到良好的效果。解释型讲解是经常和普遍运用的一种讲解方法。

2. 描述型

描述型又称叙述型。描述的对象是人、事和物。其内容是人、事和物的发生、发展、变化过程以及形象、结构、要素。主要用于事实性的描述、概念的描述和结论的阐述，也可用于较为抽象知识的描述。

3. 原理中心型

原理中心型讲解一般指以概念、规律、原理、推论为中心内容的讲解。从讲解的内容上分，又可分为概念中心式和规律中心式。例如，极限、函数、压强、功、分子式等指的是概念；结合律、动量守恒定律、物质不灭定律等指的是规律。若从讲解的逻辑方法上分，又可分为演绎型和归纳型等。原理中心型讲解是课堂教学中最重要、最基本的一种教学方式。这主要是由于从概念、规律、法则、原理、推论的引入开始，运用分析、比较、演绎、归纳、类比、抽象、概括等逻辑方法对知识进行论述和推证，在推导过程中还要提供有力的证据和材料，最后得出结论。在论述和推证的过程中揭示现象与本质、个别与一般、事物要素之间、已知与未知之间的内在联系。

4. 问题中心型

问题中心型讲解就是以解答问题为中心的讲解方式。问题就是未知，它从实际中来，以事实材料为背景。解答是由未知到已知的认知过程，认知的关键是方法。有了有效的方法，问题就可迎刃而解。寻找有效的方法和具体解决问题，必须具备扎实的学科基础知识，也离不开思维能力。问题中心型讲解具有一定的研究性，若处理得当，可达到启发学生的思维、培养学生分析问题和解决问题的能力的目的。值得一提的是，只有当讲解技能和其他技能结合灵活运用时才可能达到以上目的。

问题中心型讲解一般按下列程序进行：首先由事实性材料引出问题或直接提出问题，再明确解决问题的标准，然后选择解决问题的方法、提出各种方法进行分析、比较，最后确定解决问题的最佳方法，进而解决问题。在确定解决问题的最佳方法进而解决问题的过程中，要提供充分的证据，进行推理和论证，运用逻辑推理，推导得出结论。这也是课堂教学上普遍使用的一种方法。

（三）讲解技能的设计要点

(1)明确讲解的问题。设计讲解时要分析所讲解的内容，确定讲解的重点或主要内容。

(2)估测学生的水平。讲解者首先要了解学情，对学生的认知水平、情感态度、学习能力等作较全面的估测。建立在对学情有清醒认识上的讲解设计，才有针对性，才符合要求。

(3)确定讲解的标准。讲解到什么程度，要受学生水平、教学目标、教学时间等的制约，讲解设计要确定讲解的范围和讲解的深度，讲解不能过深或过浅，标准受词语本身意义、词语的运用的制约。

(4)划分讲解的层次。设计讲解时，要分清讲解事件发展的各个阶段、事物性的各个侧面或者事理形成的各种原因，并按一定的顺序排列，使各部分之间体现一定的逻辑联系。

(5)选择讲解的类型。不同的讲解内容需要选择不同的讲解类型，有的只选用一种类型，而有的则需选择两种类型，这时谁主谁次，谁先谁后，如何配合使用，都需要精心设计。

三、讲解技能的应用

（一）运用讲解技能的基本要求

1. 讲解要清楚

清楚即发音准确，吐字清楚，音量适中，语调注意抑扬顿挫、轻重缓急。讲解的清楚依赖教师清晰的思路，教师在钻研教材、研究学生之后，要将知识内在的逻辑关系与学生的认知过程结合起来，形成精练、严密、符合科学方法的教学思路。

2. 讲解要准确

教师既要用科学术语来表达事物的现象和本质，也要对易混淆的概念进行严格的区别，还要特别注意使自己的语言表达合乎逻辑，按事物自身发展变化的顺序来讲解，按知识、概念间的逻辑关系来讲解。

3. 讲解要精练

讲解要力求简洁，清除讲解语言中过多的口头禅和无意识的重复，用专业术语来表达科学事实；讲解要力求具有针对性，要抓住教学内容中的关键字、词、句进行讲解，做到重点鲜明，突出事物的本质。

4. 讲解要有启发性

启发性即启发学生学习的兴趣，使学生有明确的学习目的和学习的主动性；启发学生联想、想象、分析、对比等，即激发学生开动脑筋，积极思考；激发学生的审美情趣，丰富学生的思想感情。另外，在不影响教学内容科学性的前提下，教师采用一些修饰手段使语言生动形象、幽默，更能引起学生的兴趣，增强学生听课的注意力，丰富学生的情感。

5. 讲解要有机动性

教师的讲课要考虑到学生的思想状况和接受情况，教师应根据学生的反应，灵活机动地改变讲解的方式，并使讲解的内容与学生的情况相适应。

（二）讲解技能训练评价表

讲解技能训练评价表见表 6-2。

表 6-2　讲解技能训练评价表

评价项目	评价等级			权重
	好	中	差	
1. 讲解紧密结合重要教学内容				0.10
2. 能提供丰富材料，使用例题、类比等恰当清楚				0.10
3. 对材料分析、比较，揭示事物本质特征				0.10
4. 通过讲解、引导，使学生了解不同的思维方法				0.10

续表

评价项目	评价等级			权重
	好	中	差	
5. 讲解条理性、逻辑性强，能揭示概念、理论形成过程				0.10
6. 讲解的知识重点突出，关键点加以强调；难点知识突破迅速，突破方法优化				0.15
7. 结合提问等方式，使讲解过程与学生呼应、作用好				0.10
8. 能调动学生积极参与，课堂师生互动氛围好				0.10
9. 讲解语言精练、有趣、亲切，富有感染力				0.10
10. 能及时收集和分析反馈信息，调整讲授内容和进度				0.05

阅读链接

课堂教学讲解技能的基本要求

一、目标明确，重点突出，难点突破

教学目标明确，是所有教师在课堂教学中运用讲解技能时首要的、基本的要求。也就是说，在讲解时，教师和学生的一切活动都应围绕具体而又明确的教学目标展开，以保证教学任务的实现。例如，进行概念教学时，就不能被事物的非本质现象所迷惑而陷于对各种现象的叙述、描绘之中，必须对具体材料进行分析综合以明确教学目标，即明确通过讲解应使学生掌握的事物的本质特征是什么。

突出重点和突破难点的总体要求是：在深入钻研教材、弄通知识内在联系后，确定讲解的重点和难点，并从学生的知识基础及理解水平出发，考虑解决重难点的办法和方案。教师讲解时，对重难点问题要精讲、详讲、讲深、讲透，可以概括为："目标单纯，取舍果断，问题突出。"也就是要在讲解时能"集中优势兵力打歼灭战"。但同时又必须懂得并体现"多"与"少"、"难"与"易"的辩证法。因为"少则得，多则惑""简约而文达，话少而义深"。在突出重点时，首先应区别"教材重点"和"教学重点"。两者的辩证关系是：教材重点肯定是教学重点，而教学重点未必是教材重点。就教材重点而言，一般是指教材中那些最基本、最重要的知识和技能，主要包括以下几方面：

(1)基本概念：概念反映的是事物的本质属性，基本概念是在一定范围内具有广泛指导意义的概念。在一个知识单元或一篇课文中，理解基本概念对理解其他有关的概念和理论有重要意义。它具有较广泛的适用性。

(2)基本理论：理论反映的是事物之间的本质联系，基本理论是指能指导一般理论的重要理论。掌握了基本理论，有许多知识都容易理解。

(3)基本方法：掌握基本概念和基本理论之后，用它来解决基本问题，还要有一定的方法，包括思维方法、工作方法、实验方法和解题方法等。掌握基本方法，能在较广泛的范围内有应用价值，对理解和掌握其他各种方法有重要的影响作用。

(4)基本知识：是指教师在教学中，为便于和帮助学生理解、掌握有关内容而重点讲解的知识部分。例如，有的知识在教材中是重点，但学生对此已经理解，只要适当交代清楚，它的重要性即可不必过分花费精力来突出；而有的知识，就教材本身而言并非重点，但学生容易模糊不清，这将为学生以后掌握一系列知识造成障碍，此时这部分内容便可确定为教学重点而加以突出。

(5)难点：一般多指学生难以理解的教材内容。重点和难点既有区别又有联系。有的教材内容既是重点又是难点(学生难以理解的问题)；有的教材内容是重点但不是难点(学生比较容易理解的问题)；还有的教材内容是难点但不是重点(学生难以理解的问题)。故教材的难易，主要指学生对教材难易程度的认识而言，不同的学生可能有不同的难点。教师在突出解决重难点问题时，又需遵循如下基本原则。

首先，只有明确和抓住重点，才能多方突出重点。抓住重点的关键在于认真备好课。备课要根据教学大

纲和学生实际深入钻研教材，从传授知识、培养能力、提高觉悟的基本要求出发，进行认真的分析研究，准确地确定重点。也就是说，教师在课前必须钻研教材，吃透教材，具体搞清楚教材中基本概念、基本原理及基本技能的内容和要求，而且要融会贯通。只有先做到深入而后才能浅出。

其次，只有明确和抓准难点，才有可能解决难点。教师必须不断了解学生的思想状况、学习基础、学习态度、接受能力和知识缺陷等。只有这样，才能针对学生的疑难问题进行有的放矢的教学。例如，如果学生缺乏感性认识，对抽象的概念、原理难以理解，教师就要设法提供感性材料，以丰富学生的形象思维，进而帮助学生理解难点；如果学生因为知识基础差而影响对新概念和新原理的理解，教师就要引导学生复习回忆旧知识，建立联想，使新旧知识联系起来，从而将新知识纳入学生已有的认识结构中，以降低解决难点问题的程度；如果难点当中的概念、公式或技能本身过程复杂，教师就要分别解决，使学生逐步理解掌握；等等。

最后，要将讲解教材的系统性和突出解决重难点问题统一起来。教师在讲解时，既要条理清晰、连贯系统，使学生全面理解掌握教材内容，又要集中精力突出解决重难点问题，这就要求教师必须将讲解教材的系统性和突出解决重难点问题很好地统一起来。其实，两者是相互联系、相互促进的。掌握了系统有助于理解重难点，理解了重难点也有助于系统的把握。因此，两者必须并重，而不能顾此失彼。既要防止在讲解时只强调系统性，忽视重难点，使学生学得不深不透的倾向，又要防止过分强调突出重难点，忽视系统性，把知识讲得支离破碎的倾向。

总之，讲解时要做到教学目标明确，重点突出、难点突破，其前提是吃透教材，了解学生；其关键在于围绕教学目标和重难点问题，“讲准确”“讲清楚”“讲深透”；其目的是在较短的时间内，给学生传授较丰富的知识，同时培养学生“举一反三”的能力。

二、运用丰富的实例引导学生分析概括并掌握学习方法

教师讲解时运用丰富的实例(正反例等)，目的是让学生充分感知教材获取大量的感性材料；证据和例证充分、具体、贴切，则重在引导学生分析概括。课堂教学总离不开在已学过的知识的基础上引进与展开新概念。下面以学生掌握概念的过程为例，分析说明上述原则要求。学生掌握概念的一般过程可以表示如下：

感觉 知觉 表象	—较多的感性材料→	思维加工 比较 分析、综合 抽象、概括	—本质特征和属性→	概念	—判断推理→	内涵的加深 外延的充实

(1)通过观察、体验或教师的言语描绘，把握较多的感性材料。

(2)在丰富的合乎实际的感性材料基础上，通过分析、综合、比较、概括等，得出事物的本质特征和属性。

(3)给概念下定义或作解释。

(4)运用概念进行练习，加深对概念的理解。

三、讲解的过程要组织合理、条理清晰、逻辑严密、层次分明

讲解时既要注意所传授知识的系统性，又要注意突出解决重难点问题，这实际上就是要求教师对讲解的过程组织得合理、精当。系统性是指讲解必须抓住重难点知识之间的内在联系，揭示它们之间的逻辑关系，把点连成线，使知识形成理论体系；而条理清晰、逻辑严密、层次分明则是要求教师的讲解要富有逻辑力量，即讲解的逻辑性。教师讲解时对每一个论点的论证、推导，都必须周密地考虑推理的步骤和证明的充足理由，合乎逻辑地得出必然结论。

四、方法多样，理论联系实际，提高学生的理解水平，增强学习效果

从根本上讲，教学方法的选择和运用是为教学和讲解服务的。反过来，客观、灵活、多样化的教学方法的运用则会给教师的讲解增添光彩，不仅可以使学生轻松愉快地进行学习，而且便于理解和掌握所讲问题的实质。但是，任何教学方法都有一定的局限性，不可能适用于一切年龄段学生的教学和任何教学内容的教学。由于学生年龄的差异，知识经验的广度及课题内容性质的不同，所运用的教学方法也应有所不同。

多样化教学方法的选择和运用离不开理论联系实际这一基本的原则要求，因为只有坚持理论联系实际，因势利导，才能带来学生高水平的理解，从而既增强学习效果，又提高学生分析和解决问题的能力。教师通过讲解使学生达到高水平的理解，主要包括：第一，对所学的知识知道“是什么”，能正确地描述所学知识的内容，不是现象地、感性地回答教材中提出的问题，而是达到科学概括的程度；第二，对所学知识能说明“为什么”，能解释说明事物和现象的因果联系，揭露事物内在的逻辑依据和本质联系；第三，对所学的知识能用自己的语言流畅地、合乎逻辑地表述，并用自己举出的例子来说明，能压缩和扩展原文；第四，对所学的知识能融会贯通地纳入自己原有的知识结构，构成新的知识体系，形成新的见解。

由于“理解”是多层次、多水平的，因此教师的讲解必须从教材内容、教学目的及学生实际出发，通过由简单到复杂、由具体到抽象的分析与综合、抽象与概括，让学生实现由低水平的理解到高水平的理解。当然，影响理解效果的因素很多，如知识的丰富性、正确性，已获得知识的数量或质量，思维发展的水平等。这里主要强调三点：首先，感性材料与理解效果的关系。知识的理解是通过思维实现的，只有在丰富的、典型的、准确的感性材料的基础上形成的直观认识，才能进行比较、分析、综合、抽象、概括，达到理性认识的水平，从而理解事物的本质属性和规律性。其次，概念形成过程中的变式、比较与理解效果的关系。学生学习以丰富的、典型的、准确的感性材料为基础，目的在于形成正确的基本概念与掌握基本原理，而此时的理解就是对事物本质和规律性的认识。要理解基本概念和基本原理，则需要通过变式和比较。变式就是使提供给学生的各种直观材料或事例不断变换呈现的形式，而事物本质属性保持恒定，目的是通过变式从材料方面为学生理解事物本质提供有利条件，正确把握概念的内涵和外延；比较则是帮助学生发现各种变式事例中同类事物的共同属性和本质特征。通过比较，帮助学生区分不同类事物之间的本质区别。因此，比较主要是从方法方面促进理解。最后，知识的系统性与理解效果的关系。理解往往以原有的知识、经验为基础。因此，教师讲解时知识的系统化，有助于学生在搞清楚各部分知识间关系的基础上，用完整的知识去理解新的知识，并做到融会贯通。

五、磨炼讲解语言技能，追求教学语言的科学性和艺术性

教学语言既是教师讲解时最主要的信息传递工具，同时还是教学活动的灵魂。因此，充分发挥教学语言的魅力，对提高教学质量、优化教学效果至关重要。好的教学语言，使学生有如沐春风之感，不仅会为教师的讲解增添光彩，而且使学生始终在教师较好语言表达的氛围下接受信息、思考问题、发展智力、培养能力。

对教师讲解语言的总体要求是：准确、生动、形象、得体。具体要求是：教学语言要有针对性、教育性和启发性。其中，针对性是指教学语言应对准学生的口径，能树立明确的对象感，达到与教学对象的一致性、吻合性，即要根据不同年龄段学生的心理、生理及思维特点，决定语言的表达方式；教育性是指教学语言应该是经过深思熟虑的，具有一定的教育目的，能够给学生的心灵以震撼和启迪的教育性语言，即具有教书育人双重效应；启发性是指教学语言内在的启发因素，讲究“开而弗达”(启发学生去思考而不必把一切都告诉)，调动学生的积极性。要做到教学语言有针对性、教育性和启发性，教师讲解时“语言”应“声”“色”“姿”“情”俱佳。“声”，指语言要有节奏感，运用普通话教学，做到语调自然适度、抑扬顿挫；“色”，即面部表情既严肃又亲切，根据讲解内容自然地变化悲、欢、愤、爱等神态；“姿”，指姿态优美，仪表整齐，举止端庄，以姿势助说话；“情”，指把带有各种情感色彩的语调、表情及手势与讲解内容有机结合起来，使学生如临其境，如见其人，如闻其声，从而受到强烈的感染和熏陶。从心理学上讲，让“声”“色”“姿”“情”俱佳的多种形式的“语言”信息同时作用于学生的大脑，刺激大脑两半球同时活动，使形象思维与抽象思维得到和谐的统一，这样产生的多种神经联系就会使理解更为深刻，记忆也更加牢固。

第三节 提问技能

一、什么是提问技能

提问技能是教师以“问题—解决”的方式启发学生思考，促使学生参与学习，推动教学

进程的一种基本的教学技能。提问技能对于培养学生的思维能力，形成学生的创新意识和创造能力等方面有着不可替代的作用。因此，有人称提问是教师的常规武器。从心理学上讲，要促进学生发展，首先是要让学生产生学习的兴趣，提高学习的主观能动性，进行自主学习，然后在求知欲的推动下，在恰当的教学情境中利用各种内外部经验，获得对新经验的理解和认识，使心理得以平衡与满足，增强自信。所以，通过有目的的提问，引起学生的认识兴趣和认识矛盾，激起探究的愿望，造成一种心理紧张，使他们对学习产生兴趣与好奇心，积极参与学习活动，通过问题的探究与解决，达到心理平衡，促进学生发展。

教学活动中的提问不同于一般生活中的提问，它必须遵循目的性、启发性和适量性等原则。教学活动中的提问是以教学目标的达成为前提，其问题的设计、实施与反馈都要求与教学目标结合起来，某些日常中的提问方式，如“是不是”“好不好”“对不对”等形式在教学活动中一般很少采用。教学活动中的提问是以“问题—解决”的形式出现在课堂教学中，因此提出的问题必须具有启发性，要让学生产生问题意识，引起兴趣与好奇心，推动学生主动探索问题，获得问题解决的体验和答案；同时，在教学活动中，问题的数量与难度需适当，要使学生在有限的时间和空间里能正确理解并解决问题，太多、太少或太难、太易的问题都难以使学生有效地进行自主探究，也难以获得应有的发展。

(一)定向作用

有效地运用提问技能，可以使学生的兴趣和注意集中到某一特定的研究专题或概念上，并产生解决问题的自觉意向。兴趣和注意是心理活动对一定对象的有选择的指向和集中，是知觉、记忆、思维、想象等心理过程的共同特性。教师有针对性、启发性的提问，诱发学生对课题学习的兴趣，集中学生的注意，使学生的心理活动指向和集中在要探讨的教学内容上，使有意注意得到强化与稳定，形成探求的欲望，自然地进入学习的情境。例如，在课堂教学的开始，教师提问可以使学生的注意力迅速转移到新知识的学习上来。新课的教学过程中，教师的提问能保持注意的稳定性、持久性，沿着符合学生思维规律的逻辑顺序展开师生的双边活动，以保证学生进行有效的学习。课堂教学结束时，教师的提问能增强学生课后继续探求知识的兴趣和欲望，把注意力集中于复习巩固和运用所学的知识。

(二)揭示矛盾和解决矛盾，帮助学生理解掌握知识

教学过程是包含许多矛盾的极其复杂的过程。构成教学过程动力的是学生面临的学习课题与实践课题同他们的知识与能力的现有水平间的矛盾，这就是教学中的基本矛盾。在教学开始时，这种主客观的矛盾往往是潜在的，学生并未能充分意识到它的存在。为此，教师应该从学生已有知识和能力的水平出发，提出要解决的一个或一系列新的问题，使潜在的主客观矛盾表面化，使学生充分意识到矛盾的存在，从而产生学习动机。学生思考、解答问题的过程，则是学生试图运用已有的知识与能力揭示矛盾与解决矛盾的探求过程。教师对学生回答做出反应，如肯定、复述、纠正、质疑、追问等，能帮助学生整理分析矛盾与解决矛盾的思路与方法，帮助学生了解、理解或掌握新知识。教师采用的师生双向交流的教学行为，主要是运用提问技能(并结合讲解等)促进学生进行有效的学习。

(三)促进学生能力的发展

提问是师生信息双向交流的过程。学生听取教师提出的问题，接受与领会提出问题的内

容和意图，有助于学生发展获取有效信息的能力。学生对教师提出问题的思考解答则是信息加工的过程，包括把问题内部的信息加以组织，或者再联系原有的有关知识信息，往往还需要对各种信息在解决问题中的作用、相互关系做出评价等，帮助学生发展组织和评价信息的能力。

问题有多种类型，有不同的学习水平要求。教师有目的、有计划地提出不同学习水平的问题让学生思考、解答并加以指导，可以培养学生解决不同认知水平问题的能力。为了解决较复杂或较难理解的新知识、新课题而提出的问题系列，不仅体现了知识间的相互联系，而且蕴含着内在的逻辑关系，学生探讨并回答这类问题，特别有利于提高学生的逻辑思维能力和表达能力。

(四)改善和加强师生的双边活动

在课堂教学中，学生对知识的掌握、技能的习得、能力与情感的发展，只有在学生主动参与的条件下才能真正达成。教学技能是在教学中教师促进学生学习的一系列行为。其中，提问技能对于促进学生参与具有特别大的作用。教师结合教学内容适时、适度地运用提问技能，给全体学生较充分的研究问题的机会，使他们运用已有的知识和能力，对教师提出的每一个问题积极考虑、准备作答、发表看法，再结合教师做出的反应(肯定、否定、引导等)进一步思考，使学生经常地处于主动学习的状态，形成探求和交流的良好课堂氛围，从而促进学生的学习和教学目标的实现。

在课堂教学中，从教师施教的角度看，必须针对性强、有的放矢，教师的教学行为才能对学生的学习施加有效的影响。有的心理学家通过对学生的研究认为，最成功的教学是教师知道学生已有的知识。还有的心理学家认为，教学中新旧知识结合是至关重要的。为此，教师都需要创造机会听取学生掌握知识的情况，发挥提问技能的探查、诊断功能就显得非常重要。学生对教师提出的问题的反应和回答的结果，可以帮助教师了解学生的认识状态与心理状态，诊断阻碍学生思考的困难所在，及时针对问题给予指导，并修订原有的教学方案，从而达到优化教学过程的目的。

二、提问技能的设计

(一)提问技能的构成要素

提问技能是一项基本教学技能，广泛应用于教学的各个环节，并大量运用于导入、讲解、结束和演示等综合教学技能的设计与实施之中。为了实现知识的迁移、系统化和巩固的目的，往往要设计若干个具有内在联系或逻辑关系的问题组成的问题系列，即教师还需要有综合运用各种类型的提问引导学生解决复杂问题的能力。

1. 引入提问

提问的开始，教师往往用简单明了的语言指出即将提出的问题以及提出该问题的目的，这种类型一般包括以引入新课为目的的提问及以总结知识为目的的提问。

对于为了实现某一较复杂的教学任务而设计的问题系列，教师在说明提问总目的后，对每个具体问题是否都要引入，或者只选择其中几个问题说明提问的意图，应该根据教学的实际需要灵活掌握。

2. 提出问题

提问技能的教学行为方式是教师提出问题和对学生回答做出反应。因此，提出问题，即教师陈述问题并做必要的说明，应该是提问技能的关键要素之一。

(1)陈述问题：这是提出问题的主要部分。要用清晰、准确的语言把问题表述出来。问题的措辞要适合学生的理解水平，表述要简练，措辞的字面意义应与要表述的意义完全一致。句子不宜过长，重点内容或关键字词应通过改变语速、音量或重复等方式加以强调。

(2)提示说明：这是提出问题的辅助部分。在学生回答问题前，教师可以根据需要提示运用什么知识去解决问题，引导学生承上启下地把旧知识联系起来，找出解答问题的依据。教师还可以预先提示学生有关答案的组织结构，包括提示采取什么样的回答顺序(时间、空间或过程)，以及回答形式等。

3. 停顿

学生对教师提出的问题需要有接受、思考和准备表述的时间。因此，教师提出问题后，应该安排适当的停顿。停顿也是提问技能的体现。停顿应该从学生整体水平出发安排，通常以多数学生抓紧时间能够初步完成思考过程为度。

停顿对学生和教师都具有一定的意义，他们可以从停顿中获得相应的信息。一般来说，问题陈述速度过快，停顿时间较短，表述问题简单，学生应该尽快判断作答。问题陈述慢且停顿时间较长，表明问题复杂，或涉及的知识多，或一些知识在问题中较微妙，提示学生利用较充裕的时间周密慎重地思考，防止判断错误。

4. 分布

在一个班集体中，学生对问题的理解程度及他们的性格特征各不相同，具体表现为：对问题持不同态度的；善于发表自己的见解，积极回答问题的；能够理解问题，但不愿当众发表意见的；学习成绩差，又不善于表达，不想回答的；等等。为了调动每一个学生学习的积极性，让他们主动参与教学过程，教师必须对提问进行适当的分布。

教师的提问应该面向全体学生，使学生感到研究问题、寻求答案人人有责，每个人都有被指定回答问题的机会。切忌事先指定谁回答问题，然后再提出问题。对不愿意参加交流的学生，可在提问时将注意力适当地对准他们，即有所指向地望着某个或某些学生，但并不一定让他或他们回答问题，主要是促使其对问题进行思考。同时，不要随便接受喊出来的回答，假如教师经常从若干个学生中寻找喊出来的正确答案，等于鼓励他们的喊叫，使提问无法控制，而且制约了多数学生的参与。

5. 探查指引

教师提出问题后，学生的思考、回答大致有两种困难情况：一种是回答不准确、不完整；另一种是思维受阻，无法回答。前一种情况，教师往往要针对学生的回答，通过直接表述或者给予提示，帮助学生发现回答中的不足及其产生的原因，从而改进回答。后一种情况往往是问题跨度较大，学生在最初提问中未能建立起已有知识或方法与问题的间接联系，教师往往要以有序的系列化的问题设置认知阶梯，通过一系列问题帮助学生发现困难所在，最终实现整个问题的解决。

6. 反应评价

教师对学生回答的反应和评价，将对学生进一步参与起到重要的作用。当学生对问题做出回答后，教师要处理学生的回答，对学生的回答做出反应评价。

(二)提问技能的类型

1. 回忆提问

回忆要求学生能够再现知识，是低层次的、记忆水平的问题。化学教学中的回忆提问的问题主要包括：复述化学基本概念的定义、定律和原理；复述物质的性质与用途；再现化学用语、常用的计量单位及必要的常数；再现化学仪器的名称、使用方法和基本操作要点；复述化学实验现象等。回答这类问题不需要进行深入的思考，所回答的内容学生只要记得就应该答得出来。

教学中适当安排回忆提问是必要的。为了减少或防止遗忘，在复习中应该适当运用回忆提问。为了学习新知识，教师往往也要运用回忆提问，帮助学生从已有的认知结构中提取记忆的相关知识，作为探讨新内容的依据或出发点。

回忆提问不宜滥用。如果教师过多地把提问局限在这一层次上，虽然学生应答的次数多，表面看课堂很活跃，实际上思维训练层次不高，学生思维的积极性受到抑制，这种方法是不可取的。

回忆提问中问题的内容可以与教材的表述完全相同，也可以在形式上有些变化，使学生乐于回忆和回答。

2. 理解提问

理解通常是指把握学过的知识的能力，包括对知识含义的领会、解释或引申(做某些推断)。化学教学中理解提问的问题主要包括：领会化学基本概念、原理和化学反应规律的含义、表达方式和适用范围；从物质发生的化学变化解释化学现象；领会化学计算的原理与方法；领会化学实验的原理、方法、操作过程和依据实验现象或数据推断出正确结论等。

理解提问的应用范围比较广。它既可用来检查以前学过的知识的理解情况，又可用于某一个新知识的讲解过程及以后的巩固或作为课堂的结束使用。学生回答这类问题，仅仅能够再现知识是不够的。它要求学生在记忆的基础上，对知识的含义有正确的领会，以及能够依据这种领会解释化学事实或引申出必要的结论。与回忆提问相比，它是较高级的提问。

指导学生回答理解提问，关键要抓对知识含义的领会。为此，教师要引导学生研究问题涉及的知识或知识点，再剖析其含义，对照问题的情境做出判断、解释或结论。

3. 运用提问

简单运用是指将学过的知识运用于新的情境的能力，包括解决实际问题和解决新知识学习的问题。化学教学中运用提问的问题主要包括：运用化学概念、原理解决一些具体化学问题；运用元素化合物及有机化学知识解决物质简单制备、分离、提纯和检验的问题；运用化学计算解决化学中的定量问题；把化学知识运用于日常生活、生产等具体事例的问题等。

运用提问的应用很广泛。它既可通过解决具体问题巩固学过的知识，也可学习、探讨新领域的知识。学生思考、回答这类问题，不仅需要理解有关知识的含义，还需要具有选择和运用已把握的知识解决问题的能力。

指导学生回答运用提问，关键要抓住已有知识与新问题的关系。为此，教师要引导学生研究并筛选出解决新问题涉及的知识或知识点，将原有知识具体化为解决实际问题或探讨新知识的方法或步骤，从而达到解决新情境下新问题的目的。

4. 分析提问

分析是辨认整体中各个局部及其相互关系(现象与本质、原因与结果等)的能力。分析提问的对象事物是多因素构成的复杂事物或问题，学生仅仅记住学过的知识或单纯地领会和能运用各个有关知识是不够的。解答这类问题要求学生能够从复杂的事物或问题中识别各个条件与原因，或者找出条件之间、原因与结果之间的关系，为问题的解决寻找根据、进行解释、确定方法。因此，分析提问是一种高级认知提问。化学教学中的分析提问主要包括：分析概念、原理、规律的构成要素(要素分析)；分析物质或事物的特性和同类物质或事物的共性(关系分析)；分析产生复杂化学现象或事实的原因(原理分析)等。

分析提问对学生掌握知识和发展思维能力有重要的作用。在化学教学中，教师往往要通过分析提问及相应的提示、讲解，帮助学生把握较复杂对象事物的要素，分析复杂事物的过程及其微观本质，从而掌握新的化学基本概念、原理或事实。凡是教学目标规定为分析水平的知识或知识点，在巩固运用阶段一般都要通过分析提问或练习落实知识和培养学生分析问题的能力，以确保教学目标的实现。

指导学生思考、回答分析提问，关键是提示和培养学生分解复杂事物或问题的方法，即如何辨认整体中的各个部分及各部分间的关系。在学生不会回答或应答不完整时，要及时探查指引，针对回答及时总结，使学生在解答问题的同时了解解决问题的过程，逐步提高分析能力。

5. 综合提问

综合是把零散的信息、资料组织成为新的整体以得出新结论的能力。综合提问的对象事物也是多因素构成的复杂事物或问题。解答综合提问，首先要尽可能充分地占有、筛选和发掘所提供的各个有用信息、资料，为综合做必要的准备。在此基础上，要把分析得到的信息整理、归类，判断它们在整体中的地位、作用，还要从已有的认知结构中迅速地检索有的知识加以补充，再经过组织加工，形成从整体上认识事物或解决问题的模式与方法，以得出崭新的结论。可见，综合提问也是一种高级认知提问。化学教学中的综合提问主要包括：对概念、原理错误运用或错误表述的判断与纠正；运用已有的若干个概念、原理或规律于新的情境以推导出新的结论；设计化学实验方案；实验装置的组合与剖析；依据几部分化学知识的内在关系，融会贯通，解决多因素的化学问题等。

综合提问对学生掌握知识和发展思维能力有重要的作用。在新知识的教学中，教师往往要通过综合提问及相应的提示、讲解，帮助学生推导出新的结论，把握新的概念、原理或规律，或者帮助学生思考知识间的内在联系，把握知识结构。在复习、巩固阶段，安排综合提问能够加深学生对知识的认识，并把思维训练提高到新的水平，以促进教学目标的实现。

指导学生思考、回答综合提问，关键是在占有和提取有关知识信息的基础上，如何进行组织加工，建构从整体上解决问题的方案，包括确定理论问题的推理、判断过程和设计实践问题的操作程序与方法等。在学生思路受阻时，要围绕整体方案的研讨探查指引，使问题较顺利地得到解决。

综合提问涉及的知识范围较广，而且要求学生思路清晰敏捷，通常只有学生积累了一定知识和有较好的思维训练的基础才能独立解答。与分析提问相似，综合提问的设置不仅受教学目标的制约，而且在不同学习阶段中运用综合提问，提示指引应该有不同的实施方案，以更好地发挥综合提问的作用。

(三)提问技能的设计要点

1. 深入研究教材，从教材的实际出发

采用课堂提问这一教学方法的教师必须注重对教材的研究，并使自己达到“懂、透、化”。“懂”就是理解教材的基本结构；“透”就是掌握教材的系统性及教材的重点、难点和关键，做到透彻掌握，融会贯通；“化”就是做到“使其意皆若出于吾之心”，使自己的思想感情与教材中包含的思想感情融为一体。只有做到这样，教师才能游刃有余地提出问题，引导学生思考或针对学生提出问题加以启发帮助，师生共同解疑，达到启发式教学的要求。

2. 摸清学生情况，从学生的实际出发

在教学过程中，要求教师对学生的情况了如指掌。为此，教师必须深入实际，调查研究，了解和掌握学生的思想动向、知识基础、接受能力、思维习惯、动机情绪、治学态度以及学习中的困难和问题等。有了这些方面的基础，教师才能有针对性地提问启发，既做到面对全体学生，又做到面对个别学生，恰当地把握问题的难易度，从学生的实际出发，让每个学生都成为课堂的主人、学习的主体，使得班内各层次的学生都得到发展。不少教师在总结教学经验时常说：“我们备课，不仅要备教材、备教法，而且要备学生、备学法。”

3. 精心设计提炼问题，使其更具科学性

课堂提问属于语言的方法。苏联杰出教育家苏霍姆林斯基说：“教师高度的语言修养是合理地利用时间的重要条件，极大程度上决定着学生在课堂上脑力劳动的效率。”这就给教师提出了一个高标准要求：启发性教学语言不仅要讲求科学性，还要讲究艺术性。因此，教师务必精心设计和提炼一些富有启发性、情感性、变通性、挑战性，富有价值的问题，使其具有严密的科学性，从而吸引学生的注意力，激发学生的兴趣，使其产生主动探索、尝试的积极性，蕴蓄分析问题、解决问题的强烈愿望，达到培养和锻炼他们思维能力的目的。在某种意义上说，教师所提问题的启发性是实施启发式教学的关键。

4. 鼓励学生质疑问难，发挥其主体作用

思维来自疑问。宋代张载认为读书“于不疑处有疑，方是进矣”。他主张读书时要从没有疑问的地方发现疑问。朱熹说：“读书无疑者须教有疑，有疑者却要无疑，到这里方是长进。”一般只看到让学生解答疑难是对学生的一种训练，其实应答是被动的。要求学生自己提出疑问，在看似平常的内容中自己发掘出问题，是一种更高要求的训练，要求学生有高度

的自觉性和主动精神。教师在设疑时应设法让学生在疑的基础上再生疑，然后鼓励、引导他们去质疑，并通过师生的活动来解疑，从而提高学生发现问题、分析问题、解决问题的能力，并在教师的引导下充分发挥其主体作用。正确对待学生质疑问难，是实施启发式教学的核心。

三、提问技能的应用

（一）运用提问技能的基本原则

(1)目标性原则：一些为提问而提问，搞形式作秀的提问，游离于课程标准、教材内容之外，具有极大盲目性的提问，在化学教学中是要避免的。教师的提问要有明确的目的，提问内容应紧紧围绕本节课的教学重点、难点来设置，便于有效地引导学生思维，为实现教学目标服务。

(2)有趣性原则："兴趣是最好的老师。"教师在设计问题时，尽可能从日常生活现象、社会热点、知识内在联系上提出问题，使问题"贴近"学生，激发学生回答的兴趣，促发求知欲，从而使其愉快地接受知识，牢固地掌握知识。

(3)有效性原则：只有获得真实信息反馈的提问才是有效提问。例如，"你们喜欢探究学习吗""你们觉得老师提的这个实验方案对不对"等问题，虽然学生的齐声回答造成课堂上的热烈场面，殊不知善于揣摩教师心思、投其所好的学生的回答并非反映教学的真实效果，有时甚至掩盖了真正的无知。还有类似这种"是不是""对不对""好不好"等接答式的无效问题在教学中通常也是起不到任何效果的，应尽量少用。

(4)启发性原则：课堂提问应具有思路诱导的价值，要能真正激活学生的认知冲突，使学生处于"愤悱"状态，想通过学习、思考知道究竟。由此，问题的设计难易要适中，太易，学生嚼而无味；太难，学生百思不解，都会挫伤学生的积极性。好的提问应该布疑得法，设在学生思维的"最近发展区"，也就是说提出的问题应该是学生经过努力思考所能回答的。

(5)层次性原则：提问应遵循学生的认知发展规律，采用循序渐进的原则，由易到难，由浅入深，逐步提高。对于综合性较强或难度较大的问题，可作阶梯式分层提问，即把一个大问题分解为若干连贯的小问题，每一个小问题构成一个台阶，前一个问题的提出是后一个问题学习的基础，后一个问题的解决是前一个问题的深化和发展。

(6)全体性原则：课堂提问应追求群体效应，不能将目光仅仅盯住优等生，而置大多数学生于不顾。这就要求教师准备适应学生年龄和个人能力的多种水平的问题，使绝大多数学生都能参与回答，从而达到激发所有学生的学习动力、全面提高教学质量的目的。

(7)实践性原则：化学是一门实践性极强的学科，在课堂中运用提问技能，最好采用与生活中的实践相结合，即"做中问"的方式，才能发挥出更好的效用。

（二）教学提问常见错误分析

(1)呆板平淡：如果问得平平淡淡，既不新奇又不特别，而是"老调重弹"，那么对学生就没有吸引力。同一个问题，如果变换一下提问的角度，让学生有新奇之感，学生就会开动脑筋积极思考。例如，"你知道吸烟时会产生一氧化碳吗？"改为这样问："假如把吸烟时产生的气体通入稀的高锰酸钾溶液中，发现紫色很快褪去，你知道这是什么原因吗？"

(2)深浅失当：提问难易要适中，既不能太难，也不能太容易。如果问题深浅失当，或者对学生缺乏激励作用，或者使学生觉得高不可攀，挫伤学生的积极性。

(3)缺乏针对性，脱离重点：课堂提问要紧紧围绕教学内容和教学目标，抓住那些牵一发而动全身的关键点，而不是细枝末节，将问题设在重点和难点上，可帮助学生突破难点，掌握重点。

(4)提问模糊：就是提出的问题的应答域不明确、含糊不清或有歧义。例如，有一个师范生在试讲中准备讲“水的性质”，他拿着一支装着水的试管提问学生：“你看到了什么？”学生不明白他问的是什么意思，无法回答。所以，提问一定要明确清楚，使学生一听到问题就知道是什么。

(5)对学生的回答不表态，不评价：对学生的回答不表态、不评价，放任自流，或即使表态也含糊其辞，或者褒贬过度、夸大其词，时间一长，就会影响学生思维的积极性，失去回答问题的兴趣。究其原因，一是备课时设计提问没有认真分析和周密思考，心中无底；二是学生回答问题时做其他事情，没有认真听，心中无数，无话可说。

(6)居高临下，态度生硬，不利于调动学生的积极性：提问时摆教师的架子，以权威者自居，居高临下地对学生提问。这种刻板、僵硬的气氛，拉大了师生间的距离，不利于调动学生思维的积极性，学生可能顾虑回答出错，因而不敢回答教师所提的问题。而教师和蔼可亲、礼貌用语、平等发问，就可消除学生的紧张感，消除师生之间的界限，营造一个有利于师生互动的课堂气氛。

(三)提问技能训练评价表

提问技能训练评价表见表6-3。

表6-3　提问技能训练评价表

评价项目	评价等级			权重
	好	中	差	
1. 提问的主题明确，与课题内容联系密切				0.10
2. 问题的难易程度适合学生认知水平				0.20
3. 提问有利于学生发展思维				0.15
4. 提问有层次，循序渐进				0.15
5. 提问能复习旧知识，引出新课题				0.05
6. 提问能把握时机，促进学生思考				0.10
7. 提问后稍有停顿，给予思考时间				0.05
8. 对学生的问答善于应变及引导				0.10
9. 能适当启发提示，点拨思维				0.05
10. 提问能得到反馈信息，促进师生交流				0.05

提问技能训练教案案例

	课题：物质的分类与转化	训练技能：提问技能
教学目的	(1)学会从不同角度对常见物质进行分类。掌握化学物质的分类方法，认识比较和分类等科学方法对化学研究的作用 (2)理解单质、氧化物、酸、碱、盐等物质之间的相互转化关系。初步了解通过化学反应实现物质相互转化的重要意义	

续表

时间分配	教师行为	学生行为	技能要素	设计意图
2min 30s	【讲述并展示 PPT】同学们好，今天我们学习物质的分类与转化。同学们先看一下 PPT，老师罗列了一些日常生活会接触到的物质，现在请同学们将它们分类，并说出分类的依据。 【板书】一、物质的分类	思考与讨论刚才的问题	引入问题激发动机停顿	通过将列举的物质分类，将分类的知识点引入，并使学生开动脑筋
30s	【提问】好，有没有同学想到分类方案了呢？请雪萍回答一下。 【点评】好，请坐。雪萍同学根据物质的状态将它们分类。 【板书】状态 【继续提问】好，还有没有同学有不同的方案呢？除了从状态将它们分类，还能依据什么分类呢？好，变香同学请回答。 【点评与讲述】好，变香同学请坐。通过变香同学的方案，我们知道了，我们还可以根据物质的组成来分类。 【板书】组成 【讲述】好，我们着重从物质的组成将物质来分类，看能不能继续向下延伸分类。 【展示 PPT】	回答：我将空气和氧气分为一类，水和碘酒、乙醇分为一类，铜和碘、石墨、硫酸铵分为一类。我的分类依据是气态、液态、固态 接受点评 回答：我将空气和碘酒分为一类，其他物质为一类。分类依据是空气和碘酒都是混合物，其他物质都是纯净物	反应评价	根据不同学生的回答得出不同的分类方案
30s	【提问】大家回忆一下，纯净物是否还可以再继续分类呢？ 【讲述】对的，纯净物还可以继续分为单质和化合物。 【展示 PPT】 【继续提问】那么它们分别还能不能继续分类呢？ 【追问】那化合物还可以怎么分类呢？ 【点评与讲述】好，我听到尹明说还可以分为无机化合物和有机化合物，燕芳同学说分为非金属化合物和金属化合物。 【展示 PPT】	思考并讨论 回答：还可以继续分为单质和化合物 回答：单质还可以分为金属和非金属 回答：分为无机化合物和有机化合物 回答：还可以分为非金属化合物和金属化合物	提出问题分布	对不太规范的回答予以纠正，使学生掌握更准确的知识
1min 30s	【提问】好，我们根据物质的组成就将物质分为了这么多类。那同学们还有没有其他分类方案呢？ 【提示】比如有一对双胞胎，穿同样的衣服，一个性格外向，一个性格内向。两个人同时走过来，我们要怎么分辨他们呢？ 【讲述】对，我们可以去跟她们说话，根据她们的反应来区分。其实我们是根据她们的特征特点来分，对吧？ 【讲述】所以，说到化学物质的话，我们是不是可以根据物质的性质来将它们分类？	思考与讨论 回答：根据她们不同的性格来区分 回答：是的 回答：是	提出问题 探查指引 提出问题 探查指引	通过“双胞胎”的例子，提示学生从物质的性质将物质分类

续表

时间分配	教师行为	学生行为	技能要素	设计意图
	【板书】性质 【讲述】好，到现在，我们已经根据不同的分类方法将物质分为很多类，那么它们能不能互相转化呢？请大家翻开课本的第 4 页，给大家 1 分钟来浏览，并完成这个表格。 【展示 PPT】 【板书】二、物质的转化	浏览课本		

阅读链接

化学教学中的提问技巧

一、设计问题的技巧

(1) 符合学生实际：问题的设计只有以学生已有的知识、经验、能力为基础，贴近学生所学习的内容，才能有效地促进新知识的同化，提高教学效率。过难的问题会使他们感到难堪而失去探索问题、解决问题的主动性和积极性，过于简单的问题也会使学生感到索然无味而失去探索的热情。因此，教师在备课时一定要根据具体的教学内容和学生的实际情况设计问题，这样才有利于引导学生不断思考，消化教材，从而提高化学素养。

(2) 目标明确：设计问题时明确每一个问题的设计目的，问什么，要求学生回答什么都有明确的指向。语言含糊、词不达意的问题会使学生感到迷茫，搞不清题意。例如，一摩尔氢含有多少电子？质量是多少克？此时学生不知道这里的氢表示氢原子还是氢分子，自然也就无从回答。

(3) 由易到难：在设计问题时根据教学目标，把教学内容编设成一组组、一个个彼此关联的问题串，使前一个问题作为后一个问题的前提，后一个问题是前一个问题继续的结论，这样每一个问题都成为学生思维的阶梯，许多问题形成一个具有一定梯度和逻辑结构的问题链，使学生在明确知识内在联系的基础上获得知识、提高思维能力。

(4) 注意问题间联系：在设计问题时，问题与问题之间要有过渡，在未知问题与已知问题之间架设桥梁，情景与情景之间架设桥梁，使学生在一连串问题的引导下，通过自身积极主动的探索，实现未知与已知的转变。例如，在讲授“氧化还原反应”时，可以设计如下一系列问题：①四种基本反应类型是什么？②高温条件下，CO 还原 Fe_3O_4 反应属于哪种反应类型？③通过自读教材，化学反应类型又可以分为哪两种反应类型？这些问题从初中四种反应类型(已知)的基础上过渡到氧化还原反应(未知)，从而为氧化还原反应的引入架设了桥梁。

(5) 不能暗示性太强：设计问题时，不能在问题中带有明显的暗示，否则就起不到作用。例如，在讲完 SO_2 的化学性质之后提问：二氧化硫通入澄清石灰水有白色的亚硫酸钙沉淀生成。在检验气体时能不能说通入澄清的石灰水有白色沉淀生成的气体一定是 CO_2？为什么？

二、课堂提问的技巧

问题设计好了，如何在课堂上提问也是一门学问。一些教师精心设计了问题，这些问题确实设计得不错，但在课堂上并没有起到很好的效果，这又是什么原因呢？这就涉及课堂上提问的技巧。

1. 提问要面向全体，切忌针对个别学生或部分学生

提问要让全体学生都参与到课堂教学中，有的教师却走入了这样的误区：当某个学生开小差了，冷不丁地提起来让其回答某个问题，即提惩罚性问题；当提问若干问题时，一直采用按一横排或一竖排的方式，久

而久之，其他学生对教师所提的问题就不再关心，因为他们以为“事不关己”，所以就会“高高挂起”。这样不利于教师的教学，不利于学生的学习，而且还很容易使师生关系僵化。

2. 提问时要注意语言表达

表达清楚的提问能够提高学生正确回答的可能性。提问的语言力求准确、简洁、清晰，避免不规范、冗长或模棱两可的提问。尽量避免反问，因为反问的问题往往要求学生直接说出结果。避免将答案包含在问题之中。避免重新表述，有时教师提出一个问题，随后又重新表述时，学生的思路被打断，有时重新表述的问题与最初的问题不同，有经验的教师通常不会出现提问后为帮助学生理解而重新措辞加以说明的情况。教师可用语言提醒学生注意即将提出的问题，如“我提出一个问题请你思考”“我提出一个问题，看谁答得好”，激励学生积极地投入问题的思考活动中，最终做出正确的回答。

3. 提问后要留思考时间，切忌急躁、没耐心

在课堂教学中，教师提问后一定要根据问题难易程度给学生留恰当的思考时间，以便使学生的回答更加系统、完善，使用的语言更加准确、到位，同时还能吸引更多的学生参与到课堂教学中。这样，不仅训练了学生的思考能力，提高了课堂参与率，而且增强了学生的自信心与成就感，同时也增进了师生之间的关系。

4. 课堂提问应是平等的对话

提问时要面带微笑，切忌态度生硬，居高临下的提问会让学生产生一种距离感，甚至畏惧自己的回答会不会令教师满意，会不会被同学们取笑。因此，教师在提出问题的同时应注意自己语言措辞及语气语态，要有亲和力，拉近与学生心灵的距离，才能与学生进行平等的思想交流。学生也才会放开一切思想的顾虑，走进教师的思维中，放飞自己的思维，迸发出智慧的火花。在提问中无论学生的回答是否令人满意，都应尽量避免言语的刺伤、态度的轻慢，应充满激情，充满赏识，充满期待，耐心倾听和接纳学生的不同意见，巧妙地因势利导。

5. 提问后要及时做出正确的评价，注意鼓励性

学生答完问题，教师要给予肯定，同时也要指出不足，提出希望。切不可对答错的同学白眼相待、讽刺挖苦，也不能无原则地赞美。教师应给每个学生以成功的体验，又指明努力的方向。

第四节　演 示 技 能

一、什么是演示技能

演示技能是教师根据教学内容特点和学生学习的需要，恰当地选择和使用直观教具、直观方式把事物的形态结构或变化过程等内容展示出来，指导学生理解和掌握知识，传递教学信息的行为方式。

化学是一门实验科学，研究对象是物质，因此演示实验在化学教学中起着极为重要的作用，几乎每一种类型的化学教学内容都需要通过演示实验帮助学生理解。演示实验技能是中学化学教师教学水平和能力的重要标志，因此对教师或化学专业师范生进行演示实验技能训练是必要的。

(一) 提供直观的感性材料，帮助学生理解和掌握知识

学习是从感性认识开始的，学生对物质的组成、性质、变化、制取等化学知识的学习必须建立在感性认识的基础上。为此，教师在课堂上要进行实验演示，如果没有对化学现象的

感性认识，学生学的就是空洞的条文，谈不上理解，更无法应用。演示实验所提供的模型直观材料还能帮助学生理解和掌握一些比较抽象的知识，如分子、原子等物质的微观结构，化学的概念原理，以及在生活中难以见到的现象和事实，如化工生产设备、工艺流程、物质微粒的运动和变化等。有些靠语言讲解不易突破的难点，用演示就可以使学生理解。

(二)有利于培养学生的观察能力、思维能力、想象能力及科学态度和科学方法

演示过程中，教师可以人为地控制实验条件或模拟某些现象，使这些现象反复出现，突出主要研究内容，排除次要因素，使学生学会由表及里、由现象到本质全面辩证地认识问题，同时运用归纳、分析、比较、抽象、概括、判断、推理等方法研究问题，启发学生积极思考，理解化学现象的本质和规律。因此，在化学课堂运用演示技能可以培养学生的观察能力、思维能力、想象能力及科学态度和科学方法。

(三)提供正确的示范操作，有利于训练学生的实验操作技能

实验技能是化学新课程标准要求学生掌握的基本技能之一。在学生学习实验操作技能的过程中，教师的示范操作以及在课堂教学中进行演示实验时的规范操作都是学生进行动作模仿的原型。在学生的实验操作技能形成的各个阶段，尤其是初始阶段，需要教师提供正确的示范。通过教师的演示，学生可以学到正确的化学实验操作技术和方法。

(四)激发学生的学习兴趣，提高学习的积极性

演示所展现的新颖、生动的形象，演示的成功(主要是试验的成功)和教师操作的熟练、优美，都能引起学生的注意，激发他们的兴趣和热情，为取得较好的教学效果奠定基础。

二、演示技能的设计

(一)演示技能的构成要素

1. 演示的引入

在一定的问题情境下提出要演示的内容，使学生的注意力集中到演示上来。例如，在演示“实验室制取氢气”时，教师讲：“刚才已经介绍了工业制取氢气的方法，那么我们在实验室里所用的少量氢气是怎样制取的呢？早在16世纪，人们就知道把稀硫酸倒在某些金属上会产生一种能够燃烧的气体。其实，这就是氢气。在实验室里我们怎样制取氢气呢？下面，我先给同学们做几个金属与酸反应的实验，请大家注意观察……”这段话就是教师进行演示的“引子”，提出了问题，联系了化学史知识，把学生带进了教学情境之中。

2. 出示和介绍媒体

将演示所用的媒体出示并介绍给学生，为观察做好准备。主要有：出示所用的试剂，介绍它们的性状；出示所用的仪器、设备，介绍它们的功能、使用方法和进行观察的方式等。例如，演示“氧气的化学性质”时，向学生出示烧杯、温度计、水、硝酸铵、浓硫酸等仪器和试剂。指出用温度计测量烧杯中的水在溶解物质前后的温度变化，可以看出，物质溶解时，有的吸热，有的放热。

3. 指引观察

结合教学内容，向学生介绍演示的主要程序，提出总的和每一步的观察任务，在演示过程中引导学生的注意力集中到应观察的现象上，演示后让学生确认所看到的现象，为思考问题打下基础。例如，在讲“钠的性质”时，演示时要引导学生观察钠在水中反应，浮游在水面上，熔成小球，产生能燃烧的气体，溶液能使酚酞变红，从而认识钠的物理性质及钠与水反应的现象和产物。在学习元素周期律时，让学生观察钠与水的反应以及镁、钾与水的反应，是为了比较钠、镁、钾与水反应的条件、反应速率及剧烈程度，认识钠的金属活动性强弱。

4. 操作控制

操作是教师进行演示的主要行为。在演示时，教师须有意识地控制自己的操作。应做到规范、准确、熟练，快慢适当，便于学生观察和模仿；物品的摆放、教师身体的位置都要便于学生观察；还要把握好演示的时机，以及一些现象保持的时间和重复出现的次数，以利于学生对看到的现象进行思考。例如，初中化学“氧气的实验室制法”，实验室制取氧气的装置和操作都比较复杂，但学生刚开始接触化学，学起来比较困难。教师在演示时要控制好操作。可先结合挂图对实验室制取氧气的原理和方法做简要说明，然后一步一步地进行演示：检查装置的气密性，取氯酸钾和二氧化锰混合均匀，向试管中装入反应物，安装连接仪器，加热，收集氧气，停止实验；整套实验装置要朝向学生，在演示过程中边做边介绍操作要领，讲清原理。

5. 说明和启思

在演示时，教师要对所采取的方法、步骤或呈现出的现象加以说明和解释；还要提出问题，启发学生在感知的基础上进行思考，引导他们运用已有的知识认识新事物，或者为理解概念、原理做好铺垫。例如，演示“氢气还原氧化铜”时，教师提出问题让学生思考：①盛氧化铜的试管管口为什么要稍向下倾斜？②为什么要向试管中通一段时间氢气后，再给试管中的氧化铜加热？③反应完成后为什么要先停止加热，还要继续通氢气，待试管冷却后再停止通氢气？在学生认真观察、开动脑筋思考的基础上进行分析说明，使学生理解这个实验为什么必须按“通氢气—加热—停止加热—停止通氢气”的步骤做。又如，演示“实验室制取氯气”时，在分析了用二氧化锰和浓硫酸共热制出的氯气会混有氯化氢和水蒸气后，要对氯气的洗气装置加以说明，分析为什么让氯气先通过盛饱和食盐水的洗瓶，再通过盛浓硫酸的洗瓶就可以除去上述两种杂质；还要分析在收集氯气时，为什么要吸收多余的氯气，怎样吸收。这些问题也可让学生思考、展开讨论，但教师的分析说明是必不可少的，这样可以引导学生运用学过的知识解决一些实际问题。

在示范操作的演示中，教师不仅要介绍操作的方法和顺序，还要讲清操作的要领和原理，让学生知道应该做什么、怎么做以及为什么要这么做。例如，在示范“配制一定摩尔浓度的溶液”的操作时，教师要演示配制溶液的每一步操作(计算、称量、溶解、转移、洗涤、加水、振荡摇匀、定容、再摇)，说明每一步的操作要领。还要解释：如果物质溶解时放热(或吸热)较多，要等溶液的温度恢复到室温后再进行后面的操作的原因；为什么必须洗涤；定容时为什么必须要用滴管小心地加水，加水过多的后果是什么等问题。这样才能对学生学习“配制一定摩尔浓度的溶液”的操作技能起到定向的作用。

6. 整理和小结

对演示呈现的现象或得到的实验数据做必要的记录和整理是不可缺少的，这也是对学生的示范。通过演示初步得出结论并与有关知识建立联系，为进一步讲解或讨论做好准备。例如，演示用已知浓度的酸滴定待测碱的“中和滴定”，要记录每次滴定取用的待测碱的量、滴定管中酸溶液在滴定前的读数、酸溶液在滴定后的读数，算出酸的消耗量，再计算出待测碱的浓度。数据的记录和整理是这个演示实验的重要内容。

(二)演示技能的类型

1. 操作示范

在进行化学实验操作技能的教学时，学生通过观察教师的示范，把动作要领形成动作印象保存在头脑中。教师的示范为学生的模仿提供了正确的模式，并能帮助学生养成认真严谨的习惯。

学生的观察要点是教师的示范操作，并认真体会操作要领和原理。例如，示范握持试管时应说明操作要领是：三指(拇指、食指和中指)握，二指(无名指和小指)蜷，握管口。

2. 实验演示

在化学课堂教学中，实验演示是最主要的演示，它使学生对教学内容有更直观、感性的认识。课堂教学演示从目的上可以分为获取新知识的实验演示和验证、巩固知识的实验演示两种。

(1)获取新知识的实验演示。这种实验演示是以学生获取新知识为目的，教师演示的方法即通常所说的“边讲解边演示”。从逻辑上看，这是由特殊到一般的教学过程。在演示时，教师先详细说明实验的各种条件，当学生看到一个现象或全部现象之后，要启发、引导学生对所见到的现象进行解释，并得出正确的结论。

在演示实验时，学生并没有掌握有关实验的理论知识，他们的观察往往容易忽视最关键的地方。因此，教师要努力引导学生仔细观察实验现象和详细过程，注意实验的条件和产生的主要现象，使学生看懂实验。这是演示实验中学生学习的感性认识阶段。

实验结束后，教师应当启发学生对实验结果试做结论，解释实验现象。这样可加深他们对知识的理解，有利于知识的巩固，培养思维能力。这是实验演示的理性认识阶段，或称归纳阶段。

最后，应当让学生用文字或图表形式把实验结果记录下来，以便巩固知识。这是演示实验的巩固阶段。另外，对于学生还没有使用过的仪器设备，演示前应当说明它的操作方法及注意事项。这对训练学生的基本技能是有意义的。

(2)验证、巩固知识的实验演示。这种实验演示以验证和巩固知识为目的，即通常所说的“先讲解后演示”。从逻辑上看，这是由一般到特殊的教学过程。在上课时，教师先讲述或用各种直观教学手段辅助新知识的讲解，学生掌握后，教师再进行实验演示，以验证和巩固所学的理论知识。采用这种方法，可以培养学生演绎推理的能力。在进行以验证和巩固知识为目的的实验演示时，学生是在已有理论知识指导下进行观察，他们能预见到实验的结果。因此，教师可采取灵活多样的方法。在演示前，教师向学生说明要做什么实验，然后引导学生运用刚学过的理论预测将产生什么结果，再进行实验。实验完毕后让学生说明为什么会产生这样的结果，用所学的理论解释实验现象。

另一种方法是在实验演示之前，向学生说明要做什么实验，打算得到什么样的结果。然后，让学生讨论做这个实验需要什么样的条件，怎样做才能产生预期的结果。在讨论中，学生就会充分运用刚刚学过的知识，对实验进行精心设计。最后，教师将学生的方案修改完善后进行实验。这样，不但学生学习的兴趣浓厚，而且能展开积极的思考，有利于巩固和运用所学过的知识。

3. 实物、标本的演示

在教学过程中，演示实物、标本的目的是使学生具体感知教学对象的有关形态和结构的特征，以便获得直接的感性认识。学生对这些直观材料往往很感兴趣。为了使学生的观察更有效，教师需要正确掌握演示的技能，同时用简洁的语言适时地组织、引导和启发，使学生更好地掌握所观察的内容。例如，展示原油和几种石油制品(汽油、煤油、柴油、沥青等)，让学生观察它们的颜色、状态、气味、黏稠度等。

4. 电化教学演示

幻灯片、投影、电影、录像及多媒体辅助教学等电化教学手段的演示是运用了现代科技的模像演示。这种演示的优点是可以突出事物的细部、结构和特征，提高学习效率，增强直观性，在化学学习中有利于学生对化学微观反应的理解。

(三)演示技能的设计要点

演示设计是指教师依据教学内容和学生原有的知识经验，确定演示的目标；选择演示所使用的媒体，使演示具有客观性；科学安排演示的顺序，使学生准确、全面地理解教学内容。

1. 明确演示的目标

教师必须根据教学内容、教学要求、教学规律，制订明确的演示目标。不能无目的地进行演示，演示应符合教学内容的需要。当学生缺乏必要的经验，或学生的直觉、经验是错误的，或抽象的结论使学生感到疑难时，演示才具有必要性。

2. 按教学目标的要求，恰当选择媒体

应根据媒体的功能进行分类，然后选择符合课堂教学需要的媒体加以运用。

(1)演示媒体的分类。按照不同的分类标准，可以将演示媒体进行不同的分类。

(i)按电化教学媒体自身的特点，可分为电光媒体、电声媒体、电控媒体三大类。

(ii)按学习方式可分为：

a. 单向表象媒体，如幻灯片、电视、电影等，可以提供丰富的感性材料，传递大量的信息。

b. 双向作用媒体，如反馈板、录像、录音等，教师借助这些媒体传递教学信息，并接受学生的反馈，实施评价与矫正，不断改进教学方式。

(iii)按媒体对感官的作用，可分为视觉媒体、视听媒体、听觉媒体、交互式媒体等。

(2)演示媒体的选择。演示媒体的选择与使用直接关系到课堂教学的效果。因此，教师必须周密考虑，慎重选择演示媒体。

(i)根据教学内容选择媒体。为了丰富教学内容，教师展示教学材料，使其更加鲜明、形象，抓住重点，突破难点，化繁为简，化难为易，化抽象为直观。

(ii)根据学生特点选择媒体。学生有好奇心，但注意力容易分散，不喜欢枯燥的叙述，过多的重复也让他们腻烦。要使教学内容易学，学生爱学，就要考虑学生的学习水平和心理特点。

(iii)根据价值选择媒体，即根据每种媒体对于达成教学目标的功能与价值进行选择。

(iv)根据师生的共同经验选择媒体。教学过程是师生双方在同一时间进行信息传递的过程。这种信息传递要达到理想效果，需要以双方具有共同的认识经验作为基础，这样才能通过媒体促进双方互相沟通，达到有效的思想交流。

(v)按表达方式选择媒体。例如，教学采用讲授式、图解式或创设情景，就要选用不同的媒体。

(vi)按教学内容的抽象层次选择媒体。学生的年龄和知识水平不同，接受、理解抽象信息的能力也就不同，同样是字、词、句、篇的教学，学生的年级不同，应选择不同的媒体辅助教学。

(vii)按教学意图选择媒体。

a. 明确学习目标。利用媒体使学生明确学习目标，一般来说，综合利用视觉、听觉器官进行感知，效果优于教师单纯的口述。例如，用幻灯片提供学法指导，具体、形象，学生容易理解、记忆。

b. 呈现学习材料。用媒体辅助教学，提供学习材料，可以极大地丰富学习资源。例如，可以用录像提供作文资料。

c. 提供学习指导。用媒体辅助教学，帮助学生展开思维，深入理解、认识事物，强化记忆效果。例如，可以用投影协助学生复述课文。

d. 诱导学习行为。判明学生的学习行为，选择适合的媒体诱导或强化学生的学习行为。例如，利用媒体进行反馈，表扬、鼓励学生。

e. 提供反馈，评价教学行为。没有反馈与评价，就不知道如何矫正。反馈应迅速、真实，评价应准确。利用现代教学媒体进行反馈，既准确又及时。例如，用录像机记录教学过程，用计算机综合评价教学效果等。

(viii)根据教学目的选择媒体。

a. 揭示事物、现象的空间关系和时间关系。例如，在作文教学中，用放录像的方法重现事物或事件的发展过程。

b. 扩大接触面。利用媒体扩展学生的视野，扩大学生的知识面。

c. 使教学活动灵活多样。利用媒体将看、听、读、思、议、练习等结合起来，既丰富了教学内容，也使教学方法灵活多变，提高学生的学习兴趣。

d. 针对学生实际，因材施教。例如，利用计算机辅助教学，可以根据不同学生的实际情况设计不同难度的学习内容，按不同的步骤开展教学，充分体现因材施教的原则。

e. 扩大信息量。利用媒体开展教学，可以将声、形、色、动、静结合起来，突出重点，突破难点。例如，在拼音、词、句、篇教学中，使用媒体辅助教学可以收到较好的学习效果。

三、演示技能的应用

（一）运用演示技能的基本要求

1. 科学直观易理解

演示实验要注意科学性，紧密配合课堂教学内容，有利于讲清难点和突出重点。演示必须准确、可靠、能说明问题，否则所得实验数据偏差太大，反而使学生不能理解正确规律，甚至可能得出错误的结论。

2. 现象明显易观察

演示实验现象要让每位学生都能观察清楚，有些数据如长度、温度、计量表的读数等，由于不能使全班学生同时看到，可以请学生代表来读数，如条件许可，也能用摄录像设备进行放大或用计算机大屏幕投影的方式。演示仪器所放的位置要居中，要照顾到全班。

3. 结构简单易准备

演示实验仪器的结构要简单、使用要方便、性能要稳定、教师容易装配。这样可以节约准备时间。如果是学生第一次见到的仪器，教师还必须向学生交代清楚仪器的主要部件和基本性能及使用注意事项。否则在课堂上准备时间过长，让学生坐等，结果会使学生的精神状态从兴奋到抑制，容易挫伤学生的学习积极性。

4. 动作规范多重复

教师要求学生实验操作规范化，自己必须先做出榜样，注意操作的正确性。演示过程中，教师要指导学生观察，使学生能根据结果分析和综合，得出正确结论，并启发学生积极思维、抓住本质。一般演示实验可以重复，以使学生都能观察清楚，加深印象。

5. 安全可靠易操作

演示实验必须注意安全，尤其是在高温、高压、大电流的情况下，或是接触易燃、易爆物质时，应格外小心、仔细，并采取必要的安全措施，确保成功。万一演示不成功，要实事求是地分析原因，说明问题。

（二）演示技能训练评价表

演示技能训练评价表见表 6-4。

表 6-4　演示技能训练评价表

评价项目	评价等级			权重
	好	中	差	
1. 紧密围绕教学目的，重点突出				0.10
2. 准备充分（仪器、辅助工具等）				0.10
3. 演示前对仪器等交代清楚，装置简单、可靠				0.15
4. 演示有启发性，并指明学生观察的方向和程序				0.15

续表

评价项目	评价等级			权重
	好	中	差	
5. 演示现象明显，直观性好				0.15
6. 演示步骤清楚，操作示范性好				0.15
7. 演示与讲解结合恰当，能将感知转化为思维				0.10
8. 演示能确保安全				0.10

演示技能训练教案案例

	课题：化学键与化学反应的能量变化		训练技能：演示技能	
教学目标	(1)通过观看实验演示，了解化学反应中存在能量释放和吸收 (2)从能量变化角度认识化学反应过程			
时间分配	教师教学行为	体现教学技能要素	学生学习行为	教学媒体
2min	演示实验1：取一支试管加入少量锌粉，再加入5mL盐酸，当反应进行到有大量气泡产生时，用温度计测量此时溶液的温度，并记录	演示实验	观察	实验用品
2min	演示实验2：$Ba(OH)_2\cdot 8H_2O$ 晶体与 NH_4Cl 晶体的反应，记录实验现象与结论	演示实验	观察，得出结论	
1min	大家注意观察温度计刻度的变化	指引观察		
1min	这个实验的注意事项有三点：①注意正确使用温度计；②实验中生成的钡盐有毒；③注意药品的回收及个人卫生		认真听，并记录	
1min	实验1中，温度计读数升高，可见反应释放能量；实验2中，温度计读数下降，是吸收能量。化学反应中存在的能量“储存”与“释放”问题	小结和整理	思考	挂图
2min	化学反应在什么情况下放出能量？什么情况下吸收能量？	说明和启思	讨论	
1min	(1) $\sum E$（反应物）> $\sum E$（生成物），放热反应（能量释放） $\sum E$（反应物）< $\sum E$（生成物），吸热反应（能量储存） (2) E_1（破坏旧化学键吸收）> E_2（生成新化学键释放），吸收能量 E_1（破坏旧化学键吸收）< E_2（生成新化学键释放），放出能量	小结和整理		

阅读链接

化学实验演示的原则

一、化学实验演示的科学性原则

教师演示实验是中学学生学习化学过程中主要接收实验信息的渠道，对于学生形成科学观点和科学的研究方法有着不可替代的作用。教师所展示的化学实验的优美和所使用方法的精湛，将给学生留下极其深刻的印象。实验装置的合理性、展示过程的真实性、实验结果讨论的科学性是对学生学习化学的科学方法和作风培养的重要途径之一。

但实验过程中必须尊重事实，忠于实际测得的数据。教师要本着科学性的原则，引导和教育学生，对实验结果进行仔细分析，寻找误差太大的原因。这对培养学生科学的实验作风，形成辩证唯物主义世界观都是十分必要的。一般来说，在设计、示范演示实验时，要结合课堂主题，必须周密考虑、反复试验，以确保演示效果达到最佳，万一演示没有成功，教师则应以科学的态度，实事求是地说明。例如，中学化学实验中的银镜反应中可能得不到光亮如镜的银而是黑色的混合物，中和滴定两次平行实验的数据差别较大等，这些在课堂上谁也不可能保证万无一失，但教师可以因势利导，师生共同探究产生偏差的原因，如上述实验中未得到光亮的银镜可能是试管内壁未洗净、加热过程中试管晃动、浓度过大等原因而导致产生的银无法附着固定在试管底部内壁，因而看到的只能是黑色的银粉在溶液中的分散系。因此，教师可"将错就错""一石二鸟"，既引导学生寻根问底、掌握更多化学知识，又对其进行科学精神、实验素养潜移默化的引导。

二、化学实验演示的操作性原则

化学实验演示要强调操作性原则。首先，教师要对所有实验演示与学生实验的各种装置、实验操作步骤、操作要领及误差分析等全过程尽可能地熟练把握。教师要把准备实验作为备课的主要内容，肯花时间、花精力去研究探索，要对演示实验反复预试，掌握好实验所用仪器的规格、药品的浓度和用量，反应的时间长短，正常的现象和反常现象等。在此基础上，还必须根据教学目标和学生实际，制订指导学生观察和引导学生思维的计划，使自己的操作演示更科学、更规范、更熟练、更精彩。其次，演示装置和操作要尽可能简约，避免因装置、操作过于复杂而可能带来的耗时过多、易出实验差错、甚至过多分散学生注意力而影响教学的现象，一般来说，演示时间应控制在5分钟内。最后，演示实验中必须树立"安全第一"的思想，不可出现任何伤害师生的事故，如浓硫酸、浓硝酸、金属钾等易燃、易爆、强腐蚀性物质要规范操作、妥善保管、谨慎使用；氯气、二氧化硫等有毒气体应避免在空气中扩散；铝热反应、钾与水的反应等过于剧烈易发生烧伤的事故，要严格控制药品用量。

三、化学实验演示的直观性原则

化学实验的直观性原则也就是要求实验装置主体突出、实验现象鲜明、实验操作熟练规范，特别是实验现象要强调可见(气体、沉淀)、可感(热、光、气味)、可辨(颜色变化)、可称(质量增减)。这样学生才能真实有效地对化学现象、化学过程进行观察，其中最主要的在于全班每个学生都看得见，都看得清楚。所以，教师在设计和准备演示实验时，应时刻替学生着想，体现以学生为本的原则。要想方设法地从形态、大小、色彩、动态的变化上更直观地设计，使演示更直观、更形象、更精彩。其中，可采用"变小为大""变静为动""变无声为有声""变观察为参与"等方法，强化实验演示的直观性，如试管试验可选择在大试管中进行，观察溶液中颜色不太明显的变化(如中和滴定颜色变化、硫沉淀的产生)等，可在容器下面放白色纸板衬托，便于感知等。

四、化学实验演示的创造性原则

在化学教学实践中创新，在创新中提高化学教学水平，同时培养学生的创新精神，是每个化学教师的最基本能力。教科书上有对学生实验演示现成的设计，仪器室里有现成的配套仪器设备，似乎就不必再费力气就能把实验教学顺利地完成，这种看法和做法是片面的。作为一名现代化学教师，要有坚韧的探索性和创造性，能因地制宜、因材施教，把化学实验教学中的潜力和创造力开发得更好。要善于整合化学实验与模型、图表，尤其是多媒体技术于课堂教学之中。随着信息技术的日益普及，实验演示的范围逐渐增大，如过快、过慢、危险性大的化学反应可通过多媒体技术进行有效模拟、放大或放慢，或微观物质宏观化，从而提高课堂效率。

同时，把学生实验仅仅看作是学生操作技能的培养对象是不够的。教师更应着眼于学生的实验探索能力与科学态度，发展和强化学生的创新实践能力。例如，对学生实验器材的配置，对实验方法的改革创新，对演示实验材料与方法的探索创新，对学生课外小实验的研究创新，化学在生活中的应用探究，都是化学教师教学中不可忽视的领域。

第五节　变化技能

一、什么是变化技能

变化技能指的是教师的转换能力，即教师通过对课堂进行各种变化与转换，持续吸引学生注意，促进学生学习的一种教学技能。变化技能也称为变化刺激的技能，如音调的变化、表情的变化、姿势的变化等。通过控制教学过程中信息传递、师生相互作用以及各种教学媒体、资料的转换，可以对学生产生明显的激发作用，获得学生的注意，提高课堂教学的生动性和灵活性。教学的生动活泼基本上是由不断变换对学生的刺激方式、不断引起和抓住学生注意体现出来的。

用心理学的观点来分析，各种刺激的变换可以传递丰富的信息，引起学生的注意，而这种作用又常常是教师语言表达所不能代替的。例如，变换不同的教学活动方式，使用不同的教学媒体，改变课堂的教学节奏，教师声音和声调的变化，教师身体的运动和适当的手势，教师的表情和眼神以及静默等，都是教师语言表达的有力辅助手段。

(一)引起注意

课堂教学中引起学生的注意是保证教学效率的基本条件。学生较长时间地在同一教学方式、同一种教学氛围和同一种教学媒体中活动，则他们的思维、灵感和注意程度都会陷入低迷状态。长时间的单调刺激极易引起大脑疲劳，从而影响教学效果。教师运用变化技能，通过教态、语言、媒体和方式的交替改变，使教学信息和活动刺激学生而引起其大脑兴奋中心的转移，引发无意注意，并使其转向有意注意。

(二)强化信息

从理论上讲，任何单一的感官很难完成一节课信息的全面接收。教师运用变化技能也就是利用了学生的多种感觉器官传递教学信息，学生在一堂课中运用视觉、听觉、动手、动脑，并不断变换，可以减少疲劳程度，更有效地强化信息接收。

(三)激发兴趣

在单一方法和媒体教学过程中，学生容易产生疲劳感，使精力分散，降低学习效果。教师在课堂上适当运用变化技能，在感官上对学生形成刺激，消除学生大脑的疲劳，克服不良情绪，学生的学习兴趣就会被激发。在整堂课中，教师不断地适度变化教态、媒体和师生相互作用，就能营造轻松愉快的学习环境，激活学生的参与热情，并保持学习兴趣。

(1)要针对学生的认知水平、能力、兴趣，教学内容和学习任务的特点，选择适当的变化方式。变化应是课堂教学所需，不要为变化而变化，避免与教学目的和内容无关的、一味迎合个别学生消极需要的、为逗趣而逗趣的变化或把戏，这就失去了变化的作用与意义。教师应该针对学生的能力、兴趣、背景、课题、学习任务选择有意义的变化技能。

(2)变化技能之间以及变化技能与其他技能之间的衔接和过渡要流畅。教师在使用各种教学技能时必须考虑到教学的整体效果，使各种技能的使用相得益彰。这些都需要在备课过程中整体考虑，并合理进行预设。

(3)运用变化技能要有分寸，要自然，不要夸张。变化技能不要使用过多，幅度不宜太大，以免喧宾夺主，影响教学效果。不管是教学语言的变换还是教学媒体的变化，都要自然流畅，不要为了片面地追求轰动效果而进行过于戏剧化的表演或设计矫揉造作的“情节”。

二、变化技能的设计

(一)变化技能的构成要素

1. 做好铺垫

当教师要改变教学方式(尤其是有计划地改变教学方式)时，在变化前应做好铺垫，使变化的出现流畅、自然，而不是突如其来。这样，教学活动的连续性和一致性就不会被割断，也不会分散学生的注意力。

例如，在讲制取氯化氢的尾气吸收装置时，可以这样处理：先用语言说明为什么用导管插入水中会造成水的倒吸，而用贴近水面的漏斗可以防止倒吸的原因。再指出，“为了让同学们更好地认识刚才所讲的道理，大家注意看下面的模拟演示。”这就为由语言讲解变化到模拟演示做了铺垫(模拟演示的方法：用洗耳球分别连接上述两个吸收装置，模拟氯化氢大量溶于水后气压减小时水的倒吸情况)。

上面的内容也可以这样处理：以提出设问为铺垫。教师设问：“制取氯化氢时多余的尾气应怎样吸收？能不能使用和吸收氯气尾气相同的装置？”接着采用说明和演示相结合的方式讲解。

2. 变换方式

在特定的教学环境中，根据教学内容和学生听课的情况，教师采用各种变化的方式向学生传递信息。有的是为了引起学生的注意(如停顿、手势、目光接触等)，有的是为了充分调动学生的感官、帮助学生领会学习内容(如教学媒体的变化)，有的是为了表明教师的态度或情感(如声音的变化、动作的变化等)，有的是为了活跃课堂气氛、调动学生参与(如相互作用形式的变化)等。变换方式是教师应用变化技能时的主要行为。

3. 师生交流

无论教师在课堂上采用什么样的变化方式，都必须得到学生的回应。在进行变化时，要注意学生的反应，一定要有(并适当加强)师生间的交流。这样，才能使变化发挥应有的作用，达到预期的目的。

(二)变化技能的类型

1. 变化教态

教态是教师在课堂上运用的口语和表情、动作等体态语，以此向学生传递信息，相互沟通情感的一种行为方式。在中小学里，教师和学生之间的人际交往和信息沟通主要是通过口头语言和体态语言两种方式进行的。体态语言是口头语言的辅助、补充、强化和完善，有着口头语言不可取代的重要作用。

(1)教育作用。俗话说，“身教重于言教。”教师的身教反映在许多方面，而体态行为是身教的一个重要部分。教师在学校与学生的接触交流中，通过站立姿势、手势、眼神，甚至服装、发型等方面所展示的态度、情感、气质和修养，无一不对学生产生潜移默化的影响。教师的体态是学生最为直接的再现和反映。在课堂教学中，教师展现的美更加有利于形成融洽、和谐的课堂氛围，有利于学生更加轻松、愉快地投入学习活动中，充分发挥出学习的积极性和主动性。

(2)传递信息的作用。在课堂教学中，教师传递知识、交流思想感情的最主要工具是口头语言。但是，用体态教学吸引学生注意，更生动、准确地传递教育信息，交流感情，也是不可缺少的和重要的方面。一方面，体态语言有时有直接表意的作用。在课堂上，教师只用眼神、表情就可以传递肯定或否定的意思。而且口头语言与体态语言所代表的意义不一致时，学生相信的不是嘴上讲的，而是体态语言所代表的意义。另一方面，它又是口头语言最微妙的诠释，最默契的知音，把那些只可意会不可言传的信息传达给学生，学生能从教师的体态语言读出情感，读出态度，读出言外之意、话外之音，使那些抽象深奥的理论变得更为通俗易懂，浅显明白。教师的讲述会由此变得生动、形象、具体，从而加深了学生对教育信息的理解和记忆。

(3)强化信息的作用。研究表明：用视、听两种途径接收的信息的效率比单一听觉渠道的效率高得多。美国心理学家梅拉列斯认为，人接受信息的效果是7%的文字、38%的语调和55%的面部表情之和。可见，当学生通过口头传授接受教育时，教师体态行为具有不可忽视的强化作用。教师可以借助面部表情、手势和体态等方便有效的教学辅助手段，更加生动、形象、鲜明、深刻地外化教学内容，强化信息，让学生在不知不觉中把握教学内容并发展思维。

常用的教态变化有教学言语变化和体态语变化。

1)教学言语变化

教学言语变化是教师以改变语调、语气、声音强弱、语速节奏、声音停顿等手段，调节课堂气氛，激发学生学习兴趣的一种教学技能。这种变化可以指示出教学的重点、难点，反映出教学内容的情感，并创造亲切悦耳的话语情景，不断激起学生的兴趣。停顿能给予学生思考回忆的时间，增强教学效果。在实际运用中可从以下几个方面来考虑。

(1)语调。语调是指一句话中音调的高低变化。中国的汉字本身就有四声的区别，再加上语句中的声调高低起伏，使语言有“抑扬”的效果，富于韵律美。这样，在吸引学生注意方面有显著的效果，很容易引起共鸣。反之，教师语言自始至终一味平铺直叙，会产生催眠效果，使学生产生困顿的感觉。

(2)音量。音量是指教学语言声音大小的变化。音量应在一定幅度内有大有小，音量大可以传达慷慨激昂的情绪，有利于鼓动、宣扬，制造热烈气氛；音量小可以表达低回委婉的情思，有利于推理、思考和回味，制造静谧的气氛。音量的大小变化可以有效地调动学生情绪。反之，一味地高音大嗓或只是有气无力地低声细语，学生的注意力就不会长久，甚至会使学生感到烦躁和疲惫。

(3)语速。语速是指教师吐字的速度变化。如果速度太快，像放机关枪一样，教师讲得累，学生听得也累，而且不利于学生思考和理解；如果速度太慢，说的供不上听的，学生的注意也难保持，而且提不起兴趣。教学语言应该有快有慢，该快则快、当慢则慢、时缓时急，这样才能牢牢抓住学生的注意力。

(4) 节奏。节奏是指音节的长短搭配及停顿的使用。语言不是音乐，但语言的节奏感比音乐还强。音节有长有短，几字一顿，甚至一字一顿就产生了节奏感。节奏和语调、速度、音量合理搭配会产生强烈的韵律感，像小溪流水一样，时缓时急、起伏跌宕、抑扬顿挫。再加上精辟的推理、优美的描述和丰富的想象，这样的教学语言会产生扣人心弦的效果。

(5) 停顿。停顿是指除了语法上的停顿以外的警示性停顿，在特定的环境和条件下传递一定的信息，也是引起注意的有效方式。警示性停顿有以下三种情况。

(i) 稳定情绪的停顿。在课前或一节课之中，有时学生情绪亢奋，注意力分散。教师可以不讲话，以严肃的目光注视全体或部分学生。学生会很快安静下来。

(ii) 提示注意的停顿。在教学过程中，有的学生难免会出现走神、说小话、玩东西等现象。这时教师的讲授可以戛然而止，并且以目光示意，使学生终止与教学内容无关的行为。

(iii) 关键处的停顿。教师讲到关键处时，可以做有意识的停顿，以提示学生对所讲内容引起注意，引发思考，给学生一个深入思考的信号。这时学生可能小声议论学习内容，这是正常的。

有的教师害怕停顿和沉默。当出现沉默时常用重复陈述或问题来填补。他们不了解，停顿是一种很强的刺激信号，在沉默时教师自己会感到压抑和不知所措。有经验的教师则会有意识地运用这种刺激手段，使学生产生预期的反应。他们善于运用停顿的时机和时值，为学生集中注意或思考留出时间。

2) 体态语变化

体态变化包括教师的面部表情、手势、身姿及仪表的变化。

(1) 面部表情。

面部表情是由脸色的变化，肌肉的收缩、舒展以及眼、眉、鼻、嘴等部位协调运动所构成。它是人的思想感情最灵敏、最复杂、最微妙的“气象图”，是教学中很丰富的信息源。在课堂教学中，教师的表情变化对学生的听课情绪有着十分重要的影响。那种喜怒不露、情绪冷淡、态度冷漠或者总是居高临下、板着面孔、不苟言笑、过分严肃的老师是最不受学生喜欢的老师。教师丰富适当的表情，有利于创设良好的教学情境，激发学生的学习兴趣，引导学生全神贯注地进入学习角色，积极思考，获取知识。

教师的面部表情主要是：眼神和微笑。

(i) 眼神：也称“目光”，是在教学中通过“视线接触”而传递信息的窗口。它较为准确、直接地反映人的内心情感和思维活动，是教师心灵的窗口。眼睛是心灵之窗，它是人际间情感交流的重要方式。实验研究表明，人在兴奋或对事物感兴趣时，瞳孔变大，反之变小。在教学中巧妙运用眼神可以起到传情达意与导向以及组织教学的作用。应用眼神要注意：首先，若想与学生建立良好的默契，任课教师应有 60%～70%的时间注视学生，这会使学生喜欢听你讲课；同时教师也能从学生的目光中探测他们对课堂的反应。其次，在课堂上注视的位置应集中在学生前额上的三角区(两眼至前额中间所形成的三角区域)，形成一种严肃认真的气氛，使学生集中注意力，聚精会神地学习。再次，可以运用各种方式传情达意。上课开始，教师可以扫视全班学生，以集中学生注意力得到上课的气氛和良好的秩序，若发现个别学生开小差、做小动作，还可稍长一点时间注视某位学生，以示提醒。最后，眼神的变化要富有积极倾向和真情实感。多用亲切和蔼、柔和热忱、鼓励赞扬、坦荡自如的眼神。尽可能少用或不用游移不定、烦躁不安、藐视斜视，甚至鄙夷不屑的眼神。在教学中，教师切忌目光游移不定、注视天花板或窗外，这对师生间的交流是十分不利的。还应根据教学内容的需要，有意识、有目的地适当地变化眼神，使学生产生共鸣。

(ii)微笑：微笑是指嘴角微翘、笑不露齿的面部情态。教师经常面带微笑是充满自信的表现，是有修养风度的表示，是对学生真诚、热情、友好、爱护、赞美和谅解等情感的象征。在讲课中适当地运用微笑，可以起到事半功倍的效果。上课开始，教师面带微笑走进教室，表示上课的愉悦和对学生的亲近；上课过程中的微笑，表示教师对教学内容的自信，对教学过程的从容，对学生回答的满意和赞许，对学生情感行为的理解，对学生的信任和肯定；当学生提出问题时，教师边微笑边解说，则让学生觉得亲切、可信，容易沟通思想感情；当学生回答问题出现错误时，教师边微笑边摇头，则不会使学生感到难堪，反而更加激起学生积极思考、探求正确答案的兴趣。

教师要习惯微笑，善于微笑，自觉控制不良情绪，就必须注意以下几点：首先，应转变教育观念，改善师生关系。认识到让学生愉快地、主动地学习是教师的责任；尊重学生的人格和个性是教师的职业道德，微笑也是爱护学生，尊重学生，调节师生关系的体现。其次，教师应加强心理素质锻炼，增强自控能力。切忌学生一出现“问题行为”，就火冒三丈、大发脾气，不应该自身不愉快而影响师生的交流，更不可带有任何偏见和私心杂念面对学生。最后，微笑的应用还要注意自然得体，切不可无笑装笑、皮笑肉不笑，以免弄巧成拙、适得其反。

(2)手势。

手势是指人的手指、手掌和手臂的动作姿态的总称。严格地讲，手势是身姿语言的一种，但由于手势语言的表达力发展得相当丰富，而且信息传达比其他身姿语言要确定一些，所以实际上已形成了一种有自己特定动作要素和动作体系的体态语言。在课堂教学中，手势是强化教学效果的重要方式，可以使教师更充分地表达自己的情感，增加语言的表现力和感染力，增加教学信息传输的强度，使学生听起课来有一种无形的力量吸引他们的注意力，调动学生的学习热情和求知欲，活跃课堂气氛，促使学生更为自觉地学习。

按照教学功能划分，手势可以分为四类。

(i)指示性手势：主要用于指示具体对象或数量。含义具体明确，易于辨识和理解，如课堂上要求学生注意板书的关键词语等。

(ii)模状手势：这种手势用以模仿形状，给人以形象可感的印象，如大小、方圆，易于被学生接受。

(iii)象征手势：这种手势用来表达抽象的意义，如理想、未来、高尚、坚定等。使用此类手势其关键在于把握说话的内容并做出相应的动作，以启迪学生思考。

(iv)情意手势：主要用来表达喜怒哀乐的感情，如亲切地拍拍肩膀。

在使用教学手势时，教师应当注意：①动作规范适度，流畅自然，手势的形状、速度与语言内容、节奏要相互协调；②手势的选择原则是有助于表达教学的内容、主题和情感，不宜过分单调重复；③慎重选择习惯手势(安静：竖起食指放在嘴前，不要敲桌子)；④避免不文明、不文雅的手势在课堂上出现，如咬指甲、抠鼻孔、指指点点等。

(3)身姿。

身姿是人体的主干(头、颈、躯干、臀部、腿等)发出的某种信息的姿态。俗语说，站有站相，坐有坐相，走有走相。在课堂教学中，教师得体、稳重、洒脱的身姿，配合有声语言传递教学信息，将收到良好的效果。因此，教师要特别注意课堂上的举止，坐、站、行都应表现出教师应有的文明、庄重且洒脱大方的气质和风度。

(i)站姿：教师的站姿应自然、挺拔、庄重、文雅。良好的站姿可以更为准确地体现精神状态和教学风度。站姿的基本动作要领是：头要平抬，颈要直，肩稍向下压，躯干部分要挺胸收腹立腰，双腿直立，双脚要稳。教学时为了表达情感或态度，头部可以适度地上下左右活动，但要少而精，幅度也不能太大。双脚直立时可并拢，可自然分开略成八字形，也可双脚前后分开，避免呆板、僵硬之感。根据教学需要应有适当的站姿变化，或侧向部分学生或侧向黑板，或间歇走动。但上课时一般是站在黑板与课桌之间，绝大多数时间与全体学生保持相对稳定。要避免一些不应有的姿势：扭捏作态、呆板僵硬；双手支撑在讲桌上一直不动；双脚交叉；战战兢兢、单腿抖动；等等。

(ii)走姿：教师在上课过程中有许多必要的走动，如走进教室，走向讲台，走近某位同学，在学生问询时走动等。协调稳健、自然大方的走姿既可以展现教师应有的风度、气质，也可以传递一定的教育信息。教师走动的动作要领是：双肩平稳，双臂前后自然摆动；两脚内侧落地时的行走路线是一条直线，全脚掌着地；上身挺直、重心稍向前倾；步伐稳健、步速中等稍慢。教师在走动时应注意：首先，走动的次数、速度、姿势要有控制，不能分散学生的注意力；其次，走动或停留的位置要方便教学。教师在课堂上的移动大体有两种：一种是讲课时在讲台周围适当地移动位置，这种移动有时是为了吸引学生注意，有时是为了让出黑板，不挡住学生的视线；另一种是在学生做练习、讨论或动手操作时，教师在学生中间走动。这样既可以了解学生情况、解答疑难问题、检查、督促和辅导，也可以缩短师生之间的距离，使师生关系更密切。教师位置移动的速度要慢，不要快速走动。教师在课堂上快速走动对学生有很强的吸引作用。移动也不要过于频繁，过于频繁反而会分散学生的注意力。

(iii)坐姿：教师优美得体的坐姿可以给学生以美感，也是教师气质、素养和个性的显现。坐姿的要领是：头正颈直、双目直视、挺胸立腰、双腿并拢(女教师)或略微分开。脚位随凳子高矮、教师服饰、所处环境适当变化，都应注意协调庄重，动作舒展大方。切忌摇摇晃晃，或跷起二郎腿，或弯腰弓背，或叉开双腿向前长伸等不文明动作。

(iv)蹲姿：在学生面前做下蹲的姿势虽然机会很少，但也要适当加以注意。蹲姿的动作要领是：双脚前后站立下蹲，前脚的全脚着地，后脚的脚掌着地，后跟可略抬起；膝盖前脚高后脚低；臀部向下，上体正直。女教师下蹲时双腿靠紧，男教师双腿间可有适当距离。教师下蹲时切忌弯腰前倾，臀部向上撅起。

(4)仪表。

仪表指人的外表，在这里主要包括服饰、容貌和发型等方面。教师的仪表美是其形体美、服饰美、容貌美及发型美的有机结合，是内在美和外在美的统一，是社会美和自然美的结合，是静态美的展示。教师的仪表是教师人格、个性、情感、观念等的外化反映和真实写照，更是一种强有力的教育因素。整洁、协调、端庄、典雅的教师仪表能给学生良好的示范意义和美的享受，让学生肃然起敬。

(i)服饰：服饰是指一个人的衣着穿戴，包括服装和饰品。教师的服饰搭配应注意：符合自身的体形、肤色、年龄及性格、气质等特征，力求做到服饰与人融为一体，协调自然；讲究整洁；追求职业特色。

(ii)化妆：教师适当的面部化妆有助于教师在课堂教学中保持良好的精神状态和积极情绪来吸引学生。因此，教师作适当的化妆修饰是必要的。一般来说，女教师上班前适当地化妆，而男教师在特殊的重大场合下也可适当修饰面部。教师化妆时应注意：首先，要注意选择符合自己皮肤性质、色质的化妆品，并应在不同季节、不同环境，皮肤性质的改变而更换不同的化妆品，讲究科学化。其次，应遵循自然求真的原则，不可过分追求流行时尚。最后，教师化妆应力求自然清雅，全无虚假做作、过分雕饰之感，寓修饰于自然健康之中。

(iii)发型：发型是个人整体形象塑造的重要组成部分。教师应该为自己选定一两种最适合自己，最能体现自己的文化气质和精神风貌，同时也适合课堂教学环境的稳定的发型，以配合教师职业形象的完善。不同的发型也有不同的风格。教师应注意选择大方、美观、洒脱、雅致的发型，而且要与自己的发质、脸型、体形、年龄、性格相协调，给学生以整体美的形象。

2. 变化教学媒体

心理学家的研究表明：人类感觉器官接受信息的效率是不同的，听觉约 11%、视觉约 83%、嗅觉约 3.5%、触觉约 1.5%、味觉约 1%。可见，每一种与人类感官相对应的传输通道，其传输效率是不同的。任何单一的感官不可能完成对客观事物的全面认识。长时间使用某一种媒体而不改变信息传送通道，会增加教学信息的耗散。变化信息通道和教学媒体，可以增强教学效果。教师在选择媒体时要根据教学任务的特点、教学内容要求和学生学习的情况适当变换。

3. 变化师生相互作用方式

现代课堂教学中的信息传递有师生间相互传递，还有生生间相互传递。变化师生相互作用方式的目的是增加教学信息的反馈通道，增强学生学习的自主参与性，调动师生双方的交流合作积极性。教师面向全体学生的作用有讲解、启发提问、指导实验操作活动等；教师面对个别学生的作用有教师提问和学生回答，或是操作实验、个别点拨辅导等；学生对教师的作用有学生回答问题或操作实验，教师要应答和讲评；学生和学生的作用有小组讨论、分组实验及课堂其他群体活动。

(三)变化技能的设计要点

1. 目的性

在变化技能的训练中，较容易出现的问题就是变化技能的形式与教学内容不统一，变化技能流于形式，与教学内容明显脱节。因此，教师在课前备课时，必须注意根据具体的化学教学目的和教学内容设计相应的教学技能，随着教学内容的不断变化，也要适时变换各种教学技能，以适应教学的需要。这就需要教师不仅要精心研究化学教材，更重要的是要研究变化的学生和课堂。由于学生的化学知识、化学技能层次的不同以及学生认知的差异，在参与化学活动时的表现也会有所不同，因此教师应因材施教，因人而异地选择和运用各种行之有效的变化技能。

2. 有效性

在课堂教学中，应该慎重选择和应用变化技能，恰到好处地精心挑选易于掌握教学内容的变化技能，才能收到良好的教学效果。如果不加选择地随意选用和变换多种变化技能，势必流于形式，做毫无实效的无用功，影响整个教学过程的进行。因此，教师在进行每一种教学技能的变化之前，必须充分考虑各种变化技能能否对参与和实践化学活动产生有效性，能否使学生积极主动地参与化学、感受化学、表现化学并创造化学，从而有的放矢地选择和应用各种变化技能。

3. 灵活性

变化技能的种类较多，在进行各种变化技能的操作过程中，必须做到自然、灵活，潜移默化地引起学生从无意注意向有意注意的转变，积极引导学生参与到化学活动中，在和谐的化学教学氛围中将各项教学内容有机联系起来。这就需要教师在课前精心设计多种变化技能，课上灵活自然地应用各种变化技能，以求在极具变化的学生面前收放自如、游刃有余地应对各种突如其来的教学难题。

三、变化技能的应用

(一)运用变化技能的基本原则

(1)及时性原则：课堂上，对学生的反馈信息应立即做出反应，并予以适当的处理，这样可收到事半功倍的效果。在教学这一有序的动态过程中，只要任何一个环节出了问题，就会影响后续课程的进行。及时变化，认真处理各种问题，有利于学生对教学内容整体的把握。

(2)有效性原则：变化技能的运用要有“度”，过与不及都会影响教学效果。在课堂上置学生的回答于不顾，或对学生提出的异议不加以评论，或对个别学生存在的不解问题在全班范围内反复讲解，致使大多数学生感到厌烦，这些都是缺乏变化技能的表现，特别是师范生在试讲时尤其应引起注意，有效的变化应是“恰到好处”。

(3)科学性原则：这是变化技能的核心。要保证每种变化技能都符合知识内在结构的要求，在逻辑上是相容的，在认知上是合理的，在实践上是可接受的。任何不负责任的“信口开河”式的变化反应都是不可取的。

(4)面向大多数学生的原则：有效的变化技能应该是有效而面向大多数学生，这就要求教师要及时捕捉有效的反馈信息，并从中选择共同的问题做出变化反应。

(5)评价性原则：积极有效的变化技能应该具有评价性，对于学生提问后得到的回答，教师应有针对性地进行分析，引导学生进行深层次的思考，揭示问题的本质。

(二)变化技能训练评价表

变化技能训练评价表见表 6-5。

表 6-5　变化技能训练评价表

评价项目	评价等级			权重
	好	中	差	
1. 音量和语调的变化				0.10
2. 讲话的节奏和速度				0.10
3. 语言中的停顿				0.10
4. 目光移动与学生接触恰当自然				0.15
5. 面部表情的变化恰当自然				0.10

续表

评价项目	评价等级			权重
	好	中	差	
6. 手势和头部变化自然协调				0.10
7. 身体移动恰当				0.15
8. 运用教学媒体的变化				0.10
9. 师生相互作用的变化				0.10

阅读链接

变化技能在化学教学中的应用

一、能激发并保持学生对教学活动的注意

注意是学生学习的一个比较重要的决定因素。因此，教师在课堂上组织好学生的注意是教学成功的重要条件之一。学生的注意是在学习过程中形成的，教师给教学内容增加一些刺激因素，可以起到指导和控制学生注意的作用。在引起学生的无意注意、唤起他们的有意注意时，往往需要教师运用变化技能来实现。例如，教师讲课时说话的声调抑扬顿挫，演示所呈现出鲜明的现象，教学活动方式灵活多样等，都可以引起学生的无意注意，使他们的注意力集中稳定；当讲到重点、难点或关键处时，教师采用一定方式进行强调和提醒，可以唤起学生的有意注意。在课堂上学生只靠无意注意学习，难以完成学习任务；若过分要求他们依靠有意注意学习，则易引起疲劳导致涣散。教师在引导学生的注意交替转换时，有时可以用目光表达对学生的期望、鼓励，也可以表达对一些学生的暗示和警告，增加师生感情交流。或者教师通过摇头、打手势，否定一些不正确的回答，这比用语言表达更容易被学生接受，也更富有表现力。在讨论、练习时走到学生中间，拉近了师生心理距离，也能促进学生对教学活动的注意，这些都应用了变化技能。因此，恰到好处地运用变化技能，会增加教师对学生的吸引力，获得较好的教学效果。

二、能激起学生的学习兴趣，有利于学生对知识的领会和理解

多样化的教学方式和学习活动能够激发学生的学习兴趣，使他们精神振作。学生学习化学知识，在很多情况下是从感知开始的，在教学中教师运用变化技能适当地变换信息传输通道，可以使学生较好地领会和理解知识，尽可能地调动学生的不同感官，这样学生就不会产生疲劳感。例如，在讲水分子是极性分子时，先用多媒体大屏幕展示课件，说明带负电荷的小球与皮毛摩擦过的橡胶棒之间产生斥力(让学生结合物理知识思考)，再做演示实验，让学生看到从滴管中流出的水流既能被用毛皮摩擦过的橡胶棒吸引，又能被丝绸摩擦过的玻璃棒吸引，这说明水分子一端显正电性，另一端显负电性，水分子是极性分子。运用视觉媒体的变化配合讲解，对学生理解知识有很大的帮助。在化学课上，有些听觉的变化可以给学生留下深刻的印象。例如，教师在讲"点燃氢气前必须验纯"的道理时，做一系列演示实验：①点燃纯净的氢气，氢气安静地燃烧；②试管中盛有纯净的氢气，将试管口靠近酒精灯火焰，可听到轻微的"噗"声；③试管中盛有不纯的氢气，将试管口靠近酒精灯火焰，听到尖锐的爆鸣声；④点燃氢气和空气的混合气体，发生爆炸，发出巨大的响声。这四个实验产生不同的听觉效果，尤其是剧烈的爆炸声，无疑会给学生留下极深的印象。设计这样的变化过程，不仅有利于增强学生对知识的系统掌握和对遵守实验操作规程重要性的认识，而且有利于培养学生思维的严密性。在教学中教师应采用多种方式与学生交流(如让学生回答问题、发表见解、提出疑问等)，激发学生的学习主动性，培养他们的能力。

三、为不同水平的学生创造参与教学活动的条件

教师调动学生积极主动地参与教学是启发式教学的特点，而引导学生主动参与教学的前提是教师呈现给

学生的教学内容必须能引起学生思考和反应。由于学生的认知水平和学习能力都存在差异，因此不同的学生对各种信息传递方式的难易接受程度是不同的。教师在向学生呈现教学内容时，运用变化技能有针对性地对不同水平的学生采取不同的表达方式，就能使学生比较顺利地接受信息，进行思考并做出反应。例如，让学生分析“丙酸有几种同分异构体”时，对理解能力强的学生可以用语言提问，对理解程度差一些的学生可以用结构简式示教，启发思考。又如，讲“钠”一节时教师先做“滴水生火”(在蒸发皿中放一小块金属钠和少量乙醚，再滴加几滴水)小实验，学生看到燃烧现象后，找一名学习成绩中等的学生亲自动手做钠与水反应的实验，再让学认真观察、思考、解答。师生之间围绕实验提出各种问题，总结金属钠的物理性质和化学性质，师生互换，可以调动更多的学生积极主动参与课堂教学活动。总之，教师运用变化技能可以把一节课上得充满生机与活力，既能显示教师的学识和能力，体现循循善诱、诲人不倦的师德，又有利于师生间的感情交流，形成愉快和谐的课堂气氛。可以说，变化技能是形成教师教学风格的主要因素之一。

第六节　板书板画技能

一、什么是板书板画技能

化学板书板画是化学教师书写在黑板或投影片上的文字、符号、表格、实际仪器、图形和色彩的总称。在课堂教学中，化学板书板画与教学语言结合，视听兼容，有利于学生对知识的感知、理解与记忆。化学板书板画与实践操作结合，与实物对照，有利于学生由形象思维向抽象思维的转化，解决教学的难点。化学板书板画贯穿教学过程的始终，提纲挈领形成体系，有利于学生更好地掌握知识结构，形成记忆线索。

化学板书板画还是课堂教学的重要辅助手段，可以弥补口头语言的不足，使学生的视觉与听觉配合，更好地感知教师讲授的内容。精心设计的化学板书板画是知识凝练的结晶，浓缩着教师备课的精华；有利于叩开学生的智慧门户，在课内利于学生听好课、记好笔记，在课后利于学生复习巩固，进一步理解和记忆；能给学生美的享受，产生潜移默化的影响；也便于教师熟记教学的内容和程序……设计化学板书板画是教师备课工作的重要组成部分，是教师的基本功之一。好的教师应该善于把课堂教学语言和化学板书板画完美地融为一体。

深入钻研教材和了解学生，把握教材的整体和主干，明确重点和难点，精心地选择教学方法和设计教学过程，是设计好化学板书板画的前提。要以此为基础，明确化学板书板画的目的，确定化学板书板画的内容和形式，避免盲目性。了解化学板书板画的规律，在实践中不断地运用、总结和发展，有助于教师逐步提高自己的化学板书板画水平。具体来说，运用板书板画技能的目的如下。

(一)揭示教学内容，体现教材结构和教学程序

精心设计和编排的板书及图表，可清晰地勾画出教材内容的基本结构和逻辑体系，使学生一目了然。板书书写顺序有条不紊地呈现出知识的内在逻辑关系和教学程序，可培养学生循序渐进、步步深入的思维能力。

(二)增强语言效果，加深学生理解

板书作为课堂教学语言的主要辅助手段，目的是增强语言效果，加深学生理解。有了板书，学生看得清楚，听得明白、准确，视听结合，手脑并用，可大大加强教学语言的传递效果；通过板书提纲挈领式的引导启发，比较难懂的知识变得容易理解，并加深记忆的程度。

（三）激发学生的学习兴趣

教师精心设计的板书布局，规范的公式、图形和符号，加上工整秀丽的文字，会引起学生的一系列心理活动，赋予学生以美的享受，可集中学生的注意力，激发学生的学习兴趣。纲要揭示、表格图式、分总联结凝集各种揭示知识结构体系的板书，有利于培养学生的思维和探索创造的能力。

（四）突出重点，强化记忆

高度概括的板书以简练的语言将知识条理化、系统化，既突出了教学内容的重点，又便于学生记忆和迁移。因为在教学过程中，学生不仅耳听，而且眼看，还辅以手记和用脑记，多种感官协调活动所产生的记忆效果肯定强于只听而不看不记的效果。

二、板书板画技能的设计

（一）板书板画技能的构成要素

板书技能由板书的设计和板书的运用两个方面构成。设计侧重于内隐的技能，运用侧重于外显的技能。设计是基础，没有好的设计，课堂上临时发挥，很难写出好的板书。这和盖房子一样，没有好的设计，盖不出好房子。和建筑不同的是，在建筑过程中，设计师负责设计，施工部门负责施工；而在教学过程中，教师既是板书的设计者，又是板书的运用者。所以，化学教师必须既会设计板书，又会运用板书。

板书设计既是科学，又是艺术，它是两者的结合。化学课的板书既要讲究科学性，体现教学内容的严密性和确定性；又要讲究艺术性，体现教学形式的形象性。板书一旦体现了逻辑性和形象性的统一，就有可能促进学生左右脑同时发展。板书的设计和运用主要有以下几个构成要素。

1. 板书内容

课堂教学的板书内容要与讲授的内容大体一致，详略得当，主次分明，突出重点和关键，分散难点。这样才能使板书真正起到便于学生理解教学内容，促进学生思维和记忆的作用。板书不宜过繁或过简，过于详细，则重点不够突出，不利于学生集中注意力，同时也会因教师频繁书写板书而影响主要内容的讲解和其他教学手段、技能的运用；过于简略，则不能起到提纲挈领、揭示新知识等主要内容的作用，对学生理解、掌握化学思维方法也不利。应力求以尽可能简约精当的文字、符号、线条和图表反映尽可能丰富的教学内容，在尽可能大的程度上增强课堂教学的吸引力、启发性和感染作用，以提高课堂教学的效率。例如，用分析法解复合应用题，每一个复合应用题都是由几个简单应用题组合而成的，解答复合应用题就是要通过分析把一个复合应用题分解为几个简单应用题。因此，板书就应该突出这个分析过程。

2. 结构布局

结构是指板书的内容安排，包括标题的设计、板书类型的选择、板书内容出现的先后次序以及各部分之间的呼应和联系、文字的详略大小和去留、符号的运用等。布局是指各部分板书在黑板上的空间排列，以及与教学挂图、投影屏幕的合理配置。教师在设计和运用板书时，不但要考虑板书的内容，而且要注意板书的结构与布局。

3. 美观艺术

爱美是人的天性。高尔基说："人都是艺术家。他无论在什么地方，总是希望把美带到他的生活中去。"一幅新颖别致、富有美感的板书往往可以给学生留下难以磨灭的印象。教师在设计板书的过程中，不但要考虑借助板书使学生理解、掌握、深化教学内容，而且要考虑板书的美观性和艺术性。而美观、艺术性强的板书能使学生在欣赏、享受优美形象的同时，进一步理解、掌握和深化教学内容。教师的板书应根据学生对新奇事物敏感、好奇的心理特征，做到形式多样化、内容系列化、结构整体化，使板书既庄重端正、整齐划一、错落有致，又布局得当、色彩鲜明、科学合理。

(1)图形的美。图形的功能在于它能将课文中抽象的文字变为形象的直观物，能给人以恍然大悟的美感。有些教学内容学生难以理解，用图形把它们标示、对比、陈列出来，能收到很好的效果；有些教学概念的建立、分析问题的思路、推理过程的阐述都必须借助图形。为此，化学课的板书板画必须注意图形美。

(2)色彩的美。心理学研究证明，色彩容易使人产生联想，诱发情感，鲜明的色彩对学生更具有情感诱发的效应。在板书的某些关键之处点缀鲜明的色彩，能引起学生的注意，激发探求的好奇心。鲜明色彩的标示在板书中具有鹤立鸡群的地位，能产生主次分明、一目了然的美感。板书造型要处理好底色与显色的关系，使底色衬托显色，使显色变成整幅板书的"点睛之笔"。

(3)指示线条的美感。线条有实线、虚线、曲线等，用得恰如其分，不但能收到指示明确、条理清楚的效果，而且给人一种虚实相应、变化多端的美感。

一幅优美的板书之所以能给学生带来美的享受，是设计者对美不断探索的结果。教师应力求避免因板书单调死板给学生造成厌倦的情绪，而换以多姿多彩的板书来增强学生学习化学的兴趣，以达到形式和内容完美的统一。

4. 板书的书写

板书主要是由文字、符号和图形组成。文字的书写要规范。具体要求是：笔画清楚，笔顺正确，字体工整，无错别字，正确使用标点符号，行款格式符合要求，条目安排得当，注意整体效果。化学符号的书写更要规范，既要格式正确，又要章法匀整。

5. 把握时机

板书作为书面语言，是对教学口头语言的补充。因此，它必须与讲解统一，与其他教学活动相配合。板书内容的书写、投影片的展示要把握好时机，力求恰当、合理，顺理成章，水到渠成。避免随心所欲，茫无头绪，扰乱教学的进程。

(二)板书板画的类型

(1)根据教学板书的地位和性质，可以分为主板书和副板书。

主板书：主板书主要体现教学目的与教学内容的内在联系的重点、难点、中心或关键，表现教学中心内容的基本事实、基本思想，反映教学内容的结构及其表现形式。主板书一般置于黑板的左边或中间，板书要求有计划地进行，在一堂课结束之前，一般不轻易擦去。

副板书：副板书主要反映教学内容中有关字音、词义和例句，提示零散知识，对主板书进行适当补充和辅助。副板书一般置于黑板的右边或两边。副板书具有随机性，可以即写即擦。

(2)根据教学板书的时间和作用，可以分为课前预习用板书、课中讨论用板书和课后总结用板书。

课前预习用板书：课前预习用板书主要用于学生的课前预习，它在上课之前就已经书写好了，如课前练习题。

课中讨论用板书：课中讨论用板书主要用于课堂中的学习，是教师在教学活动中逐步生成的板书，是板书的主要形式。

课后总结用板书：课后总结用板书主要用于课堂教学结束后的总结、巩固和应用，一般在课堂教学结尾时形成，如知识总结、课后练习题等。

(3)根据教学板书的表现形式，可以分为总纲式板书、表格式板书、板画式板书等几种。

化学教学中的板书形式有以下几种。

1. 提纲式

提纲式板书就是抓住教学主干和学习重点对教材内容进行高度提炼，从而形成概括性很强的知识结构。由于条理清晰、中心明确、化繁为简，因而有利于学生记忆知识、形成技能、发展思维。例如，初中化学“质量守恒定律”，按照“理论推测规律→实验验证规律→得出质量守恒定律→定律运用”等环节顺次开展教学，据此板书设计如下：

反应前后原子种类、数目不变 —推出→
无数的定量研究实验 —证明→ 反应前后质量守恒 —运用/注意点→ {不能解释物理变化；不能多算；不能漏算}

这个板书不仅体现了教学流程，也反映了化学的简约美，有助于学生理解定律内涵、明晰定律外延。又如，在“金刚石、石墨和C_{60}”的教学中，采用“问题→自学→讨论”模式，注重引导学生依据课本信息筛选单质碳的物理性质，然后引导他们利用“性质决定用途”的辩证关系推断单质碳的用途。据此，在教学中适时呈现如下提纲式板书：

	性质 —决定→	用途
金刚石	坚硬	划玻璃 做钻头
石墨	质软 导电 滑腻	制铅笔 做电极 润滑剂
木炭 活性炭	吸附性	吸附剂
C_{60}	低温时 电阻为零	超导材料

此板书形式新颖，重点突出，层次分明，因果顺畅，既方便了学生学习，又促进了学生领会单质碳的性质和用途。提纲式板书最能将复杂的教学内容简约化，是最常用的板书形式。

2. 对比式

化学中不少的概念、规律和方法等内容具有相似性、相异处或对立点，如能充分挖掘它们之间的区别和联系，再利用对比效应设计板书，就能帮助学生区别异同、明辨是非，从而收到不言而喻、一目了然的效果。例如，“燃烧与灭火”一节，在实验的基础上引导学生寻找“完全燃烧”“不完全燃烧”的差异，并设计了如下对比式板书(表中内容可引导学生完善)：

	燃烧条件	燃烧速度	释放热量	燃烧产物(以碳元素为例)	重要性	危害性
完全燃烧	氧气充足	很快	很多	主要是 CO_2	节约能源 保护环境	—
不完全燃烧	氧气不足	较慢	较少	主要是 CO	—	浪费能源 污染环境

上述对比板书项目鲜明、文字简洁，有利于学生认识完全燃烧的重要性和不完全燃烧的危害性。根据不同的比较对象，对比式板书还可以采用图示对比(如几种反应类型的比较)、坐标图像对比(如不同金属与酸反应的情况)等。

3. 表格式

化学中不少的学习内容都比较零散，若整理归纳后以表格的形式呈现出来，就显得简约明了、整齐对称、条理清楚。设计表格式板书时，要注意选好表目、理清内容、照应关系。例如，在“爱护水资源”的教学中，紧紧抓住“水不足”、“水浪费”和“水污染”这 3 个主题，设计出如下表格式板书(表中内容可引导学生完成)：

节约用水	防治水污染	开发水资源
使用节水设备	不用含磷洗衣粉	大量接收雨水
农业上改漫灌为滴灌	合理使用化肥农药	合理开发地下水
生活用水循环使用	发明绿色生产工艺	海水淡化
不用自来水浇灌花草	污水净化后再排放	人工降雨
适当提高水费	加强水体监测	南水北调

这个板书注重提纲挈领，体现乱中求序，培养了学生的环境意识，帮助学生认识了爱护水资源的措施。表格式板书适用于很多章节，如比较几种气体的实验室制法、玻璃棒在不同实验中的作用、三种微观粒子的比较等教学内容，都可以使用表格式板书。

4. 图示式

图示式板书就是利用简明的图形示意，并辅以简要的文字说明来设计板书。图示式板书形象直观，生动有趣，寓意深刻。学生在图示的启发下，能增强学习兴趣，降低学习难度，从而达到心领神会的境界。例如，在“探究空气中氧气的体积分数”实验课中，在结课板书时给出了如下耐人寻味的图示：

这个示意图抽象合理、形象直观，既出乎意料又在情理之中，有利于学生认识实验装置、理解实验原理。在讲解有关溶液稀释计算时，也可借助图示开启学生的解题思路。例如，下面这道题“配制 105g 10%的盐酸应量取 38%的盐酸(密度为 1.19g/mL)多少毫升”，抓住“溶液质量”“溶质质量分数”“溶液稀释前后溶质质量不变”这 3 个要素，形象地设计出如下板书：

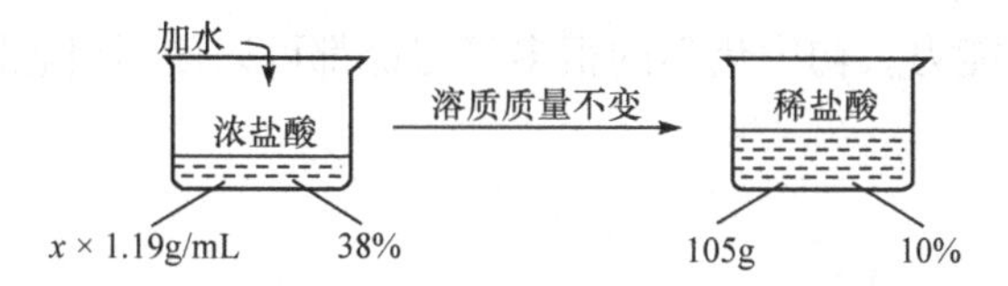

这个简洁的图文反映了变化实质、点拨了解题思路，很多学生据此轻松列出了解题关系式(x×1.19g/mL×38%=105g×10%)，从而突破学习难点。

5. 布阵式

布阵式板书是先在黑板的几个特定位置(教师预先心中有数)循序板书一些看似零散的内容，在进入下一教学环节时再通过线条、箭头和关键词等，将上述板书连接起来，使整个布阵融为一体，这时板书的寓意也得到了升华。例如，讲解“化学研究些什么”时，教师依据教学流程，在4个特定位置先后板书“变化”“性质”“组成结构”“用途制法”这4个学习主题；结课时师生在推出上述概念之间的辩证关系后，再用“彩色箭头”和“关键词”连接4个主题，完整的板书终于水到渠成：

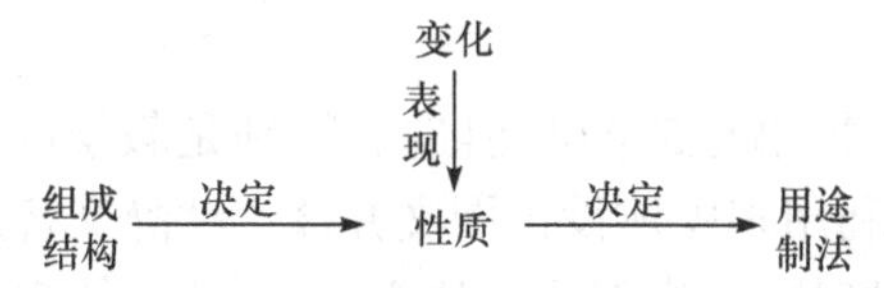

上述板书布阵匀称、紧凑协调、美观简洁，突出了概念间的内在联系，有利于学生认识化学研究的范畴，树立辩证唯物主义的思想。

6. 概念图式

概念图是一种用节点代表概念、连线表示概念间关系的图示法。利用概念图进行板书具有简洁性、科学性和逻辑性。例如，在讲解“物质构成的奥秘”复习课时，教师引导学生构建了相关的概念图，并适时板书如下：

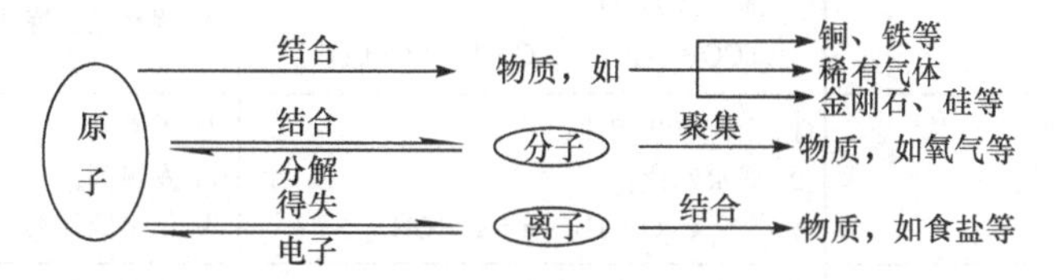

在上述概念图中，主题层次分明，没有遗漏，充分体现概念之间的逻辑关系；知识点延伸合理，没有盲目深化、无序拓展；关键词言简意赅，能够承上启下；线条粗细均匀，流畅整洁。它能很好地帮助学生构建微观知识网络，培养抽象思维能力。又如，在“物质的分类”复习课中，师生共同完成了如下概念图式板书：

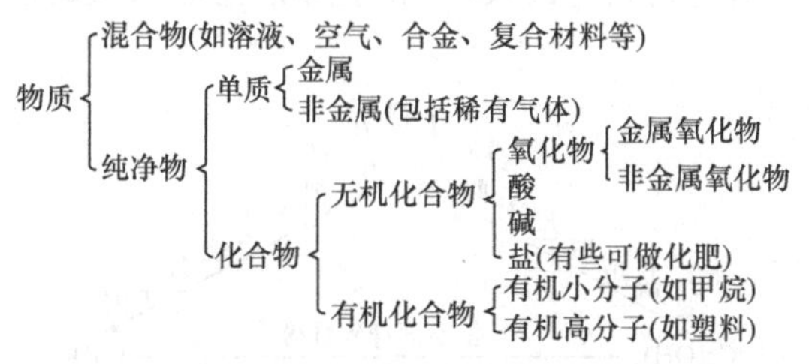

这幅树状概念图有利于学生“攀枝摘果”，帮助学生把握物质分类概念的层级关系，增强学

生解决相关实际问题的能力。初中化学的很多复习课都可以使用概念图式板书整合知识、深化概念。

7. 总结式

在新课结束或单元复习时，师生对已学内容进行梳理和总结，教师同时利用板书归纳学习重点、提炼思维方法，从而帮助学生重现新知、理清思路、强化知识、巩固技能、升华思维。与众不同的总结式板书会使学生意犹未尽，欲罢不能，从而保持长久的学习兴趣。例如，在“物质的鉴别”实验课(利用特征反应鉴别几种典型的酸碱盐)中，实验结束时在师生互动中适时完成了如下板书：

特 征 反 应 $\xrightarrow[\text{试管}]{\text{胶头滴管}}$ 鉴 别 物 质
(↑、↓、变色)　　　　(酸、碱、盐)

这个板书以少胜多、点睛指要，体现了实验方法，反映了实验原理；虽然是静止的文字，却直观地再现了动态的实验过程。

8. 电教式

在教育现代化的地区，板书也应与时俱进。特别是教学内容多、课堂容量大、粉笔板书难以发挥优势时，就可以利用多媒体设计图文并茂、动静交替的电教式板书。但要注意，板书应尽量设计在同一张幻灯片上(好像是一块黑板)，从而体现板书的连续性、集中性、静止性、简洁性等；并且仍要设计粉笔板书，使其与电教式板书有机结合、相得益彰。例如，在讲解“石灰石的利用”时，适时呈现了如下的电教式板书(虽然文字不少，但并不多余)：

物质	性质	用途
石灰石 (主要成分是 $CaCO_3$)	① 坚硬不溶于水； ② 高温分解： $CaCO_3 \xlongequal{\text{高温}} CaO + CO_2\uparrow$ ③ 能与盐酸反应： $CaCO_3+2HCl \xlongequal{} CaCl_2+H_2O+CO_2\uparrow$	① 建筑材料； ② 烧制生石灰； ③ 实验室制 CO_2； ④ 制水泥、炼铁
生石灰 (主要成分是 CaO)	① 白色块状固体； ② 遇水熟化： $CaO + H_2O \xlongequal{} Ca(OH)_2$	① 干燥剂； ② 发热剂； ③ 化学破碎剂
熟石灰 [主要成分是 $Ca(OH)_2$]	① 微溶于水的白色粉末； ② 能与 CO_2 反应： $Ca(OH)_2+CO_2 \xlongequal{} CaCO_3\downarrow+H_2O$ ③ 水溶液显碱性	① 砌砖、抹墙、铺路； ② 中和酸性土壤和污水； ③ 检验 CO_2 气体； ④ 消毒杀菌

新课结束时，教师又结合古诗《石灰吟》的化学思想和人文寓意，引导学生进行了小结，并粉笔板书如下：

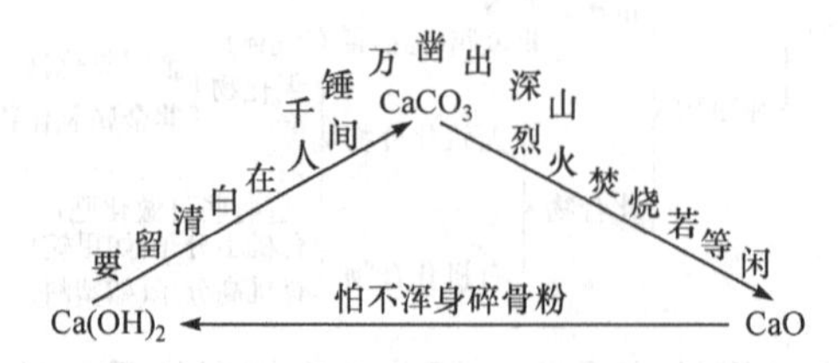

上述板书结构新颖(整体像一座山峰)，千锤万凿的物理方法得来深山的石头，三角形的石头又包含了“钙三角”中的化学转化，环绕的文字则是于谦的明志诗《石灰吟》，科学与人文在此巧妙融合。这一精巧的粉笔板书，又为多媒体课堂增添了一抹亮丽的色彩。

当然，上述 8 种板书形式不是孤立存在的，而且有的界限也比较模糊，因此设计板书常要综合运用多种形式。例如，教师设计的“酸雨”板书就是在提纲式的基础上又融合了图示式、对比式和概念图式。

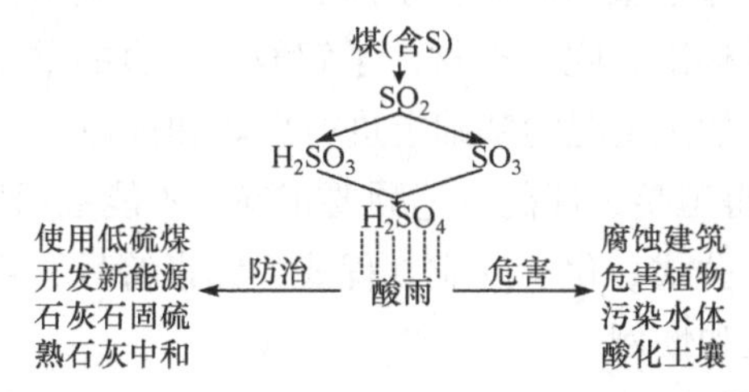

(三)板书板画的设计要点

(1)直观形象：所谓直观形象，是指教师的教学板书必须借助一些直观形象的文字、符号、图表等形式，将抽象、复杂的教学内容直接诉诸学生的视觉，丰富学生的课堂感知。因此，教师的板书要能抓住教学内容的核心词汇，利用学生所能接受的各种图表、线条，形象直观地将所要板书的内容呈现在黑板上。

(2)简洁明了：板书要简洁明了，要求教师在吃透教材的基础上，化简为繁、以简驭繁、以少胜多，让学生从最精简的板书中把握教学内容的本质及其联系。

(3)启发性：教师在进行板书时应富有层次性和问题性，使学生在理解与思考中启迪智慧。教学过程是在教师的引导下，学生通过自主的理解与探索获得理解，形成观念的过程。这就需要教师通过启发来促进学生发展。所以，在板书过程中，要有问题意识，通过层层设疑、激疑与答疑的板书设计引导学生积极思考，发展智力与能力。因此，板书过程不是教学内容的简单呈现过程，而是教学问题的逐步解决过程。

(4)规范化：教师在板书的书写过程中，必须规范地使用文字、符号、图表等，如汉字笔顺正确、字形字迹清晰、图表简单明了等。教师的教学过程既有言传，也有身教，板书的过程对学生会产生潜移默化的示范作用，特别是对于低年级的学生而言。因此，教师的板书内容与板书行为必须符合规范，不能随意而为。

(5)审美感：教师的教学板书应像一件完整的艺术品，能给人以美感。具有美感的板书设计在一定程度上能激发学生的学习兴趣，让学生在轻松理解板书内容的同时，体味教学过程的美感。根据目前人们对板书美学的研究，板书的美学要求是：内容的完善美、语言的精练美、构图的造型美、字体的俊秀美等几个方面。

(6)针对性：针对性是指教师的教学板书要根据不同的授课对象采用不同的板书形式。对象不一样，教学板书也要有所不同。教学板书的最终目的是更好地促进学生学习。不同授课对象在身心发展水平、年龄特征、认知方式、学习兴趣等方面存在一定的差异，这就需要教师在进行教学板书时根据不同的授课对象进行有差别的板书。对中学生而言，可较多地强调板书的逻辑性、系统性，培养学生抽象逻辑思维能力，特别是对高中学生，应经常采用大纲形式的板书，文字也可以有适当的连笔。

三、板书板画技能的应用

（一）运用板书板画技能的基本要求

⑴重点突出。教师在课堂上的板书必须概括整堂课的主要内容，真正成为整堂课的提要和纲领。突出重点和关键，在备课时必须进行板书内容的提炼和选择，要考虑板书内容和课堂语言配合使用的效果，并通过板书强调教学内容的实质。教师在化学板书板画过程中，必须依据教学目标，熟悉课程标准，吃透教材，了解教学内容的重点、难点，统筹兼顾，细致推敲课型特点，在全面分析学生情况的基础上进行提炼和选择。

⑵书写规范。字要写得工整、规范，笔顺要正确，不能乱用生僻字、不规范的简化字，这是最基本的要求。同时，公式、化学反应方程式、元素符号、希腊文和英文字母等也要写得正确规范，符合国际标准和惯例。

⑶布局合理。教师备课时要设计板书布局，有计划地板书。哪些是主板书，哪些是副板书，哪部分需留用，哪部分要擦掉，教师要心中有数，事先做出周密的安排。最基本的要求是既不能使板书文字顶到黑板的最边缘，又不留下太多的空白，要高低得当，疏密均匀，字间行距有规律。

⑷用语准确。板书的文字语言要合乎逻辑、用词确切，使用教学术语、专业用语必须科学合理，符合学生的认知特点，符号的书写要标准化、系统化。

⑸形式多样。依据教学内容和学生的认知特点，板书形式应力求多样化，提纲式、图示式或表格式等均可灵活运用，尽量使自己的板书在形成独特风格、个人模式基础上进行变化。教师在备课时要精心设计和编排板书的类型，注意板书的趣味性，用优美的文字、形式和色彩吸引学生的注意力，同时也给学生以新鲜感和美的享受。

⑹注意板书与其他教学活动的有机结合。板书既然是教学活动的有机组成部分，就不能独立于教学活动之外。如何将板书与教学内容、教学方法等融合在一起是板书技能训练的重要方面。对于初上讲台的教师，他们往往难以在教学活动中“自然”地进行板书，或者讲得兴趣盎然而忘记板书，以致匆忙书写板书；或者板书时过于专注以致忘记了讲台下的学生，造成冷场，凡此种种都使得板书与教学活动脱离，破坏了教学活动的整体性。因此，在进行微格训练时，要注意训练受训者的板书活动与其他教学活动有机结合的能力，使其在教学过程中“不知不觉”地完成板书。

⑺把握好多媒体课件与化学板书板画的关系。由于电化教学的不断发展，有些教师把化学板书板画设计在多媒体课件中，一节课只写很少的字，甚至一个字都没写。我们认为这是一堂不完美的课。化学学科的特点决定化学知识的层次性、阶段性。没有化学板书板画或者仅仅只是展示一下化学板书板画，知识的全面性或层次性不能在学生头脑中形成整体。一堂课下来，学生对多媒体课件中的图片、声音、动画有较强的记忆，而他们所记忆的知识点是零散的、不完整的、不系统的。这可能是课堂上多媒体课件代替化学板书板画的结果，也是教师不愿意见到的。多媒体与板书的比例一般应控制在各50%为宜。

（二）板书板画技能训练评价表

板书板画技能训练评价表见表6-6。

表 6-6　板书板画技能训练评价表

评价项目	评价等级			权重
	好	中	差	
1. 科学地体现知识结构及基本思路和方法				0.20
2. 文字内容、板书板画科学准确				0.20
3. 内容系统性强，条理和层次清晰				0.20
4. 文字书写规范，具有示范性				0.20
5. 板书重点突出，方便记忆				0.10
6. 板书布局合理、形式多样，引起学生兴趣				0.10

板书板画技能训练教案案例

	课题：混合物的计算		训练技能：板书技能	
教学目标	用网络式板书呈现出题目中物质变化的情况，引导学生思考，使学生学会一种混合物计算题的基本方法			
时间分配	教师教学行为 （讲授、提问等的内容）	体现教学技能的要素	学生学习行为 （预想的回答等）	教学媒体 （教具、板书等）
1min	请同学们看计算题 【读题】有 Na_2CO_3、$NaHCO_3$、NaCl 的混合物共 4g，把它们加强热到质量不再减轻为止。冷却后称量，固体质量为 3.38g。在残余固体中加入过量的盐酸，产生 448mL CO_2（标准状态）。求原混合物中 Na_2CO_3、$NaHCO_3$、NaCl 各有多少克？		听讲	板书
3min	【讲解】在解计算题时，我们先要把题目中涉及的物质的变化情况分析清楚。我们来一起分析。 （边讲边书写板书Ⅰ） 固体混合物的成分有 Na_2CO_3、$NaHCO_3$、NaCl 共 4g。 【提问】在对它们加强热时，有哪些物质会发生变化？	书写 布局	听讲 注视黑板 回答：$NaHCO_3$ 会分解为 Na_2CO_3、CO_2 和 H_2O	板书Ⅰ
3min	其他两种物质呢？ 好，由此我们可以看出固体混合物加强热后质量减轻是 $NaHCO_3$ 分解的结果		不会变化	
2min	（边讲边书写板书Ⅱ） 给混合物加强热后，剩下的固体是 Na_2CO_3 和 NaCl 的混合物，质量为 3.38g，逸出的 CO_2 和 H_2O（气）共有（4–3.38）g 【提问】向残余的固体中加入过量的盐酸会发生什么变化？ 对，Na_2CO_3 和盐酸反应是否完全？ 很好！因为盐酸过量，所以我们认为 Na_2CO_3 已完全反应	书写编排布局	注视黑板 听讲 回答：其中 Na_2CO_3 和盐酸反应生成 CO_2 和 H_2O。而 NaCl 不反应。 因为盐酸过量，所以 Na_2CO_3 完全反应了	板书Ⅱ

续表

时间分配	教师教学行为 （讲授、提问等的内容）	体现教学技能的要素	学生学习行为 （预想的回答等）	教学媒体 （教具、板书等）
2min	（边讲边书写板书Ⅲ，至此完成整体板书） 向残余固体物质中加入过量盐酸，生成 CO_2 的体积在标准状况下为 448mL。留在溶液中的为 NaCl。 【讲述】通过以上分析，同学们就可以考虑，这道计算题应当怎样去解	书写编排	注视黑板 听讲 思考	板书Ⅲ

板书计划：

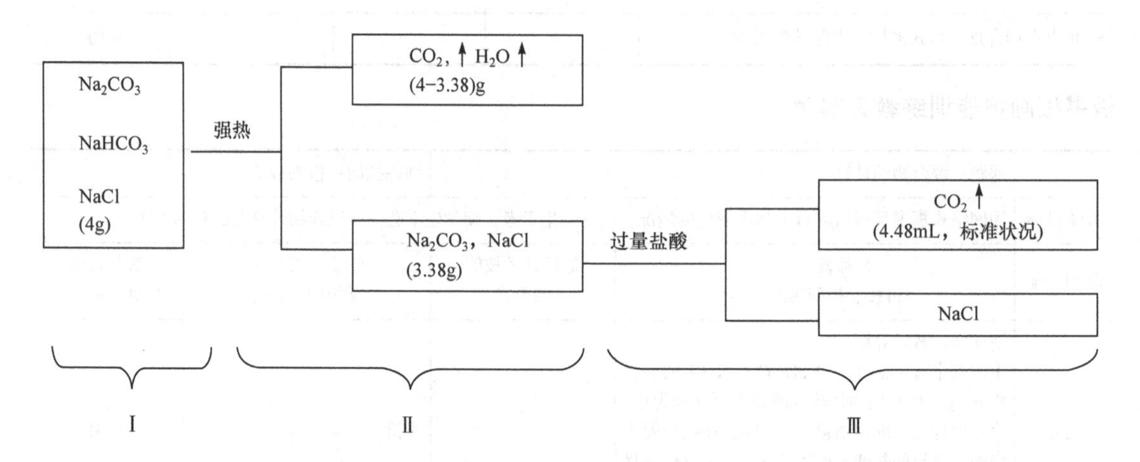

阅读链接

板书设计的技巧和注意事项

一、板书的时机

板书出现的时机是很有讲究的。一堂课的板书，虽然在备课时已经做了精心的设计，但在教学的实施过程中，板书的出现必须掌握轻重缓急、分清主次、把握时机，才能有效地组织学生的注意力，启发学生的思维，调动学生的学习积极性。板书一般都是总体设计，分步出现。而且只有在学生理解知识的关键处和思维的障碍处出现板书，才能突出教学重点。板书的出现必须符合教材和学生思维的逻辑顺序，做到与教学内容同步，与讲解的语言紧密结合。教师通过语言阐明板书的内容，学生则通过板书加深对教师语言的理解。

（一）板书时机的类型

(1) 先讲后书。有些教师在讲一个新概念时，先通过举例、分析，由感性认识上升到理性认识，引出概念后，再书写板书；或者是分析、归纳前述内容，提出结论后再写板书；或者对一些需要比较鉴别的问题，分别讲述特点，再列表板书。这种先讲后书主要是用于概括知识的要点或揭示规律的总结提纲，但有的教师是在讲到下一部分才补写上一部分的板书，造成讲与板书脱节的现象。这种滞后不但分散了学生的注意力，干扰了学生深入的思考，而且使板书缺乏整体感。

(2) 先书后讲。有的教师讲课时，常常是先写出问题、标题、内容要点，再进行讲解、分析。这种先书后讲的做法，可以起到先入为主的效果，但缺乏求知的吸引力，并限制了学生的思维积极性。向学生提供观察和思维素材的板书，应在学生探索之前写出，这样有利于学生观察和思考。

(3) 边讲边书。有些教师讲课很注意调动学生的思维积极性，善于启发诱导。在分析各类问题的相互关系或反应机理的图示时，利用师生的双边关系，边讲边书，逐步展开。这种板书能很好地与讲解进程有机结合，做到与教学语言紧密配合，能充分体现教者的教学意图。

一般来说，课题的板书，可以在新课伊始，开门见山；可以在课中边讲边写，分步展现；也可以在总结时"画龙点睛"。

(二)板书时机的选择

(1)在学生自读教材时进行板书。例如，某教师教学《花钟》一课时，在提出学习任务让学生自读课文后，自己极为认真地在黑板上写写画画。当学生读完课文时，教师的"板书"也完成得差不多了，是一个很漂亮的"花钟"，图文并茂。

(2)在学生思考时书写板书。大多数情况下，教师在讲新知识前都要进行提问，可以在向学生提出问题后，学生回答问题前，利用学生思考的时间面对黑板将课题写在黑板适当的位置上。书写课题的时间基本就是学生思考问题的时间。还可以在讲前五分钟让学生做几个事先准备好的小题目或学案，利用这个空当时间写标题。总之，教师在写标题时，学生要有事可做。

(3)师生互动，书写知识点。知识点就是每节课上教学的重点、知识的关节点、构成知识网络的关键词语，这些是教师在讲课的同时必须写在黑板上的知识。什么时候写合适呢？在上课的过程中，师生讨论时、师生问答中，或学生说教师写的过程里完成。知识点的书写是很灵活的，依据教学内容、教学目的还有授课方法的不同，可以寻找不同的时机，把它们有序地写在黑板上。

(4)恰当把握课题的板书时机。课题板书时机大致可分为课首式、课中式和课尾式三种。

(i)课首式。课首式课题板书是指在上课不久的几分钟里切入课题而板书课题的方式。表现为先板书课题，后讲授知识内容。这种方式的优点是能使学生尽早知道要学习的课题，在教师引导下，围绕课题思考问题、探求知识。大多数课题宜采用课首式板书。运用课首式板书课题时，应避免或少用开门见山的导入方法，要注重新课引入的设计，增强艺术感染力。

(ii)课中式。课中式课题板书是指在一堂课中先讲授与课题有关的预备知识，板书相关的知识点，但不见课题，切入课题后即板书课题，再接着讲授其他知识点。这种方式的特点是讲究顺其自然、水到渠成。这种方式可用在语文复习课中，新课教学中一般不用。

(iii)课尾式。课尾式课题板书是指在基本讲完一课时的知识之后，再板书课题。其特点是授课中有知识点的板书，但迟迟不见课题，直到由这些知识点归纳出课题。运用这种方式板书课题时，教师应设计好教学程序，让学生明确要研究的问题。否则，上课许久学生如坠云雾，不知教师葫芦里卖的什么药。这种方式通常用于系统复习或专题知识讲授时的课题板书。

(5)板书布白的时机。有的内容可通过省略号或丢空的办法使之隐去，形成板面上的"空白"，让学生自己凭借教师的讲述去领会、去思考、去联想。这不仅可以节省教学时间、突出教学重点，而且对提高学生的思考能力，启发和调动学生积极、主动地学习，都大有裨益。

例如，化学平衡特点的板书设计为：①逆：……；②动：……；③等：……；④定：……；⑤变：……；⑥同：……。这样的板书具有高度的概括性，并突出教学重点和关键，抓住知识的关节点，给人以思考的余地。又如，学习"氯化氢"后，有的学生窃窃私语"实验室制取氯化氢的发生装置图上未画分液漏斗塞子，是否教科书错了？"教师没有直接向学生讲清原因，而是在黑板上写下了"！？……"3个标点符号，用以启迪学生积极思考，一个省略号为学生通过自己的独立思考尽力探索留下了广阔的天地。这就是教学处理中的虚，含而不露，余味无穷。

(6)随机板书，逐步完成。教师根据教学进程随时板书。例如，要板书课题"哲学家的最后一课"，可以在介绍哲学家时板书"哲学家"，在引导学生猜想哲学家会在最后一课上提什么问题、讲什么内容时板书"最后一课"，再补上"的"形成完整的课题。教师若在预先设计的最佳时机漏写板书，可在段落小结或总结全文时补写，切不可惊慌，不看时机想补就补。

二、传统板书与现代多媒体交叉应用

传统板书和现代多媒体二者各有优缺点，强调将二者在教学过程中进行有效搭配的原则，达到教和学的效率和效果的最大化。

(一)传统板书的优势

(1)显现教师的个人魅力。一堂课教得如何，从教师的板书中基本可以看出来。板书在反映课堂内容的同时，也是教师在教学过程中引人入胜、开启学生思路的“钥匙”。精美的板书设计与漂亮的粉笔字，使得教师更容易被学生认可，并成为学生模仿的对象。

(2)体现教学意图，突出教材思路。教师备课通常具备明确的教学目标与步骤。好的板书能起到领路的作用。板书条理清晰，提纲挈领，能勾画出整节课教学内容的结构体系，揭示教材思路和线索，帮助学生将教学内容的知识要点了解得一清二楚。

(3)提供学生一定的思考时间。在教师授课过程中，学生对知识的接受能力是一个循序渐进的过程。当教师在书写板书时，将时间留给学生，有利于学生做笔记、消化课堂知识等。教师通常将教学重点、难点及关键处留在黑板之上，有利于学生自我反思，改善知识构架中的不足。

(二)传统板书的劣势

(1)随心所欲的板书动机。在课堂中有时出现板书缺乏计划的情况，这种随心所欲的板书体现了教师教学动机不明，从而导致学生对教学内容的领会支离破碎，笔记凌乱不堪。

(2)烦琐杂糅的板书风格。有些教师板书过勤，过多地依赖板书，烦琐细碎。这样的板书，既花费了过多的教学时间，又画蛇添足，使学生无所适从，不得要领。

(3)相对单调的板书内容。传统板书的形式和内容相对单调。在需要大量图片或图形时，利用板书容易造成所占用的教学时间相对较长，影响课堂效率，降低教学质量。

(三)多媒体的优势

(1)直观形象的多媒体教学。多媒体课件可以把视频、音频和动画等结合起来，模拟逼真的现场环境以及微观与宏观世界的事物，以便代替、补充或加强传统的实验手段，给学生留下深刻印象，帮助学生学习和理解一些抽象的原理。

(2)巨大容量的多媒体教学。多媒体教学比传统教学的信息量大，丰富了教学内容，拓展了学生学习的深度和广度。多媒体通过多种感官刺激获取的信息量，比单一地听教师讲课要强，这对于知识的获取和保持都是非常重要的。

(四)多媒体的劣势

在多媒体课件教学实践过程中，由于多媒体像电影一样，画面一闪即过，学生没有时间思考和记笔记，重点知识点还没完全理解就过去了。同时，本来非常系统的知识也被这样的放映方式打乱了，有点得不偿失。多媒体的知识容量大，教师为完成教学任务播放速度较快，学生的思维跟不上，整节课下来眼酸、头晕、困乏等。如果多媒体的一些图片、文字不清晰，就会大大地影响教学效果与教学质量。另外，有的教师机械地将课本上的知识堆积到计算机上，再加几张图片就成了课件，有的教师一整节课都盯着屏幕不停地一张张地放映课件进行讲解，缺少了与学生的眼神交流，这样对课堂的纪律和气氛就很难有一个整体的把握，学生是否听懂就更没时间去留意。课堂上教师变成了课件的放映者，学生成了机器的灌输对象，这样也势必造成讲课质量的下降。

(五)传统板书与现代多媒体结合运用的原则

传统板书与现代多媒体均有优劣势。教师在教学过程中，可以将体现动态美的多媒体教学与体现理性美的板书教学结合起来，实现生动形象与精辟简练的相互交融，最大限度地发挥各自的优势，从而提高教学效果。想要最大限度地激发学生的学习兴趣，就一定要对教学内容及其特征烂熟于心。因为“内容决定形式”，根据每次的教学内容及其所包含的美，确定如何使用多媒体教学和板书教学。

(1)将板书教学与多媒体教学进行有效的配比。分配好板书教学和多媒体教学的比例，再有针对性地选择动画、图片、视频和实验等多媒体手段以及板书设计组织教学，以体现感性与理性统一的美感特征。既增强直观美感、生动有趣，又保证教学内容的科学性和教学的严肃性，切实有效地提高教学效果。

⑵抓住智慧闪光点，不失时机多鼓励。在课上多提供发挥学生主观能动性的机会，引导学生自己思考问题、解决问题，再给予极大的精神鼓励，以体现愉悦性与功利性统一的美感特征。因为人们会从显示自己力量的智慧过程中获得很大的愉悦感，这正是功利性的美感，也是愉悦性与功利性统一所在。

⑶贯彻快乐学，不失时机巧结合。原则上，在确定配比下，适度利用多媒体图文声像并茂的特点，以增加生动形象美，同时不失时机地进行板书教学。例如，用多媒体动态播放实验现象和进程，呈现概念、定律、定理、公式、结论、例题；而对定理、定律等推导细节及例题的讲解则用板书教学。教师应引导学生的思维，与学生形成互动，根据学生的反应微调讲课内容，如对疑惑及时增加板书予以讲解，对反应不过来的内容及时回放等。

第七节　导入技能

一、什么是导入技能

导入技能是教师在进入新课时，运用设置问题情境的方式，引起学生注意，激发学习兴趣，引发学习动机，引导学生进入学习状态的一类教学行为能力。导入可在新课开始或某一教学阶段之前进行，通过导入将学生的注意力吸引到特定的教学任务之中，故又称定向导入。

课堂教学导入是教师谱写优美教学乐章的前奏，是师生感情共鸣的第一音符。导入技能是课堂教学艺术的重要组成部分，是教师学识、口才、智慧的综合体现。一段精妙的导入，能较快地激发学生探新觅胜的兴趣，迅速把学生带入教学情境中，并立即形成学生想学、爱学、急于学的气氛。

好的导入如同“桥梁”联系原有知识和新知识，把学生的思路引入探求新知识的轨道。恰如其分的导入，能将几十名学生的心凝聚在一起，由此引入新课。精心设计导入可以收到先声夺人的效果。具体而言，有以下作用和功能。

(一)激发学习兴趣，引起学习动机

学习动机是直接推动学生进行学习的内在动力，兴趣是学习动机中最现实、活跃的成分，是学生学习的感情载体，是知识的“生长点”。学生对学习感到有兴趣，就能全神贯注地积极思考。

教学伊始，教师用贴切而精练的语言，恰当而有效的行为，正确、巧妙地导入新课，可以激发学生强烈的求知欲望，引起他们浓厚的兴趣，激发学生热烈的情绪，使他们愉快而主动地进入学习状态，表现出高昂的探索精神。导入的手段还可以利用电教媒体的声、像及投影技术，演示放映或模拟物理过程，声形并茂，图像清晰，对学生的学习产生正向的心理物理刺激，有利于创设良好的学习氛围，充分激发和调动学生自主参与学习过程的积极性与主动性。

(二)引起对所学课题的关注，引导进入学习情境

导入通过提供必要的信息，给予适当的刺激，引起学生的注意，为学生进入新知识的学习做好心理准备，减少学生将新知识纳入认知结构的思维障碍。

注意是心灵的门户。教学起始，教师要给学生较强的、新颖的刺激，帮助学生收敛课前活动的各种思想，在大脑皮层和有关神经中枢形成对本课新内容的“兴奋中心”，把学生的注意力迅速集中并指向特定的教学任务和程序之中，为完成新的学习任务做好心理上的准备。

（三）设置问题情境，激活学生的思维

导入可以创设良好的学习氛围，设置教学问题情境，激活学生的思维，使学生对所要学习的内容保持高昂的学习情绪，为学习新概念、新原理做铺垫。

问题情境的创设要有真实性，情境应符合客观现实；要生活化，但又不能抛开教学目标；要引人入胜，但又要深化为学生的内在发展需要。如果情境创设不能让学生感到有趣、富有挑战性，不能激发他们强烈的求知欲，那么这种情境的创设就没有意义。将学科知识与生活、生产实际相联系，是创设良好问题情境的方法。例如，化学课中 pH 的教学，教师通过提问"你知道人身上流动的血液的 pH 吗？你胃液里有胃酸，它的 pH 是多少呢？"两个常识性的问题，立即引起学生好奇，心理上产生想要知道的愿望，在此基础上，学生也就兴趣盎然地进行探究。

（四）明确学习目标

有效的导入能把学生的注意力集中到学习对象上。教学成功的首要问题是激发学生的学习意向，教师通过导入告诉学生学习什么，怎么学，要达到何种程度，等等，使学生明确学习的目标，对新课题的学习有所准备，产生学习期待，从而增强学习的效果。

二、导入技能的设计

（一）导入技能的构成要素

1. 引起注意

化学导课技能中的引起注意，就是用有效的方式引起学生注意，将学生的注意力集中于课堂，专注于特定的问题情境。注意有有意注意和无意注意之分。有意注意就是预先有一定的目的，并需要有一定意志努力的注意，如记忆某物质的性质。无意注意就是没有预定的目的，不需要意志努力的注意，如新奇的教学媒体展示立即唤起学生的注意。在导课活动中，教师应创造条件，努力将学生的有意注意和无意注意集中于教学情境中。

生理心理学研究认为，通过一定的手段刺激大脑皮层，导致"觉醒"状态，是产生注意力集中和其他意识活动的基础，没有这种"觉醒"，任何感觉都不会产生。在导课阶段唤起学生"觉醒"，集中学生注意的主要因素是导课活动的新异性、情感性和学生的兴趣。凡能引起差异的刺激都能唤起人的注意。任何新奇的事物都能引起差异，极易成为人无意注意的对象，而刻板、单调、陈旧的事物就不易引起人们的注意。教师经常变换导课的方式，以新奇的实验、实物、故事等引导都能有效地集中学生的注意。

某些刺激能唤起人的情绪反应，影响注意。教师亲切的微笑、有吸引力的语言会从情感上感染学生，把注意力集中在教师身上；学生坐好后教师说"同学们，上新课之前我给大家讲一个有趣的故事……"或"请大家先看一个有趣的实验……"等，都能引起学生兴趣，集中注意力；教师既关心又严肃的指令性语言，如"请同学们注意""请大家回忆"等，都能从情绪上感染学生，将学生的注意力集中于学习情境之中。

兴趣是人们力求认识某种事物或爱好某种活动的倾向。因此，注意与兴趣密不可分。心理学研究表明，无意注意主要依赖于人的直接兴趣（由事物或活动本身引起），有意注意主要依赖于人的间接兴趣（由事物所导致的结果引起），故教师导课中新奇、引人入胜的事物都易成为无意注意的对象。有意注意的关键是培养学生的间接兴趣。导课中培养学生间接兴趣的有效方法就是让学生明确学习该内容的重要性。联系日常生产、生活、社会实际应用和日后的学习的导课，可使学生认识和体验到该学习内容的价值所在。

2. 激发动机

学习动机是推动学生进行学习的一种内部动力。它是在学习需要的基础上产生的。化学导课技能中的激发动机就是要激发学生学习知识、技能，阐明、解决学业问题的需要，推动学习活动的进行。这种指向学习任务的动机、求知欲望称为认知内驱力。心理学研究表明：认知内驱力既与学习的目的性有关，也与认知兴趣有关。因此，化学导课技能中的激发动机应主要从学习的目的性与认知兴趣着手。

学习的目的性可从教学目标的透明化和明确学习活动意义两个方面认识。因为当学生清晰地意识到自己的学习活动所要达到的目标与意义，并用它来推动自己的学习时，这种学习的目的就成为一种有力的动机。

激发认知兴趣的有效方法之一就是创设问题情境。教师在导课中依据导课目的和学生实际，提出与本课内容有关的问题，可引起学生的好奇与思考，激发学生的求知欲。导课阶段有效的问题情境，就是要在教材内容与学生的认知之间制造一种“不协调”，使学生处于心求通而不解、口欲言而不能的“愤”“悱”状态，急切地要去学习，这时就会激起浓厚的认知兴趣和强烈的学习欲望。认知兴趣也可通过教师导课活动本身的趣味性来激发。有趣的实验，新奇的教学媒体，丰富多样、生动活泼的教学方法都可以引起学生的直接兴趣，激发学生的求知欲。认识兴趣还可以通过让学生明确学习内容的重要性而激发。心理学研究表明：认识兴趣与学生的基础知识有关。只有那些学生想知道而又未知的东西才能激起学生的学习兴趣。因此，导课内容应贴近学生实际，在学生原有知识的基础上进行，立足于学生的“最近发展区”。

3. 建立联系

著名的美国教育心理学家奥苏贝尔指出：“影响学习的唯一重要因素，就是学习者已经知道的东西，要探明它，并据此进行教学。”化学导课技能中的建立联系，就是教师在导课活动中要采取一些有效的方式，促使学生在新旧知识间建立有效的联系，让新学知识在原有知识结构的基础上进行，使学习成为有意义的学习。古人云：“以其所知，喻其不知，使其知之”，也说明了新知识和旧知识联系的重要性。

建立联系的关键有两点：一是要明确新学知识的基础；二是要设计有效联系的桥梁。这就要求教师首先要钻研教材，明确重点、难点、知识的生长点及结构体系，这样才能有针对性地建立有效联系；其次就是采取有效的方法，自然而巧妙地使旧知识成为新知识的铺垫，使新知识的学习在导课活动的基础上展开。例如，“物质的量”的导课中可以这样建立联系：应首先抓住“物质的量”与“摩尔”这对重点与难点知识的生长点是“物理量”与其“单位”，因而导课要从“物理量”及“单位”这两个概念出发，通过引导学生回忆过去学过的常见物理量，如质量、长度等，以及它们的单位千克、米等开始。然后联系微观粒子，如分子、原子、离子、电子等，提出：用什么样的物理量来度量这些微观粒子数目呢？其单位又是什么呢？

上述新知识与旧知识的有效联系不仅使旧知识成为新知识的铺垫，而且激发了学生的求知欲望，使学生既轻松而又迫切地开展学习。有时化学导课技能中的建立联系主要是激发学生的求知欲望，让新学知识在有趣的导课活动中展开。例如，对“二氧化碳性质”的导课，我们可以通过讲述神秘峡谷中狗与人晕倒的故事，让学生产生悬念。在学生迫切想解开这个谜团的时候，联系本节内容指出：这个使狗和人晕倒的罪魁祸首就是本节要学习的内容——二氧化碳，从而点题。

4. 指引方向

指引方向就是指引学生明确该课的学习目的、任务与方法。明确目的是人们做好任何事情的首要任务，课堂教学也不例外。化学导课技能中的明确目的应包括明确学习内容、任务和要达到的目标要求。因为教学目标是预期的教学效果，具有指向、激励和标准的作用。具体而明确的教学目标，能够引导学生围绕该目标有效地展开学习活动，并能在教学过程中以此为标准检测学习的效果。指引方向往往是在激发学生求知欲的基础上，通过教师讲解，配以课题板书，以及不失时机地提出教学目标、指引学习方法来实现的。例如，“物质的量”导课中的指引方向，是在前述“建立联系”设问：“用什么样的物理量来度量微观粒子的数目？其单位又是什么？”的基础上而点题：“这就是今天我们要学习的又一新的物理量——物质的量及其单位——摩尔”，并板书课题。接着在学生产生强烈求知欲的时候提出本课时的教学目标和学习方法。这样，学生在明确学习内容的同时，带着明确的学习目标进入下一阶段新知识的学习。

上述化学导课技能的四项构成要素是互相联系、彼此依存的，它们以各自的功能共同作用于化学导课技能。建立联系、指引方向都是在激发动机的基础上进行的，而建立联系与指引方向往往又密不可分。后三项技能可作用于注意力的集中，建立联系、指引方向又能促使学习动机的激发。化学导课技能的高低有赖于上述四项构成要素，教师应从发挥每一构成要素的功能出发，寻求提高化学导课技能的途径与方法。

(二)导入的方式

(1)直接导入：这是常用的导入方法，一上课，教师直接说明本节课的教学任务，提出教学目的和要求，把学生的注意力和思维指向迅速集中并自然有效地导向教学内容。直接导入开门见山，点明课题，指出学习意义，起到提纲挈领、统摄全课的作用，使学生开宗明义，激发学习的积极性。直接导入要求教师语言简洁明快，条理性强，富有启发性和感染力。

(2)联系旧知识导入：联系旧知识导入通常是以复习、提问或做练习等教学活动开始，提供新知识与旧知识的联系，激发学生探求新知识的学习动机，引导学生进入新知识学习情境的导入方法。

如果教学内容中的新知识与学生认知结构中原有的旧知识具有实质性的联系，而且这种联系学生可以理解、易于把握，则可考虑用联系旧知识的方法导入。导入的关键是教师要依据知识内在的逻辑关系，发掘学生原有认知结构中新知识的“生长点”，从回忆、再现这样的旧知识入手，引导学生定向思维，适时地提出要学习的新课题，激发学生探求新知识的欲望，自然地进入新知识的学习。这样的导入，不仅有利于进入新课题的学习，而且便于将新知识归纳到学生原有认知结构中，实现知识的迁移，降低学习新知识的难度。因此，联系旧知识导入是一类经常采用的、有效的导入方法。

(3)实验导入：学生学习开始的心理活动特征是好奇，要求解惑的心情急迫，在学习某些章节的开始，教师可以演示富有启发性、趣味性的实验，使学生在感官上接受大量色、态、声、光、电等方面的刺激，同时提出若干思考题。通过实验巧布疑阵，设置悬念。一上课便给学生较强的、较新颖的刺激，能帮助学生收敛课前的各种其他思维活动，把注意力迅速集中到学习情境中。演示实验再加上极强的“煽动性”语言，是化学课特有的引言。

(4)故事引入：故事导入就是教师讲述一段与所授新课有密切关系的故事，或介绍化学学科领域中与所授内容有关的科学成就，或展望化学知识的发展，或介绍知识在实际中的应用来导入新课，可避免平铺直叙之弊端，收寓教于趣之功效。

(5)悬念导入：在化学教学中，有相当一部分内容缺乏趣味性，学起来枯燥，教起来干瘪。对这些内容就要求教师有意识地创设悬念，使学生产生一种探求问题奥妙所在的神秘感，从而激发学生的学习兴趣。新课开始，教师要有创意性地编拟符合学生认知水平、富有启发性的问题，通过设疑留下悬念，吸引学生的注意力，激起学生解惑、探究的欲望。古人云：“学起于思，思源于疑。”疑是学习的起点，有疑才有问、有思、有究、有得。

悬念导入中的问题既可针对新知识中出乎人们预料的迷惑点设置，也可针对与新知识紧密联系的人们熟悉的事物发问。设计的问题要富于挑战性和启发性，符合学生的认知水平，提出的问题或故意设置的障碍应在学生原有认知的基础上，语言要求生动、简明、富于感情。

(6)问题导入：实践证明，疑问、矛盾、问题是思维的“启发剂”，它能使学生求知欲由潜伏状态转入活跃状态，有力地调动学生思维的积极性和主动性，是开启学生思维的钥匙。有经验的教师都很注意设疑导课的启发思维功能，精心设置疑问，以鼓起学生思维的风帆。

(7)联系实际导入：联系实际导入是以学生已有的经验或从教师提供的结合实际的实例为出发点，通过生动、富有感染力的讲解、谈话和提问等教学活动，引起学生回忆、联想，激发学生学习新知识的兴趣与求知欲，自然地进入新课题学习的导入方法。如果教学内容中的新知识与学生认知结构中实质性的联系，表现为与学生日常生活中或教师提供的具体事例中形成的表象和观念的联系，而且这种联系学生乐于关注、可以理解、易于把握，则可考虑用联系实际的方法导入。联系实际包括联系生活实际、生产实际、科研实际、史实和新闻等。现代科学、技术与社会存在千丝万缕的联系，学生通过课内外众多的信息来源，不断积累多方面的知识和经验，对认识实际中的问题存在比较广泛的兴趣，在教学中运用联系实际导入新课，存在客观的需要和现实的可能性。因此，联系实际导入是化学教学中常用的、重要的导入类型之一。

(8)史料导课：在新课导语中对学生渗透化学史教育，尤其是介绍我国古代的化学成就，宣传我国化学工作者的杰出贡献等，能提高学生的民族自豪感和自信心，激发学生的爱国热情和学习化学知识的积极性。以学生已有的生活经验、已知的素材为出发点，教师通过生动而有感染力的讲解、谈话或提问，以引起联想，自然地导入新课。

(9)对比导课：有些化学概念，表面看起来很相近，但实际上是有区别的，有的学生易将它们混淆。在教学过程中，教师利用对比等方法将事物之间或事物内部的矛盾揭示出来，创设问题情景，使学生认知产生矛盾，不仅能诱发学生积极思考，促使学生主动活泼地学习，而且便于学生把新旧概念区分开，在解决问题的过程中培养学生的各种能力。

(10)谜语导课：实践证明，通过引入形象、逼真、富有趣味的谜语进行新课导入，丰富了教学内容，对促进学生尽快进入新课学习情境、活跃课堂气氛和促进化学知识的教学是大有裨益的。

(三)导入技能的设计要点

1. 要有明确的目的性和针对性

具有针对性的导课才能满足学生的听课需要。导课应当针对的教学实际表现在两方面：其一是指要针对教学内容而设计，使其建立在充分考虑了与所授教材内容的有机内在联系的基础上，而不能游离于教学内容之外，使其成为课堂教学的赘疣。其二是指要针对学生的年龄特点、心理状态、知识能力基础、兴趣爱好的差异程度。如果课堂教学导课时，教师的态度、语言和蔼可亲，所讲内容是学生喜闻乐见的日常事理，学生听起来一定能如入胜地而流连忘返。可见，要针对教材内容和学生实际，采用适当的导入方法。要有助于学生初步明确将学什么、怎么学、为什么要学。具有针对性的导课才能满足学生的听课需要，实现课堂教学的教育性。

2. 要有关联性和简明性

导语设计如同桥梁，联系着旧课和新课，如同序幕，预示着后面的高潮和结局。所以，导课的语言贵在方法之妙，而不在数量之多，否则就是喧宾夺主，画蛇添足。导入的内容要与新课重点紧密相关，能揭示新旧知识相联系的结点。教师开讲时复习的旧知识、提出的问题、设置的悬念、演示的实验、引用的化学史事、讲述的生活事例等，必须与新课的内容密切相关，要让已有的知识成为新知识的基础和前提，使新知识成为旧知识合乎逻辑的发展，也就是说课堂导入所用的材料必须能合理地过渡到教学内容上来。

作为课堂教学前奏曲的课堂导入虽然是教学过程的一个重要环节，但不是中心环节，它只为中心环节做铺垫。课堂导入的时间不宜过长，教师引入新课时应言简意赅，一般用3～5分钟迅速缩短学生与教师之间的距离及学生与教材之间的距离，将学生的注意力集中到课程内容上来，完成向新课教学的过渡。如果导入时间过长就会使导入显得冗长，从而影响本节课的进程。

3. 要有直观性和启发性

苏霍姆林斯基说：“如果教师不想办法使学生产生情绪高昂和智力振奋的内心状态，就急于传授知识,那么这种知识只能使人产生冷漠的态度,而使不动感情的脑力劳动带来疲劳。”因为积极的思维活动是课堂教学成功的关键，所以教师在上课伊始就尽量以生动、具体的事例或实验为基础，引入新知识、新观念。善于激疑启思，通过巧妙地设置问题、情景、悬念，激发学生矛盾、困惑、好奇、思考的心理，运用启发性教学激发学生的思维活动，从而巧妙地架起通向新课学习的桥梁。

启发性的导课设计应注意给学生留下适当的想象余地，让学生能由此想到彼、由因想到果、由表想到里、由个别想到一般，收到启发思维的教学效果。

4. 要有趣味性和艺术性

戏曲人人会唱，各有巧妙不同。导课要有一定的艺术魅力，即能引人注目，颇有风趣，造成悬念，引人入胜。这个魅力很大程度上依赖于教师生动的语言和炽热的感情。苏霍姆林斯基认为，“教学的起点，首先在于激发学生学习的兴趣和愿望。”我国古代教育家孔子也曾说过：“知之者不如好之者，好之者不如乐之者。”从心理学角度讲，兴趣是认识事物过程中产生的良好情绪。这种心理会促使学习者积极寻求认识和了解事物的途径和方法，并表现出一种强烈的责任感和旺盛的探究精神。可见，如果课堂导入充满趣味性，学生便会把学习看作是一种精神享受，因而能更加自觉积极地学习。因此，课堂导入应针对学生的年龄特征、兴趣倾向、知识结构，选取新颖的材料，精心设计有趣的开场白，以引起他们对新知识的注意，产生渴望、追求的心理状态，激发学生的认知兴趣和积极情感，启发和引导学生思维，让学生用最短的时间进入课堂教学的最佳状态。但不能一味追求趣味性而忽视思想性，甚至把课堂导入庸俗化。

三、导入技能的应用

(一)运用导入技能的基本要求

(1)要精练，力求做到概括性。尽管导课非常重要，但它只是引导语，并非授课的主要内容，因此要切中要点，语言要精练概括，不能烦琐冗长。复习上节课内容拖占时间过长，联系实际随意发挥、没完没了的做法，都是不可取的。

(2)设疑布障，体现导课的启发性。不管是设疑布障还是设置情境，导课的设计都要有针对性、启发性、可接受性，要根据教学目的，围绕教学重点、难点设疑。设置悬念应恰到好处，不可过分渲染，不可离题太远，一定要把握好“悬”的度。不“悬”会使学生一眼看穿，则无“念”可思；太“悬”会使学生无从下手，也就无“趣”可激。只有“悬”中寓实，才能使学生开动脑筋，反复琢磨、思考，兴趣盎然地探索未知的世界。

(3)讲求准确，体现导课的严密性。设计导课不能模棱两可、含糊其辞，导课从语言到形式都应力求做到恰当、准确，无论是设疑引证还是说明比喻，都力求明确，不使学生产生误解。

(4)讲究巧妙，增加教学的趣味性。赞科夫认为，“不管你花费多少力气给学生解释掌握知识的意义，如果教学工作安排得不能激起学生对知识的渴求，那么这些解释仍然落空。”一般来说，导课所用的材料与教材的类比点越少、越精，便越能留下疑窦，越能吸引人。因为心理学研究表明，令学生耳目一新的“新异刺激”可以有效地强化学生的感知态度，吸引学生的注意指向。

导课在内容上要求精练概括，但它不妨碍形式的多样性，即使是几句话的导课，教师都可以从形式的变化中寻找巧妙有趣的办法。例如，设置悬念，增加一个小实验，讲述日常小知识、化学典故等，都可引起学生的学习兴趣，从而唤起学生的求知欲。这里所说的“巧”应体现在导课形式的恰当、内容的恰到好处上，而不是为巧而巧，故弄玄虚，否则会冲淡课堂气氛，影响教学效果，弄巧成拙。

一堂好的化学课，能给学生以美的熏陶，是艺术的展现、情感的交流，而好的导语是美妙音乐的前奏，是艺术创造的原动力，是情感交流的纽带，所以化学教师千万不能忽视这小小的导课的设计。“导”无定法，切忌生搬硬套，对不同的教材和不同的教学内容要有不同的导入方法。从系统论的观点看，教学过程的结构也是一个系统，导入—呈现—理解—巩固—结尾是一个整体，缺一不可。如果只重视课堂导入，而轻视其他环节，再精彩的课堂导入也不能取得预想的教学效果，不能达到课堂教学目标。

(二)导入技能训练评价表

导入技能训练评价表见表 6-7。

表 6-7　导入技能训练评价表

评价项目	评价等级			权重
	好	中	差	
1. 导入方法与新知识联系紧密，目标明确				0.25
2. 导入时能自然进入新课题，衔接恰当				0.15
3. 选用的内容和方法得当，能激发学生的兴趣和求知欲				0.15
4. 面向全体学生，能集中学生注意力，启发学生积极思考，将学生引入学习情景				0.20
5. 感情充沛、表情丰富、语言清晰				0.10
6. 时间把握紧凑、得当				0.15

导入技能训练教案案例

	课题：纤维素硝酸酯的导入		训练技能：导入技能	
教学目标	(1)学生通过实验和思考问题产生对纤维素硝酸酯的学习兴趣，自然地进入新课题的学习 (2)学生通过观察能够较准确地掌握实验现象并加以叙述			
时间分配	教师教学行为 (讲授、提问等)	体现教学技能要素	学生学习行为 (预想的回答等)	教学媒体
1min	【引言】上节课我们学习了纤维素的知识。纤维素由碳、氢、氧三种元素组成。这团棉花的主要成分是纤维素。 【演示】点燃棉花。	引起注意	回忆纤维素知识 集中精神观察	
1min	【提问】哪位同学来叙述观察到的现象？(并指定一人回答) 【介绍】这是用浓硝酸、浓硫酸的混合酸处理、洗净干燥过的棉花。这种处理后的棉花俗称火棉。	引起注意 建立联系	回答：棉花缓慢燃烧，燃烧后留有灰烬 认真观察	棉花、镊子、酒精灯、火柴、表面皿
1min	【演示】点燃火棉。 【提问】哪位同学来叙述观察到的现象？(并指定一人回答) 【讲述】这支试管里装有一小块火棉，管口放了一个纸团。将此试管固定在铁架台上。若加热试管，估计会产生什么现象？	激发动机	回答：火棉迅速燃烧，燃烧后没有灰烬 积极思考可能产生的现象 认真观察，热烈议论	火棉、镊子、酒精灯、火柴、表面皿
1min	【演示】加热试管。 【提问】哪位同学叙述一下这个实验的现象？(指定一人回答，提醒学生注意细微现象)	激发动机	回答：火棉迅速燃成一个火球；“啪”的一声响；小纸团蹦出；试管内留有红棕色气体 积极思考、试图回答	

续表

时间分配	教师教学行为 (讲授、提问等)	体现教学技能要素	学生学习行为 (预想的回答等)	教学媒体
1min	【设问】小纸团蹦出很远，这说明了什么？ 【讲解】这说明火棉燃烧产生大量气体，这些气体短时间聚集在管内产生推动力，把试管口的小纸团蹦出。	激发动机	思考、判断	
1min	【提问】试管中留有的气体呈红棕色，这说明产生的气体中可能是哪种物质？ 【讲解】二氧化氮和溴蒸气都是红棕色气体。根据火棉的来源可以排除 Br_2，该红棕色气体是 NO_2。	激发动机	回答：红棕色气体可能是 NO_2 思考 回答：还含有氮元素	
1min	【提问】火棉这种用浓硝酸、浓硫酸混合酸处理过的棉花在组成上除碳、氢、氧外，还含有什么元素？ 【设问】火棉具有怎样的结构特点，属于哪类有机物，有哪些性质和用途呢？这些就是这节课要学习的纤维素硝酸酯的知识。	激发动机 建立联系 组织引导 进入课题	兴趣浓厚、急切得到答案 记笔记，进入新课学习	火棉、试管、铁架台、酒精灯、火柴、纸团、白色衬屏

阅读链接

中学化学课的导入语设计

导入语是指教师在课堂教学开始时讲述的与教学内容有关的、能激起学生学习兴趣的一席话。精彩的导入语能吸引学生的注意力，激发学生的学习兴趣，明确学习的目的和要求，为新课的展开营造气氛、创设情境，为整个课堂教学的顺利展开奠定良好的基础。

一、设疑悬念式

设疑悬念式导入语是用教师不立即给出答案的设问构成的导入语。如果教师要引发学生思维，而且是向更深更远的方向引发，则开讲时最好使用设疑悬念式导入语。因为“学起于思，思源于疑”，疑才多思，多思才能调动学生的积极性和创造力。设疑悬念式导入语能激励学生的探索精神，促使学生探幽取胜，主动探索。

例如，在讲“奇妙的二氧化碳”一节时，导入语：这节化学课，我要邀请同学们跟我一起追踪一桩迷案。(投影展示)在意大利那不勒斯有个奇怪而美丽的山洞，猎人牵着狗进入洞中，狗神秘死亡而人却安然无恙。当地居民就称之为“屠狗洞”，迷信的人甚至说洞中有“屠狗妖”。同学们，你相信有妖怪吗？为了揭开“屠狗洞”的秘密，一位名叫波尔曼的科学家牵着狗，举着火把进到山洞里。发现洞内潮湿，洞顶垂下形态各异的钟乳石，地上冒出石笋，景观奇幻美丽(投影图片)。

继续讲述：渐渐地，火把的光线暗了，忽然狗莫名倒地。波尔曼见到这一切，恍然大悟，抱起狗，奔出洞外，欢呼着：我知道谁是屠狗妖了……同学们，根据波尔曼看到的一切，你能猜出这个所谓的屠狗妖是谁了吗？现在让咱们一起揭开它神秘的面纱，看看它的真面目。

二、渲染情景式

渲染情景式导入语是用描写性的语言构成的导入语。它一般在吸引学生注意力的同时，又给学生以或优美、或壮美、或悲剧美、或情感美、或意境美的陶冶，还可以给学生以身临其境的审美享受。

渲染情景式导入语的对象可以是与教材内容有关的事物，也可以是教材内容的某部分；语言要生动形象，或使用丰富的口语修辞，创设引人联想的情境，使学生在愉悦的审美感受中快乐地步入教学内容。在使用渲染情景式导入语时，教师一定要避免矫揉造作、故作姿态，一定要从真情实感出发，若能做到语情兼美，那么学生的学习情感就能得到最大程度的调动。

例如，在讲“人类需要洁净的空气”一节时，引入语：置身于绿草如茵、鲜花遍地的郊外，空气清新，景色宜人，真是叫人心旷神怡。人在大自然中如此惬意，而在城市中却感觉郁闷、压抑，大自然与城市生活有什么区别？清新空气。引出课题“人类需要洁净的空气”。

三、幽默风趣式

幽默风趣式导入语是用诙谐、风趣、幽默的语言构成的导入语。使用这种导入语既能活跃课堂气氛，又能迅速抓住学生的心，吸引学生学习新内容，并能在趣味中引导学生抓住学习重点，真正做到寓教于乐。

教师在设计导入语时，可用学生感兴趣的人或事来设计，也可用歇后语、对联来设计，还可用小笑话、小幽默来设计，等等。所设计的导入语内容应与新内容有联系，包含新内容的重点或难点，不能喧宾夺主。幽默风趣导入语的设计和运用还要求教师必须具有幽默感。教师只有以诙谐、有趣、生动的语言来讲述，并配以适当的表情，才能真正吸引学生的注意力，发挥幽默风趣式导入语的作用。例如，在讲“燃烧与灭火”一节时，引入语：同学们还记得春节联欢晚会中刘谦的魔术吗？喜欢魔术表演吗？(大家齐声说“喜欢”)接下来，老师我也要把不可能变成可能，现在就是见证奇迹的时刻。(生笑)实验：把棉手帕放入乙醇与水的溶液里浸透，然后轻挤，用两个镊子夹住手帕两角，在酒精灯上点燃，火焰很大，等火焰减小时迅速摇动手帕，使火焰熄灭，而手帕依旧完好如初。(生奇)要了解这个问题，我们来学习今天的课题“燃烧与灭火”。

四、激发情感式

激发情感式导入语是教师以充满激情和感情色彩并与课题的思想情感相一致的语言构成的导入语。它能够起到触动学生的理智和心灵、调动学生的情感的作用。

激发情感式导入语要求讲课者“把自己体验过的感情传达给别人，为这些感情所感染，也体验到这些感情”。设计关键在于教师应根据不同的教学内容，用不同的情境激发学生的情感，这也是提高学生学习质量的有效手段。为此，教师首先要钻研教材，把握蕴含在其中的情感脉搏，还需注意自己的语速、语调及面部表情等感染因素，要把课题中的感情充分展现出来，这样才能切切实实地打开学生的心门。

中学化学课导入语的类型还有很多，如旁征博引式导入语、联系实际式导入语等，在此不再赘议。课堂的导入语设计贵在创新，重在实效，它既是一种教育机智的运用，也是教师教学能力的综合体现。教师应不断地对新课的导入语进行深入探讨，大胆尝试，以促进学生学习和发展。

第八节　强化技能

一、什么是强化技能

强化技能是指教师在教学过程中，运用语言或标志的提示、动作或活动方式的变换等，引起学生的注意，激发其学习动机，促使学生积极参与学习活动，使其获得准确的信息，形成正确的技能的一类教学行为方式。强化技能可以突出重点，促进和增强学生的课堂反应，激发积极的学习行为，帮助学生提高学习效果。

强化技能是对一类教学行为的概括。这类教学行为方式的特点是：教师对学生的行为做出积极的反应，会加深学生对知识的认识和理解，增强学生重复这种行为的可能性，促进学生思维发展。因此，强化技能是教师在课堂教学中的一种重要教学技能。

(一)强化技能可以引起学生的注意，提高学生注意的持续性

教师对认真听讲的学生进行表扬或对进步的学生运用鼓励等强化方式，不仅可以促使学生本人的注意力集中到学习活动中，还可以督促更多学生投入其中，形成积极活跃的课堂气氛。

(二)强化技能可以帮助学生加深理解，增强记忆效果

运用强化技能，可以增强学生对教材中有关事物的本质和规律的认识，利用已有的知识认识新事物，或把某个具体的知识纳入已有的概念体系，从而达到理性上的掌握。

在教学过程中，通过强化技能的应用，还可以促进学生积极参与教学活动，活跃教师与学生的双向交流。强化技能的应用可以激起学生的求知欲望，把学生带入教师设计的各个教学环节，与教师积极互动，使其对重点知识和重要内容的理解和记忆更加清楚深刻。

(三)强化技能可以形成和改善学生的正确行为，使学生的努力在心理上得到适当的满足

在教学活动中，教师对学生的学习行为进行及时的强化，会使学生因自己的努力得到教师的认可而感到满足和振奋，从而巩固自己的正确行为。

可见，强化技能是唤起学生学习热情和学习自觉性，并不断改善学习方法、培养良好学习习惯、提高教学质量的一种重要的教学活动方式。课堂教学是动态系统，强化技能很好地体现了教师的主导作用，教师熟练掌握强化技能对提高教学质量至关重要。

除此之外，中小学生正处于行为和心理发展的上升阶段，此阶段的学生容易出现注意力分散、注意力保持的时间短、兴趣不够稳定、行为控制能力差、思维方式以形象思维为主、情感波动强烈等情况。针对学生的这些问题适时适度地运用强化技能，对于改变不良行为、塑造良好习惯的作用会更大。因此，强化技能对于教育的意义不仅在于教学过程本身，而且对学生的全面发展也有重要意义。

二、强化技能的设计

(一)强化技能的构成要素

1. 提供机会

教师运用强化技能是为了使教学材料的刺激与希望的学生反应之间建立稳固联系。因此，在课堂教学中，教师要向学生传递清晰的信息，给学生表现自己、做出反应的机会。这样，教师才能看到学生的反应，并对其正确的因素给予强化。

在化学教学中，可以采用提问，让学生做习题、做实验，对其他同学的反应做出评价等方式给学生提供机会。在给予学生机会的同时，还要给学生一定的思考时间，询问学生想说什么、想做什么，使其把自己的意图表达清楚。

2. 做出判断

当学生做出反应时，教师应准确判断学生的反应是不是要求表现。要善于抓住学生反应中的每一个闪光点(有价值的因素)，以调动不同水平学生的学习积极性。当对学生的反应一时不能做出准确的判断时，不做武断的结论。

3. 表明态度

教师在对学生的反应做出判断后，要表明自己的态度，对学生的正确反应进行强化。教师的态度应当明确，要使学生知道肯定的是他的哪些行为。教师在进行强化时，要面向全体学生。

（二）强化技能的类型

强化技能的方式很多。教师在教学中运用激励赞扬的语言、期望称赞的目光、赞美的手势、会心的微笑，以及利用面部表情、体态和活动方式，为学生创设学习的最佳环境，增强情感的感染力，强化学生的学习情绪。强化技能主要有语言强化、活动强化、标志强化等类型。

1. 语言强化

语言强化是教师用语言评论的方式，如表扬、鼓励、批评，对学生的反应或行为做出判断和表明态度，或引导学生相互鼓励来强化学习效果的行为。语言强化一般有三种形式：口头语言强化、书面语言强化和体态语言强化。

(1) 口头语言强化。口头语言强化是教师对学生在课堂上的反应和表现以口头语言的形式做出针对性的确认——表扬或批评，以达到强化的目的。批评是指教师对学生的学习行为或结果进行否定性评价。批评不可滥用，但必要的批评、切实的指正也是教育不可缺少的手段。

(2) 书面语言强化。书面语言强化是教师通过在学生的作业或试卷上所写的批语，对学生的学习行为产生强化作用的一种方式。

(3) 体态语言强化。体态语言强化是指教师运用非语言因素的身体动作、表情和姿势，对学生在课堂上的表现表示教师的态度和情感。一个教师的教学魅力，往往通过他的体态语言可以和学生进行非常默契的信息交流。一个会意的微笑，一种审视的目光，都可以把教师的情感正确地传给课堂里的每一个学生。常用的体态语言有手势、目视、点头或摇头、接触、沉默等。在对学生进行语言强化时，应该坚持以表扬为主的原则。例如，当学生进行实验时，教师在一旁注视他的操作，学生抬头后，用赞许的目光、微笑、点头给予肯定。

2. 活动强化

学习是一种艰苦的脑力劳动，硬逼着学生去做，会使他们感到枯燥、厌烦，把学习看成一种苦涩的事情。如果把学生的学习本身作为强化因子，即把容易引起学生兴趣的活动放在难度较大的学习活动之后，做到先张后弛，就可以强化难度较大的学习。在教学中，学生经过一段紧张的思维活动之后，初步形成了有关理论的概念，教师就可以提出一些生动有趣的问题，让学生通过解决这些问题来深化、巩固学习，这是对所学理论的强化。还可以在经过一段紧张的学习之后，设计一些学生感兴趣的活动，让他们自我参与，相互影响，起到促进学生学习的强化作用。教师可安排一些特殊的个别活动，对在教学活动中有贡献的学生进行奖励或激励。例如，让他向全班阐述自己的见解，或对其他学生的发言发表意见，或让他把自己的解答写在黑板上；分派一些“代替”教师的任务，如进行演示实验等；布置新的、高一级的学习任务。

3. 标志强化

标志强化是教师用一些醒目的符号、色彩的对比等强化教学活动。例如，学生在黑板上演算、书写后，教师用彩色粉笔在黑板上打钩，或者写上评语；在讲解重点、关键的地方加彩色圆点、彩色曲线等进行板书，以引起学生的注意；在演示实验中，在观察的重点处加标志、加说明等，强化实验的目的。

(三)强化技能的设计要点

1. 刺激学生做出反应

消极被动的接受型学习很难持久，难以得到令人满意的教学效果。在课堂上，若教师长时间进行讲解，除了个别学习意志坚强的学生之外，大多数学生都会进入一种疲劳麻木的状态，对教师的讲解视而不见，听而不闻。因此，教师在教学过程中，要灵活地运用强化技能，不断地刺激学生做出反应，使学生大脑始终处于一种活跃的接受状态。反应是接受的前提和条件，只有使学生反应，才能达到接受知识的目的。

2. 多采用积极强化的方法

从心理学的角度来说，学生普遍愿意听到教师的表扬和奖励，而对批评和惩罚则有一种本能的畏惧和抵触。因此，教师在运用强化技能时，一定要多用积极强化，少用和慎用消极强化。

3. 注意培养学生的强化意识

在教学过程中，学生在做出教师所期望的反应时，教师要及时适当地强化这种反应，这样才有可能产生较明显的效果，并在以后类似的教学情境中得以重复。这样，学生在教师的强化过程中，才会做出许多教师所期望的反应，达到预期的教学效果。

4. 要努力做到恰当、准确

运用强化技能时要恰到好处，如果使用不恰当，反而分散学生的注意力。例如，当对某学生进行惩罚性强化时，批评应个别化并要恰当，如果该学生因学习基础差而回答错误时，采取全班批评，反而起到消极强化的效果。又如，对低年级学生，在学生回答问题后，可用全班鼓掌进行表扬强化效果很好，但若对高年级学生运用这种方法，作答的学生就会感到难堪，适得其反。所以，运用强化技能时必须要做到恰当准确，并且形式多样化。

采用动作强化时，过分频繁的走动和接触学生也会分散学生的注意力，或引起反感；采用标志强化时，使用的颜色标记过多，五颜六色，弄得眼花缭乱，没有突出重点，也就达不到强化的目的。

5. 情感要真诚

教学过程中，教师要热情、诚恳，这样才能使得对学生情感的信息传递产生积极有效的影响。即便是批评惩罚性强化，以等待、期望的深深情感才能感动学生，起到强化的作用。生硬的、不恰当的表扬、接近学生、接触学生，不仅无作用，有时甚至带来不良的后果。

三、强化技能的应用

(一)运用强化技能的基本要求

1. 目的明确，有的放矢

在运用强化技能时，应根据教学目标，有目的、有选择地对学生的反应进行强化。只有教学目标明确，教师才能充分发挥其主导作用。根据条件反射说的“塑造”理论，教师在运用强化技能时不仅要做到教学目标明确，而且要使教学目标具体化(包括知识和方法，智力和能力，重点和难点以及思想品德等方面的内容)。要进行教学目标的有效强化，就必须明确应该强化什么，从哪些方面进行强化，运用哪些强化技能。在课堂教学中，教师不必对学生所有的正确反应都给予强化，而应当对与达到教学目标有密切关系的正确反应予以强化。这样才能达到调动学生学习的积极性、控制和调解学生学习的最佳状态的目的。

2. 态度真诚，争取支持

强化是为了塑造学生良好的行为，而一个人要改变自身已形成的各种行为习惯，常常会伴随不愉快的情绪体验。所以，教师在运用强化技能塑造学生行为时，首先态度要真诚。教师客观、真诚的态度能使学生受到鼓励，乐于接受教师的建议，产生愉快的情绪体验，从而顺利地形成正确的行为。其次，教师要做到实事求是、准确合理、恰如其分。不恰当的强化，如过分夸大学生反应的正确程度，教师的语言、表情过分戏剧化等，将会使学生感到别扭，甚至被学生认为是虚假的而适得其反。再次，强化要融入师爱。一旦学生感受到这份情感，就会努力奋进，塑造自己良好的行为。最后，强化要让学生体验到成功的乐趣，体验到学习的愉快，从而增强信心，产生强大的精神力量，推动其不断进步。

3. 把握时机，适时运用

在课堂教学中，若教师长时间地进行讲解，除了个别学习意志坚强的学生外，大多数学生都会进入一种疲劳麻木的状态，因而对教师的讲解视而不见、听而不闻。因此，教师在教学过程中应把握好强化的时机，灵活地运用强化技能，不断地刺激学生做出反应，使学生大脑始终处于一种活跃的接受状态，提高强化的有效性，达到使学生接受知识的目的。

4. 表扬为主，减少惩罚

操作性条件反射的“消退”原则告诉我们，正强化和负强化并不对立，也就是说正强化增强行为，但惩罚并不一定削弱行为。当某种行为导致奖励的结果，那么这种行为今后重复的可能性将会增强。因此，为了改变学生，使他们能从事某种行为，那么当他们做某件事时，就应该给予奖励；当希望学生不要做某件事时，他们就不再做这件事，也应该给予奖励。学生的成绩不仅可以用分数奖励，也可以用口头表扬、公开承认(把好的作业张贴出来作为大家学习的榜样)、象征奖励(五星、笑脸、小红旗)、额外的特权或活动选择、物质奖励(点心、奖状)等。这样，被强化的行为就会重复发生，没有得到强化的行为就会逐渐消失。

5. 灵活多样，恰当可靠

强化实际上是刺激某种需求，然后通过满足这一需求使强化对象产生更强烈的需求的一种手段。教师在强化时要注意应用的灵活性，对不同班级、不同年龄的学生不能千篇一律，在有目的的同时采用多样强化。因此，教师应研究学生，了解他们的心理需求，以便进行适合于学生心理特征的强化。同时应该看到，每一个学生的心理特征都具有某种个人色彩，同一个学生在不同的时期心理状态也不相同。例如，对年龄较大的学生，不宜采用打断课堂教学、表扬个别学生来进行强化，而在教学将要结束，教师在教室走动时进行个别表扬，效果更好。对年龄较大的学生可多采用语言强化和标志强化，而对年龄较小的学生可采用动作强化和接近、接触强化。因此，教师在给予强化时不能用单一的、简单的方法对待，只有做到因人、因事，恰当、可靠，才能达到强化技能的目的，使强化更具有针对性，否则强化不但无作用，还会带来不良的后果。

6. 及时反馈，增进效果

在学习和练习活动中，将学习和练习的结果信息返回提供给学习者，称为反馈。通过反馈可以让学生看到自己的缺点和错误，激起上进心，及时改正。因此，反馈可以为强化提供活动的依据，改进学习状况和提高学习效率，反馈与强化贯穿于整个学习过程。教师要让学生知道自己对学习材料的处理情况，而这种处理情况是对学生学习行为的反馈信息。这种反馈信息的获得有三种形式：①由活动方式本身给予的；②由学习者自己检查时发现自己的错误；③由指导者提供的，指导者通过当面指正或批改作业的形式，使学习者了解到自己哪些地方答错了。

信息的反馈是教学的一种重要因素，可产生反馈的强化作用。当学生了解自己的错误观点之后，就会主动找出差距，调整后续的学习行为。

(二)运用强化技能注意的问题

1. 缺乏变化

有些教师为了强化某一项教学内容，只是一味地简单重复，而没有进行必要的设计和处理，其结果往往是事与愿违，学生从强化走向抵制，或者干脆一开始学生的思维就进入抵制状态。即使这种简单重复取得了一定的学习效果，这种效果也是暂时的、不稳定的，而且对今后的学习强化缺少强有力的促进作用。

2. 混淆负强化和惩罚

在一些关于强化技能的表述中，负强化和惩罚往往被混为一谈。正强化和负强化是斯金纳按强化刺激性质的不同，对强化进行的分类。正强化是指呈现对有机体有益的刺激以增加符合要求的反应概率的过程，负强化则是指消除伤害性或讨厌的刺激从而增加反应出现的概率的过程。由此可见，“惩罚是一种和强化根本不同的过程……当刺激是为了加强反应时，那就是强化；当刺激的出现或收回在于企图减弱某一反应时，那就是惩罚”。强化(包括负强化)是增加反应发生的概率，而惩罚则是抑制反应发生的概率。

提出强化概念的心理学家斯金纳反对用惩罚的手段来监督学生。他认为，惩罚有时在改变行为方面是一种有效的方法，但不是一种理想的方法。虽说惩罚会导致反应的减少，但它只是间接地起作用，只是抑制而不是消除这种不良行为。与此同时，惩罚可能会引起负效应，如攻击性行为等。一系列的实验结果也表明：惩罚并不能持久地减少反应的倾向。通过奖赏，行为可能被铭记；但相反，不能说通过惩罚，行为能够被根绝。从长远的观点看，惩罚对被惩罚者和惩罚的执行者都很不利。

如果不加区分地把惩罚与负强化等同起来，把惩罚认为是强化的一种类型，那么教学中惩罚手段的运用将会在合理的招牌下不可避免地变得频繁。从另一个角度说，在教学实际中长期存在的中小学教师经常使用惩罚手段的现象也许可能与教师在理论上没有将负强化与惩罚二者分清有关。区分负强化与惩罚两个不同的概念，对教师运用强化技能有着重要的指导作用。一是能从主观上意识到惩罚的负效应，从而在教学中减少对惩罚手段的使用；二是即使必要时使用了惩罚手段，也能通过负强化使消极因素转化为积极因素。例如，学生因犯错误而受到处分，当他在行为上有一定改观时，便撤销其处分，以强化他的积极行为。

3. 没有把握适“度”

有些人把教学强化简单地理解为一味地对学生进行表扬和奖励，认为对学生夸得多、奖得多，就是强化运用得好。表扬和奖励具有推动学习的作用是可以肯定的，但任何事物都有个适“度”的问题，强化如果用得过分或过多，则可能失去效力，那些表面化的夸奖可能会产生副作用。心理学的研究表明，年幼的儿童乐于接受表面的奖励；而稍年长的学生对于教师的表扬，已能理解到是否故意和符合实际情况。缺乏真诚、表面化的奖励可能会被年长的学生认为是对他们的讥笑和讽刺而产生消极的后果。因此，有效的强化应当考虑以下条件：①使学生对奖励或表扬有正确的态度；②奖励或表扬必须客观、公正和及时；③注意学生心理发展水平和个性心理特点。

例如，对学龄初期的学生，教师的奖励起的强化作用更大；对学龄中晚期的学生，通过集体舆论进行表扬或批评，强化的效果更好；对自信心差的学生应给予更多鼓励与表扬；而对过于自信的学生，则应更多地提出要求；等等。

4. 强化走向两个极端

在教学中，如果不总体设计或不善于进行总体设计，可能会使教学强化走向两个极端。一种情况是强化的泛化。教学过程中不分难易、不分主次，眉毛胡子一把抓，从头至尾的平推式的教学，缺少教学的针对性，面面俱到，蜻蜓点水。这种专靠扯着嗓子喊来强化所谓重点的教学，往往不能把诸多的教学内容合理地组织起来，杂乱无章，缺乏条理，看不出教学的头绪，找不到教学的主线，学生感到枯燥无味，不愿意接受，头脑中没有留下深刻的印象，结果是什么也没有得到强化。另一种情况是为了强化而强化。在教学过程中没有对教学对象进行合理的强化，试图使一节课总处在强化状态之中。事实上，有弛才有张，有弱才有强，不讲究张弛有道，强弱有度，似乎处处都在强化，就几乎等于处处都没有得到强化。

（三）强化技能训练评价表

强化技能训练评价表见表 6-8。

表 6-8　强化技能训练评价表

评价项目	评价等级			权重
	好	中	差	
1. 及时、准确获得教学反馈信息				0.10
2. 通过多种方式获得反馈信息				0.10
3. 利用反馈信息调节教学活动				0.12
4. 对学生的反馈及时给予强化				0.10
5. 给学生的强化反馈明确、具体				0.12

续表

评价项目	评价等级			权重
	好	中	差	
6. 强化对学生注意力、课堂活动参与的作用				0.10
7. 强化时教师是否热情、真诚				0.08
8. 强化方法是否符合学生课堂表现				0.10
9. 内部强化、正面强化为主，促进主动学习				0.10
10. 教学中使用体态语言，如眼神、手势、微笑等强化作用				0.08

强化技能训练教案案例

	课题：溶液中离子共存的问题		训练技能：强化技能	
教学目标	(1)通过习题的讲解，让学生掌握解决溶液中离子共存问题的方法 (2)记住一些有特殊性的离子			
时间分配	教师活动	体现教学技能要素	学生活动	教学媒体
1min	同学们，我们在做习题的时候经常会碰到溶液中离子共存的问题，你们是不是觉得解这类题有一定的难度？下面将有关溶液中离子共存所遇到的问题给大家做一补充说明	提供机会	是，对这部分内容掌握得不好，所以做这类题时有一定难度	
1min	首先，我们来看一道习题。请看幻灯片，在酸性溶液中能够大量共存，且溶液是无色透明的离子组是(　　)。 A. NH_4^+、Al^{3+}、SO_4^{2-}、CO_3^{2-}　B. K^+、F^-、Mg^{2+}、Cl^- C. K^+、MnO_4^-、SO_4^{2-}、NH_4^+　D. Cl^-、K^+、Na^+、NH_4^+ 下面大家根据以前所学过的知识讨论一下，得出我们这道题的答案	提供机会	学生讨论 得出结论	幻灯片
1min	好，同学们停下来，你们能告诉我，这道题的正确答案吗？有人选 D，也有人选 B，还有没有其他答案？看来同学们的答案不唯一。那好，就这道题我们共同来分析一下。我请杨春霞同学回答。很好，你选的是 D，回答正确(鼓励、期望的目光)，你能给大家说说你选 D 的理由吗？好极了，解释得非常清楚，思路很清晰	做出判断 表明态度	回答：因为 D 中的 4 种离子都是无色透明的，且它们在酸性溶液中都不发生反应，所以选 D	
1min	那我们来分析一下，A、B、C 这 3 个选项究竟错在什么地方。董兰同学，你能告诉大家 A、B、C 错在哪吗？	提供机会	A 中的 CO_3^{2-} 在酸性溶液中不能共存，因为它是弱酸的酸根离子	
2min	对，接着讲(肯定、鼓励的语气) (根据学生的回答板书) 板书：(1)弱酸的酸根离子既不能与 H^+ 也不能与 OH^- 共存；(2)发生双水解反应的离子不能共存	做出判断 表明态度	CO_3^{2-} 和 Al^{3+} 能发生双水解反应	
2min	解释得非常好，请接着讲 B、C 错误的原因(用鼓励的目光，赞赏的语调) (根据学生的回答板书) 板书：(3)若溶液是无色透明的，则应该排除有色离子的存在	提供机会 表明态度 标志性强化	B 中的 F^- 是弱酸的酸根离子，在酸性溶液中不能共存；C 错在题目要求是无色透明的溶液，而 MnO_4^- 却是紫红色的	

续表

时间分配	教师活动	体现教学技能要素	学生活动	教学媒体
1min	同学们，我们学过的离子中，哪些常见的离子有颜色？	语言强化 标志性强化	+2 价铜离子(蓝色)、+2 价铁离子(浅绿色)、−1 价高锰酸根(紫红色)	板书

教案评析：做练习的主要目的是帮助学生巩固、理解所学的知识，并培养他们的能力。这份教案的主要优点是在教学设计中有意识注意到，在学生解答问题时，教师对学生每一个关键的正确反应都适时地加以强化。这样，既鼓励了答题的学生，又层次清晰地把思路呈现给全班学生，对达到教学目标是非常有利的。此外，在设计教师的教学行为时，还注意到在重点训练语言强化的技能时，从课堂实际情况出发，考虑到体态语言强化的运用，这些都是应该肯定的。

阅读链接

强化技能在课堂教学中的应用

强化是一个心理学概念，“使有机体在学习过程中增强某种反应重复可能性的力量称为强化”。可见，强化是学习的重要因素，是塑造行为和保持行为强度不可缺少的关键。强化技能是教师在教学中一系列促进和增强学生反应及保持学习力量的方式。

一、强化技能的心理学基础

操作性条件反射说是强化技能的心理学基础。操作性条件反射说又称操作性条件作用说，其创始人是美国心理学家斯金纳，他的操作性条件反射和操作性条件作用的理论是从他所发明的实验装置(斯金纳箱)中观察动物的操作行为引起的。斯金纳设计的这种实验装置是在迷箱内装一个小杠杆，小杠杆与传递食物丸的机械装置(食盒)相连。当白鼠用前爪压杠杆之后，一粒食物就会自动落进食盒。于是，白鼠的压杠杆动作因得到食物而增强。最终白鼠形成了一种条件反射，每当想获取食物时便用前爪压杠杆。在这一情境中，食物是强化剂，它的出现依随于反应，成为反应的后果。这种后果形成了一种反馈作用，引起反应概率的改变。这种能增强反应概率、增强行为重复次数的力量就是强化。斯金纳指出，行为之所以发生变化，是由于强化作用，一个操作发生后，接着呈现一个强化刺激，那么这个强化的强度(概率)就增强。斯金纳根据多次实验，提出如下理论。

(一)塑造

如果个人要增强某种不存在于有机体反应目录中的反应，就需要把这种反应塑造出来。假设按压杠杆的反应是斯金纳箱中白鼠最初不能独立做出的，那么运用上述操作性条件反射原理，通过一系列有步骤的训练，就可以形成按压杠杆反应。利用一个安装在箱外的手控闸触发给食器装置，在只有白鼠做出越来越接近最终要求的行为时才给予强化，这样可塑造出最终所希望的行为，在这种情况下，这个行为就是按压杠杆。这一塑造过程具有两个组成部分：分化强化和相继接近。前者是指一些反应被强化，而另一些反应不被强化；后者指被强化的反应是日益接近最终期望的那些反应。赫根汉列出了下列程序作为塑造按压门的一种方法：①当白鼠走到安置门的实验箱一侧时，即予强化；②当它向门方向移动时，即予强化；③当它在门前直立时，即予强化；④当它触及门时，即予强化；⑤当它试图按压门时，即予强化；⑥只有在它做出按压门的反应时，才予以强化。显然，一些复杂的人类技能需要经过长期的塑造才能形成，因为复杂技能在形成的最初阶段是不完善的。根据操作性条件反射的“塑造”理论，训练一种复杂技能的最好方法是把它分解为几个基本组成部分，然后以每次一小步的训练方法逐渐把它塑造出来。

(二)消退

消退是指反应不经过反复的强化，其反应就会降低。例如，一只白鼠已被训练得能够沿一条通道跑，从而找到通道尽头的食物，然而实验者不再向通道内放食物，那么起初小白鼠会继续跑向通道尽头，但经过多次努力，它渐渐不再跑动，跑动反应消失了。

消退是学习现象中最基本、最重要的现象，它并不局限于低等动物身上。人在一生中也会经过多次消退。小孩在家里装丑，因为这可能引起父母的注意，但当他进入学校后，这种行为再也得不到强化，于是就消失了。消退理论可以帮助我们理解动机行为的大量变化，找出个体生活中缺少了哪种强化。

(三)强化程序

强化程序指不需要强化机体所做每一个反应的思想，可以选择地强化某些反应。在变比率强化程序中，被试者在受到强化之前必须做出不同的反应。很可能进行了五次反应才受到一次强化，再做十五次又受到强化，然后可能做七次或三十次才受到强化，等等。在实验室中，变比率强化程序可以使动物或人产生高比例的反应。

人们仔细研究了多种强化程序，最常见的三种是定时距强化程序、变时距强化程序和定比率强化程序。在定时距强化程序中，对被试者在一个固定的时间间隔内做出反应进行强化奖励。在这种强化程序的影响下，动物或人受到奖赏后容易懈怠，这大概是因为他们知道一段时间后肯定会被给予下一次奖励。因此，当那段时间间隔快要过去时，被试者才开始反应以期望得到下一个奖赏。为固定的月薪工作的个人就是获得了这种强化程序；准备期末考试的学生也是经常等到这种最后期限临近时才开始“发疯似的学习”来完成它。

在变时距强化程序中，有机体在一个变化的时间间隔结束时才被强化，这种强化可以使被试者产生稳定的反应。有时被试者想“检验”这一变化的时间间隔何时结束，也偶尔地不进行反应。

在定比率强化程序中，有机体要得到强化就必须进行一定数量的反应。例如，每四次或每五次反应才能得到强化。这种程序的反应速度极快，做计件工作或承包任务的人就是获得这种程序的典型。

强化程序对于理解动机是很重要的，因为它能塑造并影响人的行为。两只同样饥饿的白鼠会因斯金纳箱中所受的强化程序不同，产生很不相同的行为反应。

(四)行为矫正

行为矫正严格运用强化理论以控制行为。例如，柯比尔和希尔兹在教学过程中进行行为矫正实验，这个实验的目的是帮助七年级学生汤姆提高解数学题的速度。给该生有许多乘法题的卷子，规定在20分钟内能做多少题就做多少题。过去他平均两分钟正确做完一道题，在20分钟学习期限内，每次正确做两道题就给予及时反馈表扬，这样持续了两天，以后每次给予的问题不断增加，从三题、四题、八题到十六题。通过实验，发现汤姆由于受到及时的正强化，他两分钟平均能正确完成三道题，效率提高到300%。同时，还发现汤姆在实验期间，注意力指向学习的时间从50%提高到100%，但当强化停止，正确反应的速度便下降了。这说明行为矫正的效果似乎还不稳定。

二、强化技能在课堂教学中的应用

(一)目标强化

课堂教学必须有明确的教学目标，只有教学目标明确，教师才能充分发挥其主导作用。根据条件反射说的“塑造”理论，教师在运用强化技能时不仅要做到教学目标明确，而且要使教学目标具体化(包括知识和方法，智力和能力，重点和难点以及思想品德等方面的内容)。

要进行教学目标的有效强化，就必须明确应该强化什么，从哪些方面进行强化，运用哪些强化技能，这样才能达到调动学生学习的积极性、控制和调解学生学习的最佳状态的目的。

(二)刺激学生做出反应

反应是学生接受的前提和条件，学生没有反应就无从接受。消极被动的接受型学习之所以难以持久、难以取得令人满意的教学效果的原因之一就是没有使学生做出反应。在课堂教学中，若教师长时间地进行讲解，除了个别学习意志坚强的学生外，大多数学生都会进入一种疲劳麻木的状态，因而对教师的讲解视而不见、听而不闻。因此，教师在教学过程中应灵活地运用强化技能，不断地刺激学生做出反应，使学生大脑始终处于一种活跃的接受状态，以达到使学生接受知识的目的。

(三)利用消退，减少惩罚

操作性条件反射的“消退”原则告诉我们，正强化和负强化并不对立，也就是说正强化增强行为，但惩罚并不一定削弱行为。当某种行为导致奖励的结果，那么这种行为今后重复的可能性将会增强。因此，为了改变学生，使他们能从事某种行为，当他们做某件事时，就应该给予奖励；当希望学生不要做某件事时，他们就不再做这件事，也应该给予奖励。

(四)尽可能运用定比率强化程序

操作性条件反射说的“强化程序”理论告诉我们，强化程序影响机体的反应速度，定比率强化程序的反应速度最快。也就是说，获得间歇性强化的反应比获得连续强化的反应在停止强化后保持的时间要长。当某种希望的行为出现且已稳定时，教师就应逐渐减少强化的次数，并延迟强化，直到强化只在任意时间间隔内偶尔出现。保持一种已经形成的行为，这种无规律的强化比经常或有规律的强化更有效。因此，教师在教学过程中应尽量运用定比率强化程序，特别是在教学的重点、难点处。

(五)进行行为矫正

操作性条件反射说的“行为矫正”原则说明严格运用强化理论是可以控制行为的。进行行为矫正时需注意：第一，有明确的目的；第二，奖惩必须恰当，公平合理，且应该持之以恒；第三，要注意到不良行为会有反复；第四，不良习惯也很难在短时间内改正，要不畏艰难，坚持到底。

(六)具有针对性

强化实际上是刺激某种需求，然后通过满足这一需求使强化对象产生更强烈的需求的一种手段。因此，教师应研究学生，了解他们的心理需求，以便进行适合于学生心理特征的强化。同时应该看到，每一个学生的心理特征都具有某种个人色彩，同一个学生在不同的时期心理状态也不相同。因此，教师在给予强化时不能用单一的、简单的方法对待它，只有做到因人、因事，恰当、可靠，才能达到强化技能的目的，使强化更具有针对性，否则强化不但无作用，还会带来不良的后果。

(七)取得学生的信赖与支持

强化是为了塑造学生的行为，而一个人改变自身的行为常常感到痛苦，所以教师在运用强化技能塑造学生行为时，要使学生产生愉快的情绪体验，乐于接受教师的建议，从而顺利地形成正确的行为。为此，教师应首先做到实事求是、准确合理、恰如其分；其次，强化要融入师爱，一旦学生感受到这份情感，就会努力奋进，塑造自己良好的行为；最后，强化要让学生体验到成功的乐趣，体验到学习的愉快，从而增强信心，产生强大的精神力量，推动其不断进步。

第九节　课堂组织调控技能

一、什么是课堂组织调控技能

教学是通过一定的课堂组织形式实现的。课堂组织是课堂的支点，是课堂教学任务得以顺利完成的基本保证。课堂教学的组织、调控技能是在课堂教学中，教师集中学生注意、管理纪律、引导学习、建立和谐的教学环境、帮助学生达到预期的教学目标的教学行为方式。教师课堂组织技能决定了课堂教学进行的方向，是课堂教学顺利开展的重要保证，不仅影响整个课堂教学的效果，而且与学生思想、情感、智力的发展有密切的关系。教师和学生是课堂组织的参与者，其中教师在组织行为中起主导作用。一个组织得当、秩序井然的课堂，学生的注意力集中，教师循循善诱，必然会使课堂教学取得较好的效果。

(一)调动学生积极性

诸多的研究成果表明，要使化学教学过程处于最佳状态，一个重要的问题是要充分给予学生表达他们的看法、想法的机会，增强学生的成就感和自信心，培养和不断发展他们对本学科的学习兴趣，唤起日益增强的求知欲；另一个重要的问题是任何一节化学课必须有适当的信息量，有活跃学生思维的教学因素，通过运用观察、操作等各种手段实现手脑并用、眼耳并用，同时要有适当的调控。这两个问题是化学课堂教学需要认真研究和实践的问题。关键是在教师的组织与调控之下使学生最大限度地参与自主的教学活动，主动接受来自多种媒体的教学信息，通过各种感官的交替使用和思维的活跃，保持高昂的情绪和浓厚的兴趣。如果简单把组织课堂管理理解为维持课堂纪律，使学生老老实实地听课，不能自主活动，其结果必然使课堂教学变成单一的教师讲述甚至是“满堂灌”，学生只能被动地接受单一形式的“灌输”，整个教学过程背离最佳状态的要求。

(二)维持良好课堂秩序

化学课堂教学过程是一个可控制的有序的过程。学生的主动参与和教学信息传递的多样化，不等于课堂教学杂乱无章，学生任意而为，甚至从事与本课无关的活动。无论课堂气氛怎样活跃，学生怎样讨论甚至争辩，都必须围绕教学目标展开，都必须有利于教学任务的顺利完成。因此，良好的课堂秩序和和谐的教学环境是化学课堂教学的基本保证。如前所述，维持课堂秩序决不能只靠教师的威慑甚至惩罚，建立师生和谐的教学环境依赖于师生之间和学生之间的情感交流，而组织课堂教学可以有效地解决这些问题。通过向学生提出正当合理的要求和交代课堂常规，可以唤起学生的有意注意。通过正面提醒和巧妙利用提问、演示等技能，可以交替引起学生的有意注意和无意注意，使学生将注意力集中在教学主题上。通过分析原因和启发诱导，实事求是、合情合理地纠正违反课堂纪律的现象，尤其是及时肯定学生的进步和优点，鼓励学生的自信心和进取心，有利于克服学生的不良习惯。

(三)提高教学效率

化学课堂教学过程是一个特殊的认识过程。它要求学生在规定的时间内做好意向准备，形成良好的动机，对特定的客观事物进行充分的感知，经过科学的思维理解事物的本质联系，并将获得的知识保持在记忆之中，同时在新旧知识之间建立必要的结构联系，以供随时提取应用。在一节课当中，需要有这样一个总的过程和围绕每一个知识点展开的具体过程，也就是说从意向开始到应用结束的认知过程可能要反复多次。化学课堂教学过程又是化学教学系统的组成部分。因此，化学课堂教学过程是一个由各要素相互作用的具有特殊结构和基本环节的整体，是一个有序的与外界有信息交流的开放系统，是一个能够通过畅通的反馈渠道进行调控的过程。化学课堂教学过程所具有的特殊认知规律和系统性特点最终是通过课堂教学结构的完善与否表现出来的。

例如，当前化学课堂教学中存在的上课就讲，不管学生是否有了足够的意向准备和良好的动机；没有给学生提供足够的事实材料，迫使学生在尚无充分感知和必要理解的状态下直接记忆知识；在对新知识进行感知和理解的过程中，缺少与原认知结构的联系；对教学效果的检查评价周期长，获取的反馈不够及时，难以起到调控作用等问题，无不与课堂教学结构不够完善有关。随着教育观念和教学指导思想的转变，通过合理安排教学环节，注意各环节的承转，保证学生思路通畅，加强新课引入和课堂总结，帮助学生联系新旧知识，获取学生反馈信息，及时调整教学活动来完善课堂教学结构，是对化学教师的常规要求。要使教学在这一方面达到规范化，必须依赖教师高质量地组织课堂教学来实现。

二、课堂组织调控技能的设计

(一)课堂组织调控技能的构成要素

1. 提出要求

提出要求的作用在于一方面维持课堂秩序，另一方面不断集中学生的注意力，使学生了解每个教学环节和教学步骤的意义，推动课堂教学过程顺利进行。因此，提出要求并不是简单地告诉学生该干什么，而是扼要地对学生说明应该进行什么活动，为什么要进行这种活动，怎样进行这种活动，以及在时间和纪律等方面的要求。提出要求，除了要在课的起始向学生提出总体说明外，更重要的是要在各个教学环节之间或各个知识点的转换处做出交代。

2. 安排程序

在提出要求以后，有时还需要进一步向学生说明进行某项活动的详细程序，使学生大体上遵循相同的步骤去完成同一项任务，在同样的时间内达到一个共同的目标。在组织学生观察、讨论、自学、练习和游戏时，都需要教师事先设计好操作程序并对学生加以说明。讲解和说明这些程序时，可以在提出要求后即做出整体说明，或在学生活动过程中逐步进行解释，也可以两方面兼顾。

3. 指导与引导

在学生活动过程中，还需要教师在提出要求和安排程序的基础上，进一步进行指导和引导。指导侧重于对学生操作方法和动作方式的肯定或矫正，可以保证学生及时了解该怎样行动，从而训练基本技能。因此，指导多用于观察、自学、练习等方面。引导侧重于对学生思维的启迪和注意力的转移，可以保证学生的思路通畅和教学过程的连续。因此，引导多用于听讲、观察、讨论等方面。

指导的对象包括全体学生和个别学生。例如，在学生实验之前，教师可以对全体学生提出要求和指导完成某项任务的具体方法，并进行示范；在学生实验过程中，教师要加强巡视，对操作有误的学生进行重点指导。

引导的对象包括全体学生、部分学生和个别学生。例如，结合导入，把全体学生的注意力引向一个共同目标；在讨论过程中，对各个小组的学生进行有针对性的引导；结合提问，对个别学生进行引导等。

4. 鼓励和纠正

鼓励和纠正是教师对学生活动效果的一种反馈，是对学生期望心理的一种回应。及时的鼓励和纠正，一方面可以强化对课堂教学的组织，另一方面可以保持学生的主动性和积极性。鼓励和纠正的时机非常重要，需要在学生活动产生了一定效果之后进行。过早的鼓励或纠正，容易使学生自满或自卑，反而削弱了积极性和进取心。过迟的鼓励或纠正，又可能使学生的期望值落空，导致注意力的转移。鼓励和纠正应该密切结合，尽量避免单一的鼓励或纠正。

5. 总结

总结是对学生活动情况和取得效果的全面评述，是对教学信息的进一步强化。通过总结，可以使学生从整体上和在更高层次上巩固所学习的内容。因此，总结是组织课堂教学不可缺少的一个要素。总结除了在全课的结尾进行外，还应在各个知识点的承转处做适当安排。总结应该简明扼要，内容应包括两方面，一是对本课内容的结构化综述；二是对学生活动状况，如态度、纪律、成绩与不足等问题的评价。

(二)课堂组织调控的方式

1. 教法调控

课堂教学的调控机制在很大程度上就是刺激学生集中注意力，调动学生的学习积极性。从美学的角度来讲，引起人们审美注意的一个重要因素是客观对象的新异性和多样性。因此，课堂教学方法是否新颖、是否多样，也是决定能否有效地实施课堂教学调控的重要因素之一。

运用教学方法对课堂教学加以调控，首先，教师要克服教学方法模式化的倾向，追求教法的新颖性，以新颖的形式激发学生的求知欲，使其保持稳定的注意力。其次，教师不能总是固守某种教学方法，而要追求教法的灵活性和多样性，以不断变化的信息刺激学生的接受欲望，使其形成持久的注意力。总之，教学方法只有符合学生的心理特征和认识规律，才能对课堂教学具有稳固的调控功能。

2. 兴趣调控

兴趣是指人们积极探究某种事物和爱好某种活动的心理倾向，是推动学生进行学习活动的内在动力。当学生对学习产生兴趣时，学习积极主动，乐此不疲。因此，如果教师能激起学生浓厚的学习兴趣，以趣激疑，以趣激思，那么课堂教学的主动权将牢牢地掌握在教师的有效调控范围内。

在教学中，教师要善于挖掘教材内在的吸引力，满足学生的心理需求，激发学生的学习兴趣。同时，要注意不能停留在走马观花、浮光掠影的浅表，而应引导学生对学习的内容加以分析比较，揭示其间的共性与差异，进而探索其所以然，深化学生的学习兴趣。

3. 语言调控

语言是人们交流思想感情的工具。在教学中，知识的传播，思维的引导，认识的提高，能力的培养，处处都需要通过语言这个载体来实施。教师教学无论用什么方式和方法，都离不开教师的语言。因此，对课堂教学的有效调控，在一定程度上取决于教师的语言组织和表达能力。

教师的教学语言应当准确科学，符合逻辑，遵循语法，通俗流畅，学生才能乐于接受，易于理解，印象深刻。教师的教学语言应当简洁扼要，内容具体，生动形象，富有感情，才能集中学生的注意力，激发学生的学习兴趣，调动学生学习的积极性。教师的语言还要语音清晰，音量适度，语速适中，有节奏感，音乐性浓，才能增强语言的吸引力和感染力，提高课堂教学效果。

4. 情绪调控

教师的情绪直接影响学生的情绪，是影响学生注意力最敏感的因素之一。学生学习情绪的高低，课堂气氛是否活跃，很多时候是与教师的情绪同步的。因此，教师在课堂教学中，要注意将自己的情绪调整到最佳状态。

首先，教师在课堂上始终都应该情绪饱满，精神抖擞，目光有神，满怀激情，对上好课充满信心。这样，学生势必会潜移默化地受到教师这种激情的感染，精神振奋，情绪高涨。如果教师上课无精打采，情绪低落，两眼无神，则学生也会情绪低落，甚至睡意蒙眬，对于教师的讲授听而不闻。其次，教师在讲解不同的教材内容时，应该表现出不同的神情。这样，学生就会情不自禁地与教师的喜、怒、忧、乐发生共鸣，达到“未成曲调先有情”的境界。

5. 反馈调控

在教学中，教师要改变唱独角戏、满堂灌的做法，重视学生的主动参与意识，师生共同活动，做到有启有发、有讲有练，善于创设信息反馈的教学情境，开辟多种信息反馈的渠道。通过提问、讨论、练习等多种方式，及时从学生那里获得反馈信息，并做出简洁、精辟、深刻的分析，从中了解学生对教师输出的知识信息接收和理解的程度，哪些已达到了目标，哪些还有差距，及时调控教学进程，调整知识信息的再输出，扬长救失，亡羊补牢。同时，教师还要善于及时捕捉学生的听课情绪、神态等间接的反馈信息，通过学生的眼神、情态识别他们丰富的表情，透视出他们灵活跳跃的思想火花，从中推测和判断他们对教师输出的知识信息是否理解、满意，是否有兴趣、有疑问，进而迅速调整教学措施，并将教学继续深入。

6. 机智调控

在课堂教学中，往往会发生来自自身、学生和外界的意想不到的突发事件。对于这些突发事件，若处理不当，就会影响正常的教学秩序，甚至会导致一堂课教学的失败。因此，教师应具备一定的教学机智，做到临“危”不乱，处变不惊，快速做出反应，当机立断，及时采取适当的处理措施，化被动为主动，有效地调控课堂教学。

有一次，上课铃响过，某教师走进教室，发现一位学生正在擦黑板，粉尘弥漫，还有不少学生仍大声吵闹。该教师正要训斥学生，忽然想到这节课是讲环境保护，便借题发挥，幽默地说：“同学们请看，这里粉尘飘飘洒洒如瑞雪，教室吵吵嚷嚷像闹市。”学生默不作声，面面相觑。教师继续若无其事地说：“在这种环境中学习能行吗？”学生随口答道：“不行!”“那么，怎样保护好我们的环境？今天，我们就来学习环境的保护。”这样，乱糟糟的教室就成了教师借题发挥导入新课的话题，既教育了学生，维护了课堂教学秩序，又激发了学生的求知欲望。

(三)课堂组织调控技能的设计要点

1. 管理性组织课堂教学

课堂是教学活动的主要场所，为了使教学过程顺利进行，必须有相应的纪律保证。但是课堂纪律的好坏，并不能以课堂上的绝对安静和学生的“循规蹈矩”为标准，而是既要使学习有序，生动活泼，又不能让学生感到压抑。

2. 对课堂秩序的组织管理

课堂秩序的组织管理，需要排除外界环境和心理变化对学生的干扰，纠正学生各种背离教学过程的不良行为。要做好这些组织工作，首先需要教师关心和爱护学生，从学生的角度理解他们所存在的问题，倾听他们的心声，与他们建立友善的关系，同时明确提出学生应遵守的课堂纪律，不断提醒学生注意，强化纪律要求。这里教师的态度和所用的语言是十分重要的。

在纠正学生不良行为时，应尽力采用暗示的方式，如“好像有个别同学没有听清楚我的话”；或者用行动纠正，如走到学生身旁以手或眼示意。

课堂秩序的组织管理应与教学指导紧密结合，教学方法和教学手段具有启发性与趣味性都能够大大改善课堂气氛，最大限度地排除外界干扰。

3. 对个别学生的组织管理

对个别组织纪律性较差的学生，除了与家长密切配合，对症下药，耐心地做工作以外，还应注意：第一，使不良行为得不到回应而自行终止。例如，学生的恶作剧引起哄堂大笑，会使学生更为得意。这时教师的斥责恰恰会强化其不良意识，如果不予理睬，反会使其感到无趣而终止恶作剧，也会转移其他学生的注意力。第二，有意识地安排替换行为并给予鼓励。例如，指定喜爱交头接耳或做小动作的学生思考一些问题，并作为小组讨论的发言人，给予表扬或鼓励，使其从替换行为中获得心理满足，以抵消不良行为。

4. 指导性组织课堂教学

教师在课堂教学中起主导作用。学生在课堂内的活动离不开教师的组织引导，课堂教学过程要由教师来调节和控制。为了使学生都能主动地参与教学，迅速地投入学习，同时使课堂教学过程达到优化，需要教师及时发出指令或灵活运用各种教学技能，保证教学环节的顺利承转和衔接，指导学生完成教学大纲规定的教学任务。

1)组织学生听讲

组织学生听讲的含义，不仅仅限于让学生老老实实、安安静静地听教师讲课或讲述，而是使学生及时领会教师的要求，迅速地遵照教师的安排投入各项活动，并且具有较高的积极性。组织学生听讲可以有两种方式，方式一是直接指令，方式二是间接引导，后者需要教师具有更高的技能。其中，方式一：直接指令学生听讲。教师向学生直接宣布听讲的要求，要求学生集中注意力。直接指令又可分为两种形式：一是简单命令式，如“翻开课本第五页”“看黑板”等；二是交代任务式，如“请同学们看我做课本的演示实验并注意观察现象”“请同学们思考提出鉴别盐酸和浓硫酸的方案”等。方式二：间接引导学生听讲。在教学过程中，如果学生出现注意力分散、学习积极性降低等状况，教师不能通过一味发号指令来进行课堂调控，可借助故事、视频短片、诗词对联等形式引导学生，使学生注意力再次转移到教学内容上，往往能起到较好的效果。

2）组织学生观察

观察是对研究对象进行有目的的了解和察看，通过观察感知事物和现象，是形成正确表象，进而进行科学思维的基础。根据观察对象的不同，组织学生观察又可分为组织学生观察图像媒体、组织学生观察影片媒体和组织学生观察实物媒体等。组织观察的技能应包括明确观察目的，集中学生注意力，教授观察方法和步骤，注意全面观察与细部观察相结合，鼓励独立观察等。

3）组织学生讨论

讨论是一种由学生积极参与的教学方式。它可以促使每个学生都有机会投入活动当中，促进他们积极地思考，相互启发，完成教学信息的多向交流，在教师的帮助和引导下，经过主动探究获得知识。根据学生参加讨论的规模和参与的程度，组织学生讨论又可分为组织全班学生讨论、组织小组讨论和组织辩论。

组织全班学生讨论：这种讨论以教师为领导者，多由教师轮流请多个学生发言，各抒己见，而教师不急于作结论，主要是启发学生深入思考，使讨论走向预期的目标，待学生充分发表意见后再作总结。全班讨论还可以采用专题报告形式，即选定若干学生组成小组，经过课前准备在课上向全体同学提出报告，其他学生可就报告提出支持或反对意见。

组织小组讨论：这种讨论多以学生座次划分为固定的小组，每组学生轮流担任发言人。各小组就相同的问题进行讨论，教师在教室内巡回辅导。经过一段时间讨论之后，请各小组发言人报告本组讨论结果，教师进行总结评议。

组织辩论：课前由教师提出要讨论的问题，指定正方和反方，然后让学生分头查找资料，准备论据，在课堂上提出论述理由。最后由教师加以总结归纳。

讨论可以调动学生的积极性，给每个学生显示自我的机会，因此是学生乐于参加的活动。但是课堂讨论时间有限，要求教师归纳学生的发言，得出概括的结论，因此需要教师有较高的组织技能。全班讨论适合教师调控，在时间上有保证，适宜讨论简洁的有明确结论的问题；分组讨论能够鼓励每个学生都积极参与，但教师不易辅导，而且时间上有时难以控制，适宜讨论综合性较强的问题；辩论最能鼓动学生，激发学生的学习热情，但比较费时间，适宜讨论不一定有标准答案但能启迪学生发散性思维的问题。

4）组织学生自学

自学是一种教学形式。广义的自学指学生不到学校学习，自己安排学习时间，定期接受辅导，以通过国家组织的考试为标准。这种自学目前在我国多用于成人教育或远距离教育（广播电视教育等）。狭义的自学指学生在校学习，有统一的学习时间和课程安排，严格按照教师的要求完成阅读和作业任务，接受统一考试。狭义的自学又有两种形式，一种是系统的自学，如程序教学，即学生根据各自的水平和能力，确定学习速度并独立学习经过特别编制的程序化教材；另一种是课堂教学过程中短时的自行阅读课文或学习某一节的教学内容。组织学生自学的技能主要体现在狭义自学的后一种形式，因为广义的自学基本上不属于课堂教学范畴，程序教学主要依赖于特殊的教材，而自行阅读或自学某一段教材需要教师的精心指导。

随着化学教材改革的深入，新编化学课本普遍增设了活动与探究、资料等栏目，以加强教学的灵活性和学生学习的主动性。对于这些栏目，教师绝不能简单处理，让学生看一看了事，而要体会编写意图，提出相应的指导措施。

三、课堂组织调控技能的应用

(一)运用课堂组织调控技能的基本要求

1. 教师要更新观念、目的明确

营造和谐的课堂氛围，保证课堂教学的顺利开展，是课堂组织的最主要目的。任何背离这一目的的认识和行为，如追求绝对安静，试图在课堂上树立教师的绝对权威，把学生的每一个不端行为都看成是对教师的侮辱等，都不是真正意义上的课堂组织。从素质教育的要求看，课堂秩序不仅需要安静、有序，也需要一定条件下的动、无序的状态。课堂上的热烈讨论，学生对教师的质疑问难，学生动手做练习、演小品、做游戏、谈体会的过程，都可能出现某种无序甚至是“乱”的表象。这种无序、“乱”，不仅是教师的需要，也是学生的需要。它营造了一种直抒己见的浓烈气氛，有利于激活学生的思维和创新意识，因而是极有价值的。教师应辩证地看待和处理课堂上的“治”和“乱”、“有序”和“无序”的关系，努力使二者相辅相成，实现辩证的统一。

2. 教师要了解学生，尊重学生的主体性

教师组织课堂教学，必须体现出对学生的关心和尊重。教师要把全体学生作为一个独立的主体来对待，应尽快知道每个学生的名字，并在课堂上以名字称呼学生，这样做不仅使学生感到亲切，还能提醒学生。教师对学生违纪行为的批评应注意方法、场合，不要简单粗暴，伤害其感情。教师在任何情况下都应控制自己的情绪，绝对禁止采用体罚、罚款这类手段来惩处有课堂违纪行为的学生。

3. 因势利导，运用教育机智

课堂教学情境千变万化，突发情况随时都有可能发生，这就要求教师能够灵活应变，因势利导，运用教育机智。课堂教育机智是指在教学过程中面对千变万化的教学情景，迅速、敏捷、灵活、准确地做出判断、处理，保持课堂平衡的一种心理能力。教育机智是教师智能的灵活性与机敏性的统一，是一种“应急”的智能活动过程。这就要求教师注意了解学生的年龄特点和个性特征，根据实际情况随机应变，灵活地运用适当的教学形式，有针对性地对学生进行教育，维持教学系统的动态平衡，保证教学过程的顺利进行。把教育机智发挥到完美的境地是每位教师在课堂教学中应该追求的境界。

4. 教师应具有良好的心理素质

遇事不骄不躁是教师必备的一种心理素质。教师必须以对学生的热爱、尊重、理解及高度的责任感为基础，从教育的根本利益和目标出发，处理好所面临的各种复杂的问题，要有驾驭教学全过程的能力。教师要善于控制自己的情绪，在任何情况下都不能在课堂上流露、发泄自己的消极情绪。如果在课堂上教师在良好的心境下授课，就会思维敏捷，表情丰富，教学艺术能得到淋漓尽致的发挥；在教师的良好情绪的感染下，学生会处于兴奋的状态中，学习兴趣浓厚，教师的教学也必然会进入佳境。

（二）课堂组织调控技能训练注意的问题

1. 注意组织课堂教学的方式与时机

如前所述，组织课堂教学绝非一次性行为，围绕着不同教学内容和不同教学环节或步骤，教师要多次组织课堂教学。因此，在教学设计和编写教案时，应充分考虑组织课堂教学的恰当方式，是正面讲述还是提问启发，是运用语言还是电教媒体，怎样与导入、提问、讲解、变化、强化、演示等技能有机结合，还应充分考虑组织课堂教学的时机，何时提出要求，何时安排程序，何时指导、引导，何时鼓励纠正，何时总结，等等。这些方面都应有切实的针对性，不能流于形式，甚至对各个细节都要预先做考虑，防止课堂上的随心所欲。在实践中，也要根据学生的反应做变通处理。

2. 注意身教与示范

身教在组织课堂教学中有着特殊重要的作用。教师通过自我形象和动作行为所发出的信息，往往比语言指令有更强的引导性。例如，在仪表方面，端庄大方的衣着对学生情绪将起到稳定作用，浓妆艳抹则会干扰学生的注意力；在举止方面，安详稳重的姿态会使课堂气氛保持和谐，轻佻浮躁的举动会使学生失去对教师的尊重，因而造成混乱；在行为方面，规规矩矩的行动和语言自然能影响学生使其有良好的秩序，坐无坐相、站无站相、语言粗俗、乱扔教具等都会给学生以不良影响，以至于影响课堂秩序。

示范是由教师亲自把正确的行为方式显示给学生，使学生在较短时间内达到操作的规范化。在安排教学程序以后和指导、纠正的过程中，教师要经常对学生进行示范。

3. 注意严格要求与耐心说服

中小学生是生理和心理的发展时期，各方面的心理因素都存在不稳定、易波动的特点。与幼儿相比，中小学生的自尊心明显增强，对客观事物的自觉性大大提高，需要经过思考以后再对外界事物做出反应。教师应该认识中小学生的这种心理变化，不能期望学生仅凭直觉就会产生反应，所以要讲清道理，说明原因，给学生一个自我判断和自我选择行为方式的机会，耐心也就显得十分必要。然而，中小学生毕竟还没有达到心理成熟阶段，完全凭自觉性来行动是不可能的，时间也不允许。对于一些事关集体荣誉和社会公德的问题，教师要有硬性的规定。课堂教学是一种集体活动，当然也必须有严格的统一要求，才能达到全体学生的协调一致。

对于管理性组织课堂教学，应该重视严格要求，以便取得实效，保证课堂秩序的安定。在课堂上过多地谈纪律问题，也会影响教学。对于指导性组织课堂教学，应该多进行耐心说服，因为智力的差异和能力的高低不是简单命令能够改变的。

4. 注意面向全体学生

组织课堂教学是以班级教学为根本前提的，是针对全体学生的。组织课堂教学的目的是优化教学过程，使全体学生都能达到教学大纲所规定的基本标准。超常生和优秀生的进一步发展，应以全体学生达到基本标准为基础。

因此，教师在组织课堂教学时，必须首先考虑大多数学生的实际情况，以大多数学生均能适应为宜。如果只注意超常生和优秀生的需要，就可能使大多数学生难以适应，跟不上教师的组织引导，不能按照教师的要求去活动，最终丧失信心。如果过分照顾基础薄弱的学生，又可能使课堂教学的要求过于容易和烦琐，使大多数学生感到索然无味，失去学习兴趣。

面向全体学生不等于不照顾差异。为了满足超常生和优秀生的学习欲望，可以在提出要求时提出不同层次的目标，供学生自由选择将完成何种任务，也就是做到“尽力而为”，还可以对他们进行个别指导。对于基础薄弱的学生，可以有意识地多提问，多指定他们作讨论发言人，对其练习多加指导和纠正等。

(三)课堂组织调控技能训练评价表

课堂组织调控技能训练评价表见表6-9。

表6-9　课堂组织调控技能训练评价表

评价项目	评价等级			权重
	好	中	差	
1. 语言恰当，要求明确，控制教学效果好				0.15
2. 组织引导的方法得当				0.15
3. 能使学生始终处于积极状态				0.15
4. 及时运用反馈，调整教学好				0.10
5. 控制教学进度，时间掌握好				0.10
6. 组织管理中能体现尊重学生				0.10
7. 组织教学的方式灵活多样				0.10
8. 面对各种情况，善于应变				0.05
9. 处理少数和多数、个别和一般学生的策略和方法恰当				0.05
10. 教学进程自然，师生相互合作方法恰当				0.05

阅读链接

化学课堂教学调控艺术

一、用趣味性实验激发学习化学的兴趣

心理学研究表明，凡是人们感兴趣的东西都容易主动、积极地去认识探究。化学是一门实践性很强的学科，这就要求教师在平时的教学中，结合课堂教学的内容，指导学生运用所学的知识解释生活中的现象和解决工农业生产中的问题，这样有利于激发学生的求知欲和好奇心。

例如，在讲九年级化学绪言课时，为了一开始就抓住学生的注意力，激发学生对化学学习的兴趣，设计几个趣味实验必不可少。运用简单仪器和药品，带领学生完成“魔棒点灯”($KMnO_4$和浓H_2SO_4)、“水能生火”(Na_2O_2和H_2O)、“烧不坏的手帕”(乙醇)、“喷水生字”(酚酞、NaOH溶液和稀HCl溶液)等趣味小实验，学生学习热情高涨，他们既感到“神奇”“有趣”，又急切地想知道为什么，充分地激发了学生的学习兴趣，也让他们初步体会了化学可以使世界变得更加绚丽多彩的内涵。

又如，实验基本技能训练课上，为了让学生都能积极参与，体验化学世界的乐趣，可设计如下实验活动。将全班学生分成每两人一组，一人吹气，另一人采用排水法收集一集气瓶人呼出的气体，再准备同样大小的一集气瓶空气，然后分别用点燃的木条试验，比较木条在两瓶气体中燃烧时间的长短，最后得出结论：人呼出的气体比空气中所含的氧气少。在这个过程中学生人人动手，相互协作，顺利地完成了教师布置的任务，

每一个人都体验了前所未有的成就感。这种生动活泼的教学方式让每一位学生在课堂活动中都得到提升、进步和发展，感到自身的价值和潜力。

二、用生动的故事创设化学学习的情景

“学起于思，思源于疑”，如果没有问题，科学的发展就走到了尽头。如果教师能用生动的故事作切入点，激发学生的学习兴趣，并在恰当的时机设疑切中要点，做到恰到好处，就能诱发学生的内驱力，从而提高他们分析问题和解决问题的能力。

例如，在讲金属腐蚀时，教师先给学生讲了一个小故事“格林太太的假牙”：格林太太一口整齐而洁白的牙齿中镶有两颗假牙：一颗黄金的(富有的象征)；另一颗不锈钢的(车祸的痕迹)。令人费解的是，自从车祸后，她经常头疼、失眠、心情烦躁……尽管医院动用了所有堪称一流的仪器，一些国际知名的专家教授也绞尽脑汁，但格林太太的病症没有丝毫减轻，而且日趋严重……这到底是为什么呢？这样的设问一方面激发学生的好奇心，同时也为讲金属腐蚀设下伏笔。

三、用巧妙的连环设问激发学生探究原理的兴趣

例如，实验课上，教师将无色酚酞滴入 NaOH 稀溶液中，溶液变成红色。教师不失时机地提出问题：NaOH 溶液中哪种粒子使酚酞变色？学生大胆猜想：

猜想 1　使酚酞变色的粒子是 H_2O；

猜想 2　使酚酞变色的粒子是 Na^+；

猜想 3　使酚酞变色的粒子是 OH^-。

教师提问：那如何设计本次实验并对大家的猜想加以验证呢？学生讨论后，设计如下方案：①向盛有蒸馏水的试管中滴几滴酚酞，不变色；②向盛有 NaCl 溶液的试管中滴几滴酚酞，不变色；③向盛有 NaOH 溶液的试管中滴几滴酚酞，变红色。教师环环相扣的设疑把学生引入思维的矛盾中，同时在思维的“愤”“悱”撞击中，突破了本节课的难点，培养了学生的思维能力。

四、用生动的比喻诠释抽象难懂的知识

每一个教育和教学过程都是在一定的情景中发生和发展的，一堂课的成败首先取决于学生听讲的情绪。为此，教学过程必须创造出良好的情景，以激发学生的情感。在化学理论学习中往往会遇到一些抽象难懂的知识，教师不能“硬性灌输”，相反，要善于运用生动形象、贴切恰当的比喻，既可增强趣味性、说服力，又能有效地降低学生学习的难度。

例如，“气体摩尔体积”一节的教学难点是：在相同状态下，为什么一摩尔不同的固体和液体物质体积不同，而气态物质的体积却几乎相同呢？

教师讲清原因：物质的体积大小取决于三个因素：①构成物质的微粒数目；②微粒的大小；③微粒间的距离。而构成物质的微粒是看不见摸不着的。为了帮助学生理解和掌握这部分抽象的知识，教师准备了八个乒乓球，当学生看到乒乓球时，注意力立即集中在这些球上。这时教师抓住这个教育契机对学生说：“现在我们把篮球和乒乓球分别代表不同的微粒。首先大家告诉我四个乒乓球放一块儿体积大，还是八个乒乓球放一块儿体积大？”答案是显而易见的。再问：“现在把八个乒乓球放一块儿体积大，还是八个篮球放一块儿体积大呢？”答案又是显而易见的。最后老师说：“同学们，现在抬头看看教室的八个角，如果我们先将八个乒乓球分别放在八个角上，然后再将八个篮球分别放在八个角上，你们认为会对教室的体积有无影响呢？”答案当然也是显而易见的。乒乓球及篮球分别代表不同气体的微粒，对于气体来说，微粒数量及微粒间的距离决定了其体积。一个形象的比喻将学生不熟悉的、抽象的知识进行了直观的描述，学生在轻松愉快的氛围中很轻松地理解了新知识。

五、自主学习的交流与合作是课堂教学的主旋律

倡导“主动参与，乐于探究，交流与合作”为主要特征的学习方式是课程改革的重点之一。这种学习方式强调亲历性、体验性，它突破了认知知识理性范畴，已扩展到情感、生理和人格等领域，有利于学生身心

和人格的健康发展。因此，教师在课堂中十分注重学生的自主参与，希望通过独立学习、小组讨论、集体评议、师生交流等多种教学手段，发挥教师组织者、指导者的作用，将化学这个绚丽多姿的舞台让给学生自己。在学生自主学习的过程中激发他们积极思考，使他们产生探究的动机和欲望，在比较、分析、综合、抽象、推理、概括中自行得出结论。

例如，学习《化学必修 1》氯气溶于水时，为了搞清氯水中存在的微粒，教师设计了一个探究的实验：将新制的氯水分别加到紫色石蕊、$FeCl_2$、Na_2CO_3和$AgNO_3$等溶液中观察有什么变化，写出有关的离子方程式。首先让学生自己进行实验，然后组织学生讨论、交流，让学生各抒己见，相互启发，教师再巡回点拨，最后在广纳众议的基础上得出结论。这种教学方法活跃了课堂气氛，调动了学生参与教学的积极性，效果较好。在教学过程中，教师起引导、指导、点拨、评价的主导作用。学生通过实验亲自发现问题，使动手能力和观察能力得到了培养；探究中，发表自己的见解，培养了表达能力；归纳总结，促成学生的自学能力，分析综合能力得到有效锻炼与提高。通过以上动手、动脑、动眼、动口等活动，学生的主体作用得到了充分的发挥。

总之，新课程背景下的有效教学是一门艺术，充满了挑战，呼唤着智慧。高中化学教师必须更新教学理念，与时俱进，提高用教育理论指导和反思教育实践的意识和能力，营造良好的教学氛围，使学习、讨论、交流处于宽松、愉快的氛围中，使化学教学更趋合理和有效，使学生的学习智力从“常态”跃迁到“激发态”，就会收到事半功倍的教学效果。

指导学生学习的技能

在化学教学中，学生的学习活动主要有课内的听课、记笔记、思考、观察、实验、讨论、练习、自学、探究，以及课外的复习、作业、预习、收集资料、实践活动等。如果忽视学生的能动性，只要求学生按照教师的指令行动，会严重影响教学效果。如果教师不重视、不善于组织、指导学生的学习活动，也难以保证教学质量。教师应该不断提高、改进自己组织、指导学习活动的技能，促进学生主动和富有成效地学习。

一、组织、指导听课

听课和记笔记是目前最常见的学生在课内的学习活动。要组织好学生的听课和记笔记活动，首先要使学生想听、要听，想记、要记。教师要用积极的情感影响学生，注意调节学生的情绪，使他们精神饱满地集中注意听课；要坚决摒弃“照本宣科”、啰唆重复、单调平淡等容易使学生疲劳、分散注意的做法。学生在听课时，常常发生顾了听顾不了想、顾了听顾不了笔记等现象。针对这些情况，教师应该注意以下几点：

(1)指导学生首先注意于听并且学会听：要注意教师讲解的问题是什么、问题是怎样产生的(提出的)、解决问题的思路是什么、问题是用什么方法解决的、为什么会得到这样的结果等，不但重视结论(结果)，也重视过程，特别是分析、论证过程。

(2)指导学生合理地分配注意，不但善于用耳，而且善于用眼、用脑、用手，善于协调自己的这些器官，使其相互配合。通常要首先注意于听，听完一小段后再利用教师讲课的停顿间隙想和记。碰到暂时想不通、理解不了的问题时，可以告诉教师；在不影响继续听课时，也可以先把问题记下来，留待课后思考。记笔记时，要学会选择内容，主要记讲课思路、内容纲要(利于知识结构化)、疑难问题(便于课后继续思考)、重要补充(教科书中没有的)和学习指导(要求和注意点)等；还要学会用简明扼要的文字、符号做好笔记。

(3)对不善于分配注意的学生，教师应该适时地提醒他们进行听、看、想、记等活动，要注意给予完成这些活动必要的时间。

(4)为了使学生能主动地听好，教师要重视在课的开头做好学习定向工作，使学生大概了解学习的目标、方法和步骤；要重视做好课的小结工作，使知识系统化、结构化；讲课时要有必要的重复、停顿和适宜的速度，注意用板书等手段配合，能让学生听清、听好、记好。还可以在课后组织优秀笔记的展示、交流活动，逐步提高对笔记的要求。

二、组织、指导讨论

讨论是在教师的组织、引导下，相互质疑、论辩、启发、补充，共同求得问题解答的一种集体学习活动。它要求学生具有一定的知识基础、思考能力和讨论习惯；要求教师有较强的组织能力和丰富的经验。随着课程改革的深入，“讨论”这种方式会被更多地采用。

组织讨论的难点在于控制讨论的方向和时间，使其有较高的效率，而又不影响学生的积极性，能使学生有更多的收获。为此，教师要注意以下几点：

(1)围绕教学目标，精心地设计讨论题，使其具有较好的思考性、论辩性，难度适中。最好能配合采用实验、阅读、作业等活动方式。对学生在学习过程中提出的问题进行选择、加工，然后再交给他们讨论，通常能收到较好的效果。教师还应该预测学生在讨论中可能出现的不同意见，准备好进一步启发、引导的问题或材料。

(2)让学生理解讨论题及其意义，并且给学生足够的思考和准备时间。为此，可以提前公布讨论题，以便学生提前准备；还要引导学生复习有关知识、阅读教材、收集资料，以及准备好必要的发言提纲。

(3)鼓励、要求学生在认真思考、准备的基础上各抒己见，积极、大胆地发言；既敢于坚持正确的意见，又勇于放弃或修正错误意见；紧扣主题，积极地参与讨论、相互切磋。

(4)教师要及时帮助学生排除疑难、障碍和干扰，尽量让学生自己分辨是非、纠正错误、得出正确的结论；不轻易表态、包办代替当“裁判员”，又不放任自流、“袖手旁观”当观众，注意掌握时机、积极引导。同时，还要注意培养学生自己组织讨论的能力。

三、组织、指导练习

练习是以巩固知识、形成技能和发展能力为目的的实践训练活动，是教学过程的必要环节。练习过程也是学习过程。通过练习不但能促进学生把学到的知识与实际相联系，使学习进一步深化、提高，而且也是教师获取教学反馈信息的重要途径之一。练习教学要防止机械重复，防止陷入“题海”，力求取得较高的效率。为此，教师要注意以下几点：

(1)针对学生发展需要精心地选择、编制练习题。要有明确的训练目的，练习内容既要全面，又要有重点，要整体规划，分步实现，循序提高。练习题要具有典型性、思考性、开放性和趣味性，联系实际，层次齐全，难度适当，数量适宜；要努力减少重复练习，注意保护、发展学生的学习兴趣。

(2)一般来说，在学生开始解题练习之前，教师要引导学生复习有关知识，进行审题和解题指导，讲清要求和格式。必要时，要通过例题进行示范。在讲解例题时，要着重讲清解题思路，注意一题多解、一题多变，以求收到举一反三的效果。

(3)在学生练习时，教师可以通过巡视检查及时收集教学反馈信息。要实行分类指导，对完成较好、较快的学生提出要求较高的补充练习，对发生错误、感到困难的学生进行指点、辅导，对普遍错误或者感到困难的问题做集体辅导或补充讲解。在时间允许时，可以抽选少数学生来演示练习过程，组织全体学生观摩、评论。

(4)对于复杂的联系活动，可以按照“分步练习—完整连贯—熟练操作”顺序分阶段组织练习。

(5)在学生完成练习后，教师要及时地对学生的方法、过程和结果进行讲评，也可以组织学生互评、自评。最后，教师要做好练习总结，在学生有了实践体会的基础上，总结审题、解题或操作的规律，加深、发展学生对有关知识的理解。为巩固练习效果，还可以适当布置一些课后作业让学生进一步练习。

(6)坚持改革，力戒走老路。

四、组织、指导自学

化学课程中的自学应该包括阅读、实验、思考、解决问题、复习、表达等活动，课前预习也属于这一范畴，但是内容、要求较低；狭义的自学仅指学生独立地阅读教科书。一些教师和学生把自学等同于“看书”，这种看法有很大的局限性。针对这种情况，教师在组织、指导学生自学时，要注意以下几点：

(1)引导学生认识到“学会学习”是自学的首要任务，充分认识自学对于适应学习型社会、增加自身发展潜能的重要意义。

(2)通过教师示范，让学生逐步学会自己收集、选择学习材料，并学会自己确定学习任务、学习重点、学习要求、学习程序和学习方法等。

(3)让学生知道，自学阅读时不仅要“动眼”看，而且要注意“动笔”，勾画重要内容，摘录要点，及时记下心得体会以及疑问，整理、编写知识小结，做好阅读笔记；要重视“动手”，通过练习来深化理解，学会运用，掌握知识；要善于“动脑”，注意新旧知识的对比、联系，发现问题并通过独立思考或者与同学讨论求得解决，注意进行概括，抓住重点和精髓；不盲从，不轻信现成的结论，注意考察这些结论是怎样得到的。

(4)让学生逐步掌握学习各类内容的规律。例如，对理论性内容要注意产生有关概念、原理、定律的事实依据；要学会通过抽象、概括和推理，自己得出结论；要掌握要点，能用自己的语言进行解释、阐述；要了解有关知识的应用及其范围，能具体地举例。对元素化合物知识，要联系实验现象，弄清物质的结构、性质、用途与制法之间的联系和规律性。对公式推导、计算过程、化学方程式等，要动手尝试自己独立地推导、计算和书写。对图表、注解等也要认真揣摩，注意弄懂。对需要记忆的内容，则要提示学生及时复习，采用适当的方法记忆。

(5)注意组织好自学成果的交流、讨论和示范活动。

五、组织、指导合作

合作学习是以小组为单位，通过学生或学生群体间的合作性互动来促进学习，达到整体学习成绩最佳的学习组织形式。合作学习把个人之间的竞争转变为小组之间的竞争，力求通过组内合作，使学生尽其所能，得到最大程度的发展。合作学习在班级课堂中建立了新的人际关系和心理氛围，它不排斥、也不应充当促进者、客观的观察者和顾问。特别注意以下几点：

(1)明确个人责任，培养团体精神。鼓励每个成员发挥最大潜力，在独立思考的基础上，在平等、民主的氛围中人人参与，各抒己见；重视小组成员相互支持、鼓励和帮助，帮助每个成员达到预期目标。要使学生明白：只有将团体目标与个人责任融合于合作过程之中，合作学习才会成为增进学习成效的有效方法。

(2)合理组建学习小组，促进学生共同参与。为了使不同发展水平的学生都能在原有基础上得到充分的发展，在编组时要重视成员的异质性，尽量由不同性别、基础、能力和背景的学生组成小组，力求小组成员在多方面具有互补性。一般把优、中、差学生按适当比例搭配(有时也把学习困难比较大的几个学生编为一组，以便教师多加关心，及时予以辅导)，经过必要调整，达到较佳组合后，应注意相对稳定，建立长期关系。

(3)精心设计合作学习内容，发挥小组各成员的作用。让学生置身于一种探索问题的情境中，定期聚会、活动、交流、讨论，有利于他们主动地、饶有兴趣地投入探索知识的合作学习中。

(4)把握合作学习时机，提高每个成员的参与欲望。合作学习方式并非每堂课都适宜采用，也并非一定要在整节课中进行，教师要把握恰当的时机组织小组合作学习，让学生带着迫切的欲望投入合作学习之中。

(5)适时、合理地评价，调动参与者的学习积极性。教师适时、合理的评价，有利于调动学生学习的主动性、积极性。在合作学习中，如果学生每一个有价值的问题、每一次精彩的发言、每一次成功的操作，都能得到组内其他成员的赞许，学生将体验到合作学习的快乐，激起他们继续合作的欲望。

六、组织、指导探究

探究式教学是由学生自己寻找问题答案的教学活动方式，它以学生独立自主学习为前提，给学生提供观察、调查、假设、实验、表达、质疑、讨论问题的机会，让学生将自己所学知识应用于解决实际问题。探究式教学有利于开发学生智力，发展学生的创造性思维，培养自学能力，有利于引导学生学会学习和掌握科学方法，为终身学习和工作奠定基础。作为探究活动的导师，教师的任务是调动学生的积极性，引导他们发现问题、提出问题、分析问题、解决问题，促使他们自己获取知识、发展能力。教师要为学生的学习设置探究的情境，创造探究的氛围，促进探究的开展，引导他们把握探究的深度，评价探究的成败。为此，要注意以下几点：

(1)发掘蕴涵在教材中的探究因素。化学是以实验为基础的科学，化学实验是学生进行探究活动的重要手段。在化学教学中不能满足于让学生动手做实验，还应注意创设问题情境让学生设计实验，注意通过实验探究活动发展学生的发散性思维和批判性思维。

(2)激发学生探究、思考的兴趣。教师不能仅满足于学生有观察化学实验现象的兴趣，还要注意引导学生形成思考实验现象、发现问题、解决问题和探究原因的兴趣。引导学生学、思、疑、问，主动地进行探究活动。

(3)敢于放手，留给学生思考的空间。进行探究性教学，必须以培养创新精神和实践能力为重点。对学生在探究中遇到的疑难，教师不必急于解释，要利用学生已有知识，一步一步地进行引导。要敢于放手，留给学生思考的空间。要注意启发学生发现新的问题，引导他们找出与众不同的方法，想出与众不同的思路。教师应坚持正面激励、宽容和理解学生，鼓励学生自己设计实施方案，鼓励学生自己去观察、尝试、探索、实践，允许学生在探究中出现错误，不求全责备，使学生在自由、和谐、轻松的气氛中探究，充分地表现自己的才能。

(4)按照科学探究的过程规律，指导学生开展探究活动。要抓好发现问题、确定课题、提出假设、收集资料、进行验证、形成结论、讨论交流等环节；注意引导学生总结科学探究方法；重视渗透科学精神、科学思想和科学态度教育。

第十节　结束技能

一、什么是结束技能

结束技能是教师将要完成一项教学任务时，通过重复强调、概括总结、实践活动等方式，引导学生及时对所学的知识和技能进行系统化、巩固、扩展、延伸和迁移的教学活动方式。结束环节是教学过程中的重要一环，在教学结束环节，教师要帮助学生把新知识有效地纳入已有的认知结构中，并及时获取教学的反馈信息。成功的教学结束技巧不仅是教师教学能力的体现，而且能让学生感受到掌握新知识以后的愉悦感，使教学主题更加明确，并通过悬念的设置，诱发学生探究的欲望和继续学习的积极性。

一堂生动活泼的具有强烈感染力的课犹如一支经典乐曲，“序曲”扣人心弦，“主旋律”引人入胜，“尾声”余音绕梁。对一堂课而言，导入是“序曲”，结束环节是“尾声”。精心设计好一节课的开头，在使学生原有知识内化的同时揭示教学的主题，并以此引起学生的兴趣，激发学生的求知欲，所谓“课伊始，趣已生”，无疑是非常重要的。有效地帮助学生总结知识的要领，巩固和深化所学的知识与技能，继续保持浓厚的学习兴趣也是非常重要的，即做到“课虽尽，趣犹存”。教师恰当地运用结束技能，就能为一个教学阶段或一节课画上一个完美的句号。

(一)形成知识网络

布鲁纳在《教学过程》一书中曾指出：“无论我们教什么学科，务必使学生理解该学科的基本结构。”在教学过程中，教师应使学生对章节或学习单元的结构有所理解，并掌握该结构中知识之间的关联。学生对知识的学习是在对教学内容的展开、分析过程中进行的，在这一过程中，不可能对知识形成系统、明确的认识。当学习过程进行一阶段后，需要通过归纳、总结形成系统的认识。

运用结束技能，通过强调教学内容的重要事实和规律，使学到的新知识系统化；通过概括、比较相关知识，使新知识与原有的认知结构系统化，形成巩固的知识体系。

(二)承前启后

课堂教学中经常出现几个课时才讲完一个完整教学内容的情况，这就要求教师安排教学时格外注意结束的设计，既要使结束起到对本节课的教学内容进行概括总结的作用，又要使结束为下一节或以后的教学内容做好铺垫。较好的方法是教师通过设置疑问，引起学生对后续学习材料的兴趣。典型的做法是教师在结束时，安排一些用旧知识解决新问题的练习来激发学生的学习兴趣。这种做法不仅可以帮助学生归纳整理所学的知识，而且可以培养学生独立思考的能力和思维的灵活性、创造性。

教师在进行课堂小结时，既要概括一个问题的主要内容，又要巧妙地引出下一个问题的讲解；在全课的总结中，要为讲授以后的新课题创设教学情境，埋下伏笔，促使学生的思维活动不断深化，诱发继续学习的积极性。

(三)促进学生智能的发展

教师通过教学的结束，留下悬念，埋下伏笔，促进学生的思维活动深入开展，引导学生总结自己的思维过程和解决问题的方法，进一步诱发学生继续学习的积极性，便于学生在课后进行有针对性的复习。巧妙的结束方法的运用，既能引导学生总结自己学习本课时内容的思维过程和解决问题的方法，又能促进学生智能的不断发展。

(四)对学生进行个性陶冶和品德培养

巧妙的结束，可以使学生领悟所学内容主题的情感基调，做到情与理的统一，并使这些认识、体验转化为指导学生思想、行为的准则。在课堂教学结束时，教师可通过精要的总结或揭示本质的提问，使学生领悟到课堂教学内容的情感基调和知识核心，做到前因与后果的融合，激励学生将这些体验和知识转化为指导学生思想行为的准则，达到对学生进行个性陶冶、品德培养的目的。

(五)检查或检测学习效果

教学结束经常以完成各种类型的练习、实验操作、回答问题、进行小结、改错和评价等方式进行。以训练行为技能为目标的教学，结束部分一般为自主练习。结束技能的运用，能把单一的简单技能逐步形成综合技能，并通过实践，使技能更加熟练。

(六)及时复习、巩固和运用所学知识

布置思考题和练习题，对所学知识及时复习、巩固和运用。每节课的知识内容都包含了一定的信息量，这些信息不是孤立的，而是有一定联系的，是按照一定的逻辑组合而成的。运用结束技能对一节课或一单元课所学的知识信息进行及时的系统化总结、巩固和应用，使学生对新的知识更加清晰，能理顺一条逻辑结构主线。经过这种及时的小结、复习，可以将知识信息从原来的瞬时记忆转化为短时记忆或长时记忆，起到复习巩固的作用。

二、结束技能的设计

(一)结束技能的构成要素

导入是“起调”，结束是“终曲”，完美的教学必须做到善始善终。课堂教学的结尾要根据本节课的教学内容，将学生分散的知识集中起来，进行系统总结，帮助学生理清思路，由感性认识升华到理性认识。所以，结束技能和导入技能一样，也是课堂必不可少的一个环节，是衡量教师教学艺术水平的重要标志之一。按照构成要素，结束技能可分为以下几个部分。

1. 给出信号

在刚要进入教学结束阶段，教师通过结束性的语言，如“好！××××的内容，我们今天就先学到这里，接下来我们来总结一下"，或者通过概括教学任务和对照教学主要内容的进展情况，给学生一个信号：教学活动已经进入总结的阶段。帮助学生将思绪带到教学活动的结束部分，为学生主动参与总结提供心理准备，对整个教学内容进行简单的回忆，整理认识的思路。

2. 提示要点

在课堂教学结束部分，指出本节课教学内容的重点、难点、关键点，进行归纳、概括，对本节课的知识点进行梳理，使课堂教授的知识条理清晰、逻辑性强、重点分明。在教学活动中，教师可以独自进行总结，也可以进行互动，带领学生总结，从而使学生掌握概括所学知识的能力。最后概括本节课的教学要点，明确结论，必要时教师可以进一步说明，进行巩固和强化。

3. 检验学习结果

学生是学习的主体，离开了学生的积极主动参与，教学就没有意义。一堂课下来，学生掌握的情况如何，教师应该做到心中有数：在教学结束的部分，教师可以通过组织学生进行练习或提出问题等方法来检验学生本堂课的学习效果，及时获得教学反馈信息。采用的检验方式多样，但注意要循序渐进，既要达到检验的目的，同时还要让学生感到获取知识的愉悦，体会学习所带来的快乐。

4. 应用巩固

在课堂结束时，巧妙地进行设计和组织，可以通过提问、练习、小测等方式创设情境，让学生感受到问题的存在，发现自身薄弱的部分。在解决问题时，不是简单地告诉学生答案，而是引导学生把所学知识应用到新的情境中，自己去发现、去探究，探索解决的办法。通过解决实际问题，学生加深了对新知识、新技能的理解、掌握和巩固，并且能够进一步激发学生的思维，更好地提高课堂教学效果。

5. 拓展延伸

化学课堂教学的结束不应是简单的重复罗列。在结束时不仅要总结归纳本节课所学的知识，把前后知识联系起来，帮助学生理清易混淆的知识和概念，使学生形成巩固的系统化知识，而且要与其他学科、生活现象等联系起来，在化学学科与其他学科之间建立起一条广泛的知识信息纽带，形成完善的知识结构体系。这样既有利于求同，使知识深化，又有利于求异，促进思维向多方向展开。

(二)化学教学常用的结束方式

1. 延伸式

有些课讲完后，不应是学生学习的结束，而应把课尾作为联系课堂内外的纽带，引导学生向课外延伸、扩展，开辟第二课堂，引导学生观察、思索，加深对所学知识的理解和联系。例如，在"硝酸"一节教学中，知道了亚硝酸钠的用途和对人体的危害。可提出问题："如果误食亚硝酸钠，人会有什么症状？"问题一出，学生纷纷抢答。趁学生兴趣浓厚之际，又提出一个问题："假如你是工地上的厨师，用什么方法可以把亚硝酸钠与食盐区别开？"要求学生积极寻找知识应用。这样就把学生在课堂上激起的学习热情延续到课外，鼓励学生走出课本，探索生活中的知识。

2. 悬念式

讲究教学艺术的教师一般都深知"下课是一节课的结束，但最忌的是真的结束了"。所以，他们在"结课"时常使用设立悬念的方法，在学生"欲知后事如何"时戛然而止，从而给学生留下一个有待探索的未知数，激起学生学习新知识的强烈欲望，使"且听下回分解"成为学生的学习期待。尤其当上下两节课的内容和形式均有密切联系时，更适合用悬念式结课。例如，在"葡萄糖"一节的教学中，对葡萄糖的性质进行解析后，提出"葡萄糖的结构式中有醛基的存在，那么蔗糖、麦芽糖结构中有无醛基，用什么实验来证明呢？留待下节课学习"。学生一定想知道这里的奥秘，急切地等待下一节课，并在课下预习，研究验证实验，为上好下节课做好铺垫。

3. 实验验证式

在教学中，有些内容难以理解，若能设计一些演示实验作为课的结尾，这样的小结既可以突出重点，克服难点，又有利于加深学生对教学内容的理解和记忆。例如，"原电池的原理及其应用"一节难度较大，学生不易理解。在结尾时可演示这样一个实验：利用原电池带动音乐卡，开始只能使音乐卡响起，而小灯泡不亮，最后引导学生利用学过的物理知识将两个原电池串联起来，从而使声、光效果同时产生。这样的结尾，学生觉得生动和直观，有利于对"原电池的原理及其应用"的理解和记忆。

4. 总结回味式

在一堂课结课时，用准确简洁的语言，以浓郁的色彩、艺术的含蓄，提纲挈领地把整节课的主要内容概括归纳，给学生以系统、完整的印象，可促使学生加深对所学知识的理解和记忆，培养其综合概括能力。用于总结的语言不是对所讲述的内容的简单重复，而是有所创新，总结可由教师做，也可先启发学生做，教师再加以补充修正。苏联教育家达尼洛夫和叶希波夫认为，通过总结学生在课上听到的主要事实和基本思想来结束一节课是有帮助的。因为在他们看来，一节课的结束工作做得认真、合理而灵活，就会使学生感到一节课的完整性。总结回味的方式可视具体情况灵活变化。

5. 图表对比式

运用图表对比可以把知识内容叙述得简化、精练、醒目。相关知识的共性与个性写在表格中，可提高学生的逻辑思维能力，增强理解记忆。氧化反应和还原反应、电离与水解、乙烯和乙炔的性质比较等均可运用此方法。

6. 自由复习式

课堂教学，重在 40 分钟或 45 分钟的效益。为追求效益，许多教师首先便从讲课内容上进行扩充，想着让学生在这一节课上接受高容量的知识。基于这个目的，课堂上必然分秒必争，更不用说在课尾留一点时间让学生自由复习或总结了。实践证明，在学生基础、情感适合的情况下，适当加大容量，课堂效益的确会有较大的提高，而那些不考虑学生和教学内容实际情况的大容量方式只会起到负效应。在结课这一环节中，从知识的理解、识记的规律上来说，应当安排一点时间让学生自主整理这节课的内容，并且在理解的基础上加以记忆。需要强调的是，理科忌死记硬背，但理解也离不开记忆，与其抢着在最后几分钟讲一个例题，还不如将这几分钟留给学生，让学习的主体——学生，针对自己这一节的学习情况去活动、调整，让建立在大脑皮层的知识表象更清晰深刻，以尽量减少在接下来其他学科的学习中淡忘本节所学的知识。

(三) 结束技能的设计要点

1. 结课应遵循的原则

好的“结课”能给人以美感和艺术上的享受，但这不是教师只凭灵机一动就能达到的效果，而应在平时的教学中增强对“结课”的设计意识。

(1) 及时性原则：教师要及时小结和复习。心理学有关记忆的研究表明，遗忘具有先快后慢的不均衡趋势，及时的小结和复习可以防止学习之后的快速遗忘，提高学习记忆的效率。因此，任何一个相对独立的问题结束时，都应及时小结、巩固。

(2) 主体性原则：学生的主体地位应体现在课堂教学过程的始终，教师要立足于引导、点拨、启迪，让学生积极参与，师生共同完成结课。这样，才能调动学生学习的积极性、主动性和创造性，发展学生的思维，提高教学效率。

(3) 完整性原则：在新课导入时，教师常设置问题悬念，引导学生去探究、解决问题，然后开始课堂学习。因此，课的结束也应当紧扣教学内容，使其成为整个课堂教学的有机组成部分，做到与导入新课相呼应。如果导课精心设疑布阵，而讲课和结课都无下文，则在结构或逻辑上让学生感觉不完整。特别有些课的结尾实际上就是对导课设疑的总结性回答或是导课思想内容的进一步延续和升华。另外，教师的“结课”还应注意结在横断面上，即讲授内容告一段落，或讲完了某些问题时，以使这部分内容显得系统连贯，相对完整，即结课的另一含义就是阶段知识“小结”。但此“小结”也须讲究一定的艺术，使这一部分知识更显得系统有序，学生易于掌握。

(4) 针对性原则：结课要依据教学内容和不同年龄段的学生特点来进行，做到提纲挈领，突出重点，提炼概括，升华思想，并具有鲜明的针对性。第一，结课活动要针对学生理解的疑难处、知识的关键处、后续学习内容的连接处展开，要通过结课进一步揭示、巩固所学知识，提高综合运用知识的能力，并为后续教学打下基础，埋下伏笔。第二，结课要注意对学生易错易混淆的概念、法则、公式进行辨析，予以强调，引起重视，防微杜渐。第三，结课要考虑学生的心理特征和年龄特点。一般来说，低年级宜用活动式结尾，让学生在游戏、儿歌、谜语中领略所学知识的美，感受新知识的用处；对于中、高年级的学生，应侧重知识的内在价值，努力在结尾时形成一次思维高潮。

(5) 概括性原则：结课时要紧扣教学目的，抓住教学重点和知识结构，针对学生掌握知识的情况，以及课堂教学的情境，采用恰当方式总结。总结要精练，有利于学生记忆、检索和应用。结课应概括本单元或本节课的知识结构，深化重要事实、概念和规律，因为这些基础知识具有很强的抽象性，能进行广泛的迁移。在结课时，教师有意识地将所讲的知识点进行总结概括，能使知识体系条理化、系统化，可以加深学生对知识的理解，减轻记忆的负担，有利于学生对知识的掌握，促进知识的正迁移。

(6)适度性原则：课堂教学时间规定为45分钟或40分钟，是有其科学依据的。有些教师通常会忽视这一规律，在结课时还意犹未尽，得寸进尺，实施“拖堂”，打疲劳战。但拖堂既不符合学生生理特点，又对学生造成思维惰性、心理疲劳等负面影响，更直接对学生下面的课堂学习造成不良影响。因此，教师如非必要，最好应按时结课。

(7)创新性原则：结课时要充分发挥教师的主观能动性，站在知识的相对“制高点”上，形式多样，生动活泼，适当采用开放型的结束方式，从不同角度、不同侧面活化知识、点拨思维，鼓励学生采用发散思维，培养他们丰富的想象力，激发学生进一步学习的积极性和热情，使知识得到活化和升华。

2. 结课应注意的问题

学生在听化学教师的课时，时常会留下“美妙引入，草草收场”的遗憾。据多方面了解，这种“头重脚轻”“虎头蛇尾”的现象司空见惯：拖堂者有之，匆匆走出课堂者有之，最后十来分钟闲在教室里走来走去“空度时光”有之，演砸了哭鼻子的也有之。这些现象告诉我们，“结课”不可小视，应在以下几个方面认真等待。

(1)“草草收场”的原因与对策：一是师生互动时间没有把握好，就某个问题讨论时间过长或过分简短；二是某几个设问对学生估计不足，或冷场或过分热烈；三是教师借题临场发挥太多；四是某个实验失败或有关设备发生故障；五是教师身体、情绪等方面原因或其他突发事件等。思想不重视，平时较随意，在“结课”前又无法有效调整，缺乏灵活性，表面上反映的是时间调控、安排的问题，事实上却可以从一个侧面反映出教师的教育机智素养和点拨功底，以及处理突发事件的水平等。教学过程中出现这样或那样的问题是不怕的，有时时间空闲或紧迫也在所难免，但关键是如何巧妙调整，有效把握，恰当弥补。

(2)“结束”欠缺的完善设计：不同类型的结束有不同的特点和功能作用。有的起到归类小结、提炼规律的作用，有的具有复习深化、开阔视野、指导应用的效应。在教学中，要根据每堂课知识、学生的特点重视“结课”设计，做到有的放矢，灵活运用。一般来说，教师在备课时都会考虑结课环节，但是教学中的突发事件不可预料，把握不好很容易造成“拖堂”或“冷场”，这就需要教师临场应变，巧妙“救急”，稳妥“急刹”或适当补充。当时间来不及时，第一，采用归类式。点出提纲让学生自己完成归类小结，或列表让学生填表整理，或留一部分让学生自己补充完整，不要拖堂，也不必非要讲完不可，这样做的效果或许比坚持讲完要好。第二，采用续解式。“结课”常有随堂练习和讲评，如果时间来不及，可让学生课后再解或请学生一题多解或确定哪种最佳，完善解题步骤或方法，让学生自己体会。第三，采用思考式。如果来不及讲课，可以马上将有关内容转化成思考题，让学生思索、拓展、深化，这不失为一种好方式。第四，采用悬念式。钟声一响，紧急“刹车”，马上结课：“这个问题究竟如何，且听下回分解”，即设计悬念，让学生回味无穷。第五，采用动手式。有时某个实验还未完成或来不及做或失败了，可以告知学生课后去实验室试验，或留下有关实物、模型让学生自己观察、分析。时间还有剩余时，第一，采取讨论式。学生配合较好，上课顺畅，时间多余，安排学生练习是一种方式，但也可以临时想出某个问题与学生一起讨论，利用好剩余的时间。第二，采取预习式。安排学生阅读课本中下节课内容，适当点拨指导，或在教室网络中调出有关科普知识或相关内容让学生阅读(这种方法要早做准备，下载有关资料备用）。第三，采用联系式。引导学生联系生产、生活实际或某个特例，或增加、补充有关实验、模型等。

总之，丰富多彩、形式多样的“结课”方式同样能唤起学生学习的浓厚兴趣。由于突发事件或时间把握不好时，教师应灵活机智，有效弥补，随时应变，仍会收到预想不到的良好效果。这不仅需要教师处变不惊，而且更重要的是端正认识，切不可马虎，更不能草率。对教材、对方法、对学生要有更深的研究，重在平时积累，丰富自己的知识，掌握“救急”的方式，以提高课堂效果，培养学生能力。

三、结束技能的应用

（一）运用结束技能的基本要求

教师在将要完成一项教学任务时，运用结束技能引导学生巩固、扩展、延伸和迁移所学知识。从不同的角度可以将结束技能分成不同的类型，每种类型各有优势。在实际的课堂教学中，采用哪种类型的结束技能应服从、服务于教学目标的需要，根据教学内容、学生实际、设施设备情况而确定。结束环节的教学，既不能草草收场，也不能哗众取宠、离题万里，更不能天马行空、故弄玄虚，使学生产生厌学、惧学、恐学情绪。明代文学家谢榛在谈及文章的开头和结尾时说：“起句当如爆竹，骤响易彻；结句当如撞钟，清音有余。”课堂教学的结束也应如文章结束一样，如撞钟而留下不绝于耳的清音，给学生留下不绝于脑的思索。

1. 目的明确

教师必须以每节课的教学目标为依据，以及时巩固课堂教学效果为首要目的，恰当地选择与运用结束技能。无论采用哪种结束方式，都要紧扣教学目的、重点和知识结构，分析、了解学生的认知基础，依据学生的认知特点，借助各种现代教学技术手段，采取适当的方式引导学生将所学习的知识系统化、个性化，快速、有效地构建学生的认知结构。增强学生对所学知识记忆、理解和运用的能力，以达到培养和提高学生学习能力的目的。结束要简洁明快，干净利落，语言不要拖泥带水，要有利于学生回忆、检索和运用所学知识。

2. 内容正确

教师在将要完成一项教学任务时，通过重复强调、概括总结、实践活动等方式，引导学生巩固、扩展、延伸和迁移所学知识，并使其系统化。对知识的扩展、延伸，必须符合知识本身的内在逻辑结构，又要与学生的认知结构具有同构机制，符合学生的认知水平，满足学生的认知需要，符合事物发展变化的基本规律，也就是说，内容必须具有科学性。

3. 及时巩固

心理学研究表明，学生的记忆是一个不断巩固的过程。由瞬时记忆到短时记忆再到长时记忆，有一个转化过程，实现这个转化过程最基本的手段是及时总结，周期性地复习、巩固。孔子主张的“学而时习之”，说的就是这个道理。因此，当课堂教学接近尾声时，尤其是讲授逻辑性很强的知识时，为使学生保持记忆，有效地转化知识，教师应引导学生及时小结、复习巩固。课堂教学的结束不能随意化，在哪里结束，什么时间结束，采用何种结束技能，应该是课前就构思好的，而不是“走到哪里黑就在哪里歇”，上到哪里算哪里。这就需要教师精心设计，做到心中有数，详略得当，还要把握好时间，准时下课，不能提早也不要拖堂。

4. 方法适宜

在结束环节，并不是简单重复所学知识，而是对本课或本阶段所学知识进行概括，深化对重要事实、情节、规律和概念的理解，经过精心的设计与巩固，提高学生知识内化的效率。这要求教师在引导学生总结时，一是要善于抓住关键性的问题和知识的关键点，提纲挈领，语言简洁、准确，观点鲜明，结论精练，贯彻少而精的原则；二是选择适当的结束方式，表现形式合理，节奏紧凑，以较短的时间获得较大的巩固效应。结束技能的类型多种多样，应根据不同的学科、不同的内容、不同的课型，采用恰当的结束方式，自然而不矫揉造作，与课的导入前后呼应，使其前后贯通，展示课堂教学艺术的魅力，避免因形式单一、方法简单而导致学生感到枯燥无味，丧失学习的兴趣、信心和动力。

5. 富有启发性

课堂教学的结束不仅要达到巩固所学知识的目的，更重要的是，通过教师的精心设计和组织，进一步启发、点拨、诱导学生，引起学生再学习的兴趣，激发学生的探究欲望。兴趣是学习之母，是推动学习的动力，又是发展思维能力的催化剂。在课堂教学结束时，有意设置一些悬念，唤醒学生的主体意识，鼓励学生运用发散性思维积极思考，展开想象，发挥学生在学习过程中的主体性，积极、能动地参与学习，促使学生最大限度地利用已有知识去反思、探求、创新，感受成功，体验快乐。新课程标准在评价课堂教学是否成功时，师生在课堂教学中的互动性是一项重要的指标，因为离开了学生的积极参与，课堂教学就如同一潭死水，不可能荡起美丽的涟漪。

6. 渗透德育

课堂教学的结束总是在引导学生将知识系统化、简约化的同时，通过教师精要的论述或师生揭示问题本质的问答，使学生领悟所学内容的主题，把握所学内容的精髓。精当的结束可以达到情与理的有效融合，并激励学生将所学知识内化为行为的准则，达到对学生进行个性陶冶和品德培养的目的。

7. 重视实践

在教学的结束环节应安排适当的实践活动，如练习、讨论、问答及实验等。实践活动既能强化所学知识与技能，促进学生的思维发展(如集合思维和创造性思维等)，又能训练、提高学生分析问题和解决问题的能力，培养学生的抽象概括能力和表达能力。需要注意的是，在开展实践活动时，要遵循适度性和具体性原则。

(二)结束技能训练应注意的问题

结束技能是课堂教学的一项基本技能，也是教师的学识、智能及课堂应变能力的综合运用。结束技能运用得好，可以展开学生思维的翅膀，使他们深思求解，有所启迪。

1. 明确结束技能训练的过程

一般来说，结束需要经过简单回忆、新旧知识的联系及巩固应用、深化拓展这三个阶段。

(1)简单回忆阶段。简单回忆阶段也称概括要点阶段，即对整个教学内容进行简单回顾，整理思路。指出本次教学内容的重点、难点，必要时可进一步说明，对其进行强化。

(2)新旧知识的联系及巩固应用阶段。在所学新知识与原有知识之间建立联系，并把所学到的新知识应用到新的教学情境中，解决新问题，在应用中巩固知识，进一步激发思维。

(3)深化拓展阶段。通过对一些变化和讨论的评价，使学生对所学知识的应用条件深化理解，开拓学生的思维或把前后知识联系起来，形成知识体系，并进行适当的拓展和延伸。

2. 课堂教学结束要做到水到渠成，自然完成

课堂教学结束是一节课发展的必然结果，它既反映了课堂教学内容的客观要求，又是课堂教学自身科学性的必然体现。教师在课堂教学时，要严格按照课前设计的教学计划，由前到后地顺利进行，力求有目的地调节课堂教学的节奏，有意识地照顾到课堂教学的结构，使课堂教学的结束水到渠成，自然妥帖。为此，教师在教学时要注意避免出现以下两种弊端。

(1)课堂教学节奏过快，较早地讲授了课堂教学的主要内容，实施了课堂教学的主要环节，给结束留的时间过多，结果学生无事可做，教师只好搪塞过去，严重影响课堂教学结构的完整性，降低了结束技能应发挥的作用。

(2)课堂讲授“拖堂”。有的教师讲课爱“拖堂”，其主观愿望是想使学生多学一点，但客观效果却适得其反，最后只好三言两语仓促结束课程，学生既无暇总结课堂所学知识，更无法消化理解。不仅如此，讲解“拖堂”，势必加重学生大脑的负担，影响良好思维效能的发挥和下节课的学习效果。

按照事先制订的教学计划，准时开始，准时结束，是教师所应具备的基本功，也是一门艺术。每个教师都应充分备课、周密安排课堂教学活动，适时调节课时容量，善于根据课堂教学的客观实际改变教学进程，避免出现前紧后松和前松后紧或“超负荷”现象。

3. 课堂教学结束要注意结构完整，首尾照应

教学是有客观规律可遵循的。依据教学的客观规律，课堂教学应是由几个相互联系的环节组成的一个完整的统一体。课堂教学结束作为其中一个不可缺少的重要环节，应充分考虑并发挥自身的地位与作用，使课堂教学成为完成一定教学任务的结构完整的有机统一体。教师在设计课堂教学结束时，首先要考虑为实现特定的教学目标服务，在这个统一目标下，加强前后联系，保证课堂教学结构的完整性，以防止将课堂教学结束孤立起来。

4. 课堂教学结束要做到语言简洁精练，紧扣重点

课堂教学结束的语言一定要少而精，紧扣教学中心，梳理知识，总结要点，形成知识网络结构，干净利落地结束全课。总结全课时要做到首尾呼应、突出重点、深化主题，让学生的认识产生一个飞跃。课堂教学的结束语不可冗长，应是高度浓缩，画龙点睛，一语中的。教师应在结束前几分钟的短暂时间内，以精练的语言使讲课的主题得以提炼升华，使学生对课堂所学知识有一个既清晰完整又主题鲜明的认识。

5. 课堂教学结束要注意内外沟通，设疑激趣

在学校教学中，课堂教学只是教学的基本形式，而不是唯一的组织形式。为了充分发挥各种教学组织形式在培养学生中的协同作用，课堂教学结束时，不能只局限于课堂本身，要注意课内与课外的沟通，学科课程与活动课程的沟通，本学科课程与其他学科课程的沟通，有助于学生拓宽知识面，培养学生的综合素质知识。教学是一个不断置疑、释疑、再设疑、释疑的螺旋式上升过程，为了设疑激趣，引导学生不断思考，在课堂教学结束时，教师要注意给学生留有思考的余地，以激发学生的积极思维，培养学生的创造性思维能力。

6. 课堂教学的结束设计必须注意体现教学目的

课堂教学的结束形式和方法灵活多样，或概括归纳，或提示引导，或布置作业练习，或组织学生讨论，或提问答疑，或总结讲评，等等。无论是总结知识、培养能力的活动，还是发展智力、进行审美教育和思想品德教育的活动，都要为完成特定的教学目的服务。同时，还要采取适宜的方法和形式，突出教学内容的重点，加深学生对课堂教学内容的理解、记忆和思考，从而有效、圆满地完成教学任务。

（三）结束技能训练评价表

结束技能训练评价表见表 6-10。

表 6-10　结束技能训练评价表

评价项目	评价等级			权重
	好	中	差	
1. 结束环节目的明确，紧扣教材内容				0.15
2. 结束有利于巩固所学的内容				0.15
3. 结束环节及时反馈了教学信息				0.15
4. 结束有利于促进学生思维				0.10
5. 结束安排学生活动				0.10
6. 教师语言清晰、简练生动				0.05
7. 结束布置的作业及活动面向全体学生				0.10
8. 结束活动进一步激发学生兴趣，且余味无穷				0.10
9. 结束环节时间掌握好				0.10

结束技能训练教案案例

	课题：二氧化硫的性质与作用	训练技能：结课技能
教学目标	1. 知识技能 使学生理解二氧化硫的性质和作用，了解酸雨的形成、危害和防治方法 2. 能力方法 (1)通过对酸雨的形成、危害和防治方法的讨论，掌握证明二氧化硫性质的实验方法 (2)通过实验、查阅、讨论、探究方法等学习过程，初步学会搜索、自学，学习提出问题、解决问题，增强创新精神，提高创新能力 3. 情感态度 (1)认识二氧化硫在生产中的应用和对生态环境的影响，发展学习化学的兴趣，乐于探究物质变化的奥秘 (2)通过防治酸雨和环境污染的学习和教育，增强环保意识、社会责任感、参与意识，形成牢固的“可持续发展”观	

续表

时间分配	教师行为	学生行为	教学技能要素	设计意图
30s	【讲述】好，同学们，通过刚刚的学习，我们对二氧化硫的性质有了一定的了解。现在，让我们一起来回忆一下二氧化硫具有哪些性质。 【展示 PPT】	回忆 回答：无色、有刺激性气味的毒性气体	直接切入	以总结性的精练语句快速进入结课阶段
3min	【提问】首先，我们通过观察，了解了二氧化硫的物理性质，它是什么样的气体呢？ 【讲述】对的，我们还知道了，二氧化硫易液化、易溶于水，且密度比空气大。 【提问】接下来，我们就学习了二氧化硫的化学性质。首先，通过 pH 试纸我们知道了二氧化硫的什么性质呢？ 【讲述】对。所以，二氧化硫具有酸性氧化物的通性，就是……与什么反应生成什么？ 【讲述】接下来，我们还学习了二氧化硫具有氧化性。其中一个典型的化学反应，有同学回答一下是什么吗？ 【评价】很好，请坐。 【讲述】接下来，除了氧化性，我们还学习了它的还原性，二氧化硫能被双氧水、高锰酸钾等强氧化剂氧化。那么接下来还有一个性质就是……	跟着一起回忆并回答 回答：酸性气体 回答：与碱反应生成盐和水 回答：二氧化硫与硫化氢反应生成淡黄色的硫单质的反应 回答：漂白性	提出问题 提出问题 反应评价 提出问题	通过问题，提示大家回忆二氧化硫性质的要点 通过问题，让学生回忆二氧化硫的性质 对重点单独提问，以达到强调目的 强调学生容易忽视的知识点，并解释该知识点在习题中的运用
4min	【讲述】对的，二氧化硫能使品红溶液褪色。 【强调】这种褪色是暂时的，加热后品红溶液会恢复颜色。这一点也是在做题中使二氧化硫区别于其他漂白性气体的特点。 【讲述】好，除了二氧化硫的性质，我们这节课还重点学习了酸雨的形成过程。 【展示 PPT】大家看这幅图，二氧化硫通过一系列的氧化反应，最终形成了硫酸。从这一幅图可以看到这是在大自然中形成硫酸的过程，那大家知道我们在实验室中用到的硫酸是怎么来的吗？硫酸的工业制备方法是什么呢？ 【结课】好，下节课将为大家解答。请大家在课下预习下一节课“硫酸的制备与作用”，并完成课本 95 页的第 5、9 题。好，下课！	老师再见		通过回忆酸雨的形成，反问学生硫酸的工业制备方法，从而为下节课“硫酸的制备与作用”做铺垫

阅读链接

课堂教学结束技能的优化探析

一、教师保持良好的心理素质是优化课堂教学结束技能的前提

课堂教学结束，教学任务圆满完成时，教师往往有一种满足、欣慰、愉快的心理体验，这个时候，教师就要学会把饱满的情绪、活跃的思维用富有说服力和充满感情的语言将学生的思维引向深处，使学生在强有力的科学结论和心理共鸣的情感氛围中享受学习的乐趣，让学生觉得时间虽尽但意无穷，为后续学习奠定坚实的认知基础和情感铺垫。如果课堂的教学目的没有达到，教师要沉得住气，冷静而又迅速地分析原因，灵活地调整教学计划、教学进度、教学目标，务实、耐心地为学生之后的学习重新铺垫，消除学生的心理障碍，激发他们新的学习兴趣，寻找新知识与旧知识之间的桥梁，继续保持学习的激情和注意力。

对于迷惘的学生来说，教师的失败情绪会引起学生的过度焦虑，而过度的焦虑会使学生的学习兴趣消失殆尽，使学生产生自卑感，甚至会损伤学生的自尊心。如果教师在课堂教学结束时感到教学的失败、目的没达到，往往都会不同程度地表现出焦虑情绪，进而影响学生的学习。因此，教师一定要学会控制、调整自己的情绪，以积极的情绪感染学生，在较为融洽的课堂氛围中对预定的目标退而求其次，以退为进。一切根据学生的学习状态、教材的难度和学生遇到的实际困难而适当调整教学计划。

此外，教学结束的成功，很大程度上还取决于教师是否经常进行有准备的工作。上课之前，教师应当周密思考结束时所需要的材料，要精心地进行准备，不能仓促而就。一般来说，结尾之前的准备可以分为三个阶段。第一阶段，构思导语。思考导语的主题，提出问题和中心，考虑阐述的风格及结构形式。第二阶段，制订内容。这是一项多方面的工作，它要求教师根据教学目的和要求具体制订结尾的内容和形式。第三阶段，具体表演。这就是教学效果检验，教师在讲台上上课，其生动、中肯的语言，配上恰当的动作，就能集中学生的注意力，调动学生的探究心理，增加学生的兴趣，活跃学生的思维，使课堂教学的结尾进入最佳态势，实现课堂教学目标。

二、教师学会把握学生的学习心理状态是优化课堂教学结束技能的重点

在教学结束时，要从学生的心理特征出发，注意学生在教学结束时的心理状态。学生经过课堂的初始阶段和中间阶段学习后，心理状态一般分为两种情况：一种是学生懂得了所学内容，心理特点的突出表现是心态愉悦、心理满足；一种是未懂所学的内容，心中仍处于迷惘状态，其心态惆怅、心理不满。在教学结束的环节，知识点学懂了的学生，心里容易产生满足感，有心领神会的愉悦感，但同时又存在淡化兴趣、抑制深入思维的消极心理。根据这一心理特点，教学结束时教师应通过综合贯通的方式，将纵向的、横向的知识点联结成有机的系统，使学生进一步知道知识是怎样关联的。同时，引导学生将所学知识融会贯通，将所学知识向更高的层次提升，向更新的领域拓展，从而形成良好的认知结构。这样才能保证学生既能保持积极的心理，又能防止消极的心理，达到预期的课堂教学目标。

如果仅因教学时间快要结束而仓促结尾，以显示课堂教学表面上的完整性，那么再精心设计的教学结尾也是徒劳的。因为学生不具备相应的认知结构，任何教学都是无意义的。对于学生来说，教学结束阶段仍是学习的重要环节。如果新的学习任务不能同认知结构中原有的观念存在清楚的继承关系，那么新获得的意义就没有可固定的心理支点，学生会很快遗忘所学知识，陷入迷惘状态。在有意义的学习中，学生认知结构中必须要有可以用来同化新知识的、起固定作用的原有结构，否则学习将是机械的，不是真正意义上的学习。所以，在这种情况下，教师一定要分析学生的学习心理状态，以学定教，重新调整学习目标和学习任务，根据教学过程的实际情况生成新的、灵活的、富有实效的教学目标。

三、教师学会遵循学生的心理特征进行教学是优化课堂教学结束技能的条件

遵循学生心理的一般特征，使学生对所学知识心领神会，这是所有教师追求的目标。为了达到这一目标，教师需要精心选择教学内容，设计教学步骤，而学生也要具备相应的心理基础。在课堂教学结尾时，教师应根据学生主体的要求，在学生已有的认知结构基础上，恰当地归纳、延伸教学内容，打破学生已有的心理平衡，帮助学生在追求新的平衡过程中，不断内化、同化新知，改造原有的认知结构，从而形成新的认知结构。

同时，教师要学会根据不同年龄阶段学生的心理特征进行有的放矢地教学，但又不拘泥于其心理特征。需要做到以下几点：首先，教学结束时，教师的语言表达要根据学生不同年龄的心理特征选择适当的速度、停顿、语调，还要学会用不同的形式收尾。例如，对外向型学生提问时，宜用直叙性语言和开朗亲切的语调；对内向型学生提问时，宜用启发性语言和委婉的语调。其次，课堂教学结束时，在遵循学生心理特征的前提下，教师可以适度打破心理平衡，破坏学生的满足心理，造成认识心理的“缺陷”状态。根据格式塔心理学理论可知，这会给学生造成一种心理压力，这种心理压力一般称为完形压力。完形压力是指当人观看一个不规则、不完满的形状时，会产生一种内在的张力。这种内在的张力会促使人的大脑紧张地活动，从而填补“缺陷”，努力使其成为完满的状态，达到内心的平衡。

四、教师学会调整学生的认知结构是优化课堂教学结束技能的核心

学习一般是指经验的获得及其内在认知结构的变化过程。从方式上看，学生在课堂教学结束阶段的学习

基本上还是发现式学习和接受式学习。发现式学习是指学生在体会本节课所学内容时有所省悟、有所发现，获得了教材和教师给予的信息，甚至获得了超越教师和教材范围的信息，得到了某种经验，改变了原有的一些心理认知结构，有相应的行为变化。然而，学生的发现过程及方法需要教师的适时启发才能获得，教师负有启发学生发现问题的职责。接受式学习是指教师结合自己的体验，将书中的经验知识传授给学生，使其内化为学生自己的经验，学生所学的内容以某种定论或确定的形式通过教师的传授而获得。

美国当代认知心理学家奥苏伯尔曾把接受式学习分为有意义接受学习和无意义接受学习(机械接受学习)。有意义接受学习并不是被动学习过程，而是一个目前学习内容与原有认知结构相互作用的过程，即新知识被已有认知同化的过程。他认为，在这一过程中，教师的启发作用尤其重要。因此，教师要充分发挥自己在课堂教学中的主导作用，最大限度地调动学生学习的积极性、自觉性，激发学生的思维，引导学生主动归纳、总结，运用课堂所学知识培养学生分析问题、解决问题的能力，使学生在知识与能力、思想与情感方面获得提高与满足感。

五、教师学会认识学生的心理规律是优化课堂教学结束技能的关键

科学认识学生的心理规律和个性心理特征有助于教师运用恰当的课堂教学结束技能。如果学生聚精会神，点头微笑，说明学生注意力集中，他们对教师的结束已经接受，这时教师就要把所讲的难点、重点、关键点复述和总结清楚。如果学生交头接耳、紧锁双眉，说明教师的结束语言不被学生接受，这时教师可根据反馈信息，及时调控、变换形式，使学生注意力集中起来。如果学生东张西望，思想根本不在课堂上，则说明教师的结束方法十分乏味，这时教师需要根据学生个性心理特征变化结束形式，把学生的思想拉回来，创造最佳的学习状态。

记忆心理学关于“近因效应”的研究表明，“近时”的因素是影响保持的重要变量。记忆的“位置系列效应”指出，靠近结束部分的学习内容，在记忆上产生“亲近效应”，越是亲近学习靠后的内容，记忆越好，越难遗忘。艾宾浩斯的遗忘理论也告诉我们：“当对知识开始保持时，遗忘也就开始了。记忆的心理规律是‘先快后慢’。”根据这些规律，教师在课堂教学结束时，应强调必须熟记的重点知识，采用复述、归纳、总结、提炼等方法进行巩固，达到巩固知识和引旧探新的目的。同时，布置巩固性作业也能收到事半功倍的效果。

思考与实践

(1)选一段合适的教材，分别写出教学语言技能、讲解技能、提问技能、演示技能、变化技能、板书板画技能、导入技能、强化技能、课堂组织调控技能和结束技能的微格教案(5～6分钟)，分组进行教学练习并讲评。

(2)在微格教室进行录像，观看录像，师生共同进行讲评，指导教师对学生的教学进行总结性讲评，依据评定标准给出成绩。

第七章　化学多媒体教学技能的训练

第一节　什么是多媒体教学

一、多媒体教学的概念

多媒体教学是指在教学过程中，根据教学目标和教学对象的特点，通过教学设计，合理选择和运用现代教学媒体，并与传统教学手段有机组合，共同参与教学全过程，以多种媒体信息作用于学生，形成合理的教学过程结构，达到最优化的教学效果。多媒体教学通常指的是计算机多媒体教学，是通过计算机实现的多种媒体组合，具有交互性、集成性、可控性等特点，它只是多种媒体中的一种。

多媒体计算机辅助教学是指利用多媒体计算机，综合处理和控制符号、语言、文字、声音、图形、图像、影像等多种媒体信息，把多媒体的各个要素按教学要求进行有机组合，并通过屏幕或投影机投影显示出来，同时按需要加上声音的配合，以及使用者与计算机之间的人机交互操作，完成教学或训练过程。

二、多媒体教学的优势与误区

（一）多媒体教学的优势

多媒体辅助化学教学集声音、图像、视频和文字等媒体于一体，能产生生动活泼的效果，有助于提高学生的学习兴趣和记忆能力。同时，充分利用多媒体的表现力、参与性、重视力和受控性强的特点，既能达到传授知识、开发智力、培养能力的要求，又能实现因材施教和个体化教学的目的。

(1)充分利用多媒体技术，促进化学概念和原理进一步系统化。化学概念和原理是化学基础知识的精髓。如果学生对概念和原理学习不清楚，他们获得的化学知识就必然越来越模糊，对进一步学习产生障碍。但各类化学概念和原理有一定的联系，及时强调概念和原理的关联，全面促进理论知识的系统化，有益于学生对概念和原理的理解和掌握。利用多媒体对文字、图像形象逼真的处理功能，通过分步展示、同类比较、重点强化等手段，使零碎的知识形成知识网络，突出重点，突破难点，达到学生对知识深入理解、掌握的目的。

(2)合理应用多媒体技术，使抽象知识直观形象化。一幅形象的画面，一组动听的声音，一段逼真的动画，往往可以诱发认知的内趋力，使人对自己的认知对象产生强烈的热情。同时，这些情景可以成为思维活动的向导，从而牵动人对认知对象的想象。应用多媒体技术，可使教学活动在很大程度上摆脱时间和空间两方面的限制，宏观世界的博大和微观世界的复杂都能直观再现在课堂上，使许多抽象微观的知识具体形象化。

(3)使用多媒体技术模拟实验，对实验教学进行有效补充。化学实验教学对于激发学生的学习兴趣，帮助学生形成概念，巩固知识，获得实验技能，培养观察能力和实验能力等方面都有非常重要的作用。但有的化学实验由于客观条件的限制不能在课堂上很好地完成。这时就可以使用多媒体技术，模拟这些化学实验，既生动直观又可打破时空界线，是对实验教学的有效补充。

(4)利用多媒体技术编制习题，进行习题训练，提高应用能力。化学习题是化学教学中重要的组成部分，是巩固“双基”、培养能力、发展智力的重要手段。多媒体技术提供了强大的交互功能，利用该功能编制习题，进行习题训练，师生都能及时得到化学学习和化学教学效果的信息反馈，以便及时进行学习和教学的矫正。对于形成性检测，以选择或填空的题型编制习题，课上集体练习，及时出示答案，并合理设置声音、动画，增强了趣味性。

(二)多媒体教学的误区

(1)观念上的误区——多媒体课件一定比传统媒体好。有的教师往往只看到多媒体手段的优点，而忽视了传统媒体的作用，甚至摒弃了传统媒体，把可以使用传统媒体的也全部换成多媒体展示，为了多媒体课件而“多媒体”。其实，传统的教学手段，如实物展示、实验演示、教师示范等的直观性、现实性、低成本是多媒体课件不可替代的。

(2)制作中的误区——过分追求多媒体课件的媒体多样和效果丰富。有的教师在多媒体课件制作中，往往认为媒体越多样，效果越丰富，画面越优美越好，其实不然。在屏幕上看文章很容易忘记内容，原因是学生有了很好玩的技术和手段(计算机)后，他们对技术更感兴趣，而对内容并没太注意。如果教师在课件制作中，过分追求课件的效果丰富、媒体多样、画面优美，会使学生把注意力放到课件技术和效果上，从而忽视了内容本身，减少了学生主动思考的过程。

(3)使用中的误区——课堂教学以多媒体课件代替教师。在多媒体课件的使用上，有些教师往往想用多媒体课件代替教师讲解，自己少讲，甚至不讲。这样，忽视了教育教学活动中师生之间的交流，忽视了教育的“人性化”。过分依赖多媒体课件进行教学，会造成学生被动和机械性的反应，也减少了师生的情感交流，削弱了教师的主导作用。同时，也降低了学生学习信息的反馈量，使教师不能掌握学生学习效果，从而不能驾驭教学过程。

第二节　多媒体教学技能的设计

一、多媒体课件的制作

(1)文字表述重点突出。课件制作应把重点、难点、关键点用较特别的色彩和字体突显出来，以做区别，强化视觉效果上的冲击力，加深在学生心目中的印象。

(2)图形色彩使用合理。版面色调不要过于大起大落，不同版面之间的颜色不要差别太大，一般性内容的表述和重点、难点要有所区别，并且这种区别最好是统一、有规律的，这样学生看到内容的颜色和深浅不同，心中就清楚了该部分在学习中的重要程度。

二、多媒体课件的优化设计

(一)针对教学对象，合理选择课件内容，实现教学目标

根据学生实际、教学内容，合理选择课件及确定实现目标，这是课件设计和使用的首要工作。在化学课的教学中，并非所有的教学内容都借助多媒体实现教学目标。要使用多媒体，就要突出其优势。主要针对那些学生难以理解、抽象复杂、地位重要、教师用语言和常规方

法不易讲清，需要借助多媒体课件才能表达清楚的内容，才使用多媒体课件。在设计和使用多媒体课件时，合理、有效地组合使用各种教学媒体，才能使课堂教学更加优化。①深入钻研教材，找出重点和难点，使课件能根据多媒体和功能，在满足教学要求的前提下，突出重点，突破难点；②把握好学生，了解其知识、能力，使课件的设计和使用切合学生实际，因材施教，充分发挥和发展学生的主体性，便于学生理解掌握知识，培养学生能力，提高学生的认识；③充分发挥多媒体的特长，根据教学内容及特点，精心设计多媒体课件，使其化无声为有声、化无形为有形、化静态为动态，集图、文、声、像及动画等的功能为一体，有效地调动学生的视、听、说等多种感官，达到教学的最佳效果。

（二）精心选择呈现方式

化学教学中有些内容比较枯燥，因此设计的课件尽可能形式生动活泼，恰到好处地应用图、文、声、像、动画等表现方法激发学生的学习兴趣。一个多媒体课件，并不是画面越多越复杂越好，重要的是如何在把握教学重点和难点的基础上，根据学生的需要和能力，设计出符合学生的认知规律、思维特点、情感特征和兴趣的呈现方式，使课件能充分发挥教师的主导作用，调动学生的主体能动性，更好地实现教学目标，全面提高学生的素质。因此，在课件设计和使用时，要注意内容、深度、分量的恰当，选材时要在“精”，而不在“滥”；呈现方式要生动活泼，符合学生和教材内容的特点，否则就会造成适得其反的效果。多媒体技术尽管有许多长处，但不是万能的，必须精心设计，对每一幅画面的呈现方式都要反复研究。例如，怎么用？是否需用动画？选用什么形式才能激发学生的兴趣？选用什么例子才能表现定理、规律的内涵、外延，突出其本质特征，抓住教学中心？怎样引导学生理解和明白教学内容？尽量使设计的课件与教学目标、教师、学生等构成相互作用的有机整体。

（三）精心设计课件的呈现秩序，挑选使用时机

从生动的直观到抽象的思维，从感性认识到理性认识，再由理论到实践，归纳到演绎，这是学生的认知规律和中学化学教学的基本规律。无序或不适时地使用课件会分散学生的注意力，造成无意义的机械学习。教师应根据上述规律，从时间和空间两个维度对多媒体课件的使用程序和时机做出精心安排。在导入、重难点、知识和思维的过渡与转换处，以及学生学习兴趣淡化和思维控制时使用课件，以凝聚学生的注意，激发学生的兴趣，帮助学生把握知识的过程和规律，保证学生有意义的学习，培养学生的观察、思维能力，发展学生运用知识分析、解决问题的能力。

（四）演示与点拨相结合，适时语言控制，指导学生观察与思考

在演示课件时，充分发挥师生的积极性，都是要适时运用语言的控制功能，有步骤地指导观察、思考、探究，然后总结、表述，这是多媒体演示教学的关键。教学媒体能提供生动、直观的视听信息，然而获取这些信息并不是教学的目的。并且单一的演示往往欠深刻，单纯的讲解往往太抽象。因此，教师既要通过演示发挥媒体的优势，又要充分发挥语言的作用，使演示与讲解点拨有机地结合起来，通过讲解把直观与抽象、视听与思考相结合，引导学生在充分感知的基础上，把握本质的规律，加速从感性认识上升到理性认识的升华过程。这对学生掌握知识、发展想象、启迪思维、形成智能等都具有重要作用。

（五）因材施教，合理控制课堂容量的进程

多媒体技术具有对动画、文字、图像、声音等资料重复演示的功能，还具有快现、慢现及逐步展现等调控方便的特点。因此，在设计时要注意根据学生的接受能力和需要，按需使用，合理控制课堂容量和进程，使学生既能在有效的时间内获得较多的信息，又留有观察思考和想象的空间及演练的机会，便于学生加深对知识的理解、巩固和运用。例如，在重点、难点的讲解中，利用多媒体课件的上述特点，有机地快现、慢现和重复，并安排一些练习，既能调节课堂教学的节奏和容量，又能加深学生对所学知识的理解和巩固，并在练习中有的放矢地解决个别与集体的差异，使在讲授中难以照顾到的个别学生，在练习中发现其障碍所在并及时排除，真正做到因材施教，使每个学生的智能都得到充分发展，使师生真正成为教与学的主人。

（六）注重思维的训练，注意德育和美育的渗透

化学课注重学生思维能力的培养，它不像文科课带有观赏性。化学教学中往往涉及物质微观的结构。例如，一些典型分子的构型 CH_4（空间构型）、C_2H_4（平面构型）、C_2H_2（直线构型）、C_6H_6（平面构型）、C_{60}（足球烯分子），在以往的教学中这些分子的结构只能用简单的球棍模型来示意，或靠学生的想象来理解。这些看起来明白，做起题来迷糊，为解决这一难题，可设计相应的多媒体课件，演示这些分子的空间构型，解剖分子的内部结构，让各种分子模型在三维空间中旋转和翻滚，使学生能从多个角度仔细观察、充分比较各类分子的结构特征，深化学生对这些抽象的分子结构的认识和理解。

又如，在学习乙醇的化学性质时，由于乙醇在发生氧化反应、消去反应时的断键、成键问题十分抽象，学生难以理解。若利用多媒体技术，将乙醇的结构及在每个化学反应中断键、成键的实质制作成动画，具体、形象地展示发生反应时断键成键的部位，学生容易理解，记忆深刻，并通过学生进一步的讨论、探究，得出醇催化氧化、消去的实质和规律。多媒体教学使复杂枯燥的化学问题简单化、形象化、具体化，充分调动了学生学习的兴趣，使他们主动地参与课堂教学，发挥了学生在教学过程中的主体和中心地位，真正成为学习的主人。

综上所述，优化设计和合理使用多媒体课件是提高中学化学教学实效性的一项关键性的工作。教师应围绕教学目标，结合化学学科特点、学生实际，潜心研究，精心设计，充分发挥多媒体课件的功能，最大限度地调动学生的学习积极性和主动性，实现教学目标，促进学生素质全面协调发展。

第三节　多媒体教学技能的应用

一、多媒体教学的原则

（一）科学性原则

科学性无疑是课件评价的重要指标之一，尤其是模拟实验，要符合科学性，课件中显示的文字、符号、公式、图表及概念、规律的表述等应力求准确无误，配音要准确。但在科学的评判上要具体分析，如果片面地强调科学性，就会束缚手脚，不利于多媒体课件的应用发展，所以演示模拟实验或现象时应尊重客观事实，反映主要的机制，细节可以淡化，允许必

要的夸张，但不能出现知识性的错误。例如，在讲授电子云时，以氢原子为例，其实它仅有一个电子，因电子在很小的范围内又以相当高的速度运动，也就出现了我们看到许多电子的情况，表示的是电子在氢原子中出现的概率，并不是很多电子在那像云彩一样不动。但有些相关的课件或描述是不准确、不科学的。

(二)适量性原则

多媒体教学手段虽然能带来意想不到的诸多方便和好处，但也并不是越多越好。因为它只是一种辅助性的教学手段，不能过分夸大它的作用，更不能让它替代教师应有的创造性工作，教师不能抛弃传统教学法中的合理有效的东西。例如，在化学计算方面，用多媒体课件教学就不如教师和学生一起推算、一起板书的效果好；化学实验教学中，实际演示就比应用多媒体课件更直观、更具有说服力。教师在课堂教学中的主导地位是多媒体无法取代的。因此，多媒体作为一种辅助性的教学手段，不能代替一切，不能滥用。但有些教师对它缺乏足够的认识，或者整节课全然不用，或者仅靠它来帮助板书而已，这些都是不妥当的。教师应处理好使用多媒体与传统教学的关系，使多媒体课件成为课堂教学的点睛之笔。

(三)适当性原则

多媒体手段好，但既不能滥用，又不能不用。那么，何时用才是恰当的呢？一是用于调动学生的积极性。多媒体的使用能全方位调动起学生听课积极性，使其全身心投入，这样既保证了学生积极参与的可能，又保证了学生的课堂主体的地位。二是用于弥补教师素质本身的不足。三是用于弥补学生生活阅历不足或延伸学生思维空间。

总之，多媒体教学是一种辅助手段，不能不用，但也不能滥用，必须将它与有效的传统教学方法结合起来，根据课堂需要，适时适量适当地运用，以达到提高教学效率的目的。

二、正确对待及使用多媒体教学

(一)多媒体教学的应用要点

化学是一门以实验为基础，研究物质组成、结构、性质、变化及规律的学科。因此，化学教学必须十分重视引导学生观察化学实验，透过实验现象掌握物质的性质、变化，进而揭示物质组成和结构的奥秘。多媒体形象生动，能使抽象的内容形象直观化，微观粒子宏观化，这样学生能更好地理解相关知识。在下列情况下适宜使用多媒体进行教学，能充分发挥其优势。

(1)解释抽象知识教学时使用。在中学化学教材中，有部分抽象的理论知识(如核外电子的运动状态、电子云概念、物质的溶解过程、化学平衡等)，教师感到难教，学生更感到难以理解，靠传统的教学手段难以达到理想的效果，应用多媒体课件辅助，可取得良好的效果。例如，食盐溶于水，通过多媒体技术制作模拟溶解过程，可清晰地把 NaCl 晶体的溶解过程展示给学生。首先在画面上出现一杯水，要看见水分子在做无规则的运动，从结构上要看出水分子是极性分子。把 NaCl 晶体投入水中后，水分子的正极一端吸引 Cl^-，负极一端吸引 Na^+，Cl^-和 Na^+分离，然后水分子把 Na^+和 Cl^-分别包围起来，即 NaCl 晶体在水中完成了溶解过程。学生通过多媒体演示，直观地认识了物质的溶解过程。

(2)模拟错误实验操作时使用。对于化学实验中的一些错误操作所引起的危害性，教师不能演示给学生看，只能口述其错误的原因以及可能带来的危害，这样学生常常认为教师危言耸听，始终半信半疑。如果能用计算机模拟这些错误操作，可以通过放慢动作将实验步骤分解，这样不仅将错误的原因弄清楚了，而且学生看了之后，知道错误操作所引起的危害性，印象会很深刻。例如，在初中化学中浓硫酸的稀释实验，就可利用多媒体技术模拟错误操作及所带来的后果，通过计算机演示，让学生亲眼看见把水倒进浓硫酸时液体沸腾的激烈反应现象，使学生获得深刻的印象。

(3) 模拟危险性(有毒或爆炸)实验时使用。化学教学中经常有一些危险性(有毒或爆炸)实验，污染严重的实验和现象不太明显的实验；还有一些实验可重复性差，耗时长，课堂上难以做到随时调用。例如，高中化学中氯气的制取和性质实验，在实验室虽然能做，但污染严重，实验很难取得理想的效果。运用多媒体技术模拟实验操作和实验现象，并通过计算机演示，学生就可观察到有序规范的实验操作和清晰的实验现象，既取得了理想的实验效果，又避免了有害气体的污染。

(4) 演示实验多时使用。例如，焰色反应实验中，教材上讲了很多种金属的焰色反应的颜色，教师不可能在课堂上演示每一种金属的焰色反应的颜色，如用 flash 动画演示操作过程以及各种元素的焰色反应的颜色，省时又能给学生直观的印象。但是，化学是以实验为基础的学科，把多媒体技术引进实验教学也只是一种辅助的教学手段，绝不能取代常规的化学实验。

(5) 板书内容太多时使用。教学过程中，教师经常花较多时间板书，特别是上化学计算课时写例题、画图例的时间更多，而采用多媒体中的显示文本的功能，可使本应花十几分钟的内容几秒内显示在学生眼前，这样教师就有时间讲解更多相关的知识和现实的应用，引导学生理论联系实际，丰富了课堂内容，而且从根本上改变过去“满堂灌”的教学弊端，给学生较多自由时间复习巩固，优化了课堂教学，增加了课堂的信息量。

多媒体教学仅是教学的一种辅助手段，它不可能完全取代传统教学，也不是使用了多媒体教学，效果就一定会好。因为技术再先进，多媒体课件做得再好，还是要靠人去完成。另外，用多媒体课件模拟实验，它不可能代替真正的实验，因为有很多现象现在还无法模拟，如气味、动手操作等。因此，在下列情况下，最好不用多媒体进行教学。

(1) 教师本身的教学业务水平和计算机操作水平较低时，最好不用。如果教师不能很好地把握课堂重点、难点、关键点，在使用多媒体时会分散教师精力，这样只会使课上得更糟；同样，如果教师的计算机操作水平太低，上课时只要计算机稍出一点问题，课就有可能上不下去，这样不如不用。

(2) 不要用模拟实验代替实验操作的实验。因为模拟实验再好也不可能代替真实的实验，它不可能真实地再现操作过程和物质的变化过程，也没有说服力和可信度，甚至可能使学生对实验的现象产生怀疑，而且不利于培养学生在实验过程中的动手操作能力、协作精神，更不利于培养学生的科学实验态度和科学精神。

(3) 用多媒体进行的模拟实验不能真实反映实验现象的实验。例如，要闻气体的气味，反应是放热还是吸热等实验，模拟实验就不可能实现，这些实验最好不用模拟实验；同样，实验现象很明显且信息量大的实验最好不用模拟实验，如焰色反应、铝热反应、燃烧等实验。

(4) 如果只是将屏幕当黑板使用，最好不用。这样只是为了多媒体而使用多媒体，使学生感觉有点华而不实。同时，图片、动画、声音等信息量太多，分散了学生的精力，也会分散课堂的重点，效果反而比用传统教学手段更差，同时还会造成资源的浪费。

(5) 如果不能充分备课，最好不用。用多媒体进行教学时，其备课要求更高，不但要按传统教学方式写好教案，而且要写好多媒体教案，使多媒体教学与传统教学浑然一体，这就要求教师不但要有丰富的化学知识，而且要有一定的计算机课件的设计能力和操作水平。如果只是从网上下载一个课件或是请人做一个课件去上课，这样没有经过自己仔细思考加工，上课时肯定不能很好地驾驭课堂，还会发生顾此失彼或是多媒体与课堂知识脱节的现象，这时最好不用多媒体。

教学中设计的课件形式多样，但必须结合具体的内容，科学对待，做到实用、适用。否则，一堂电教课将会成为运用现代教育媒体下进行的新的“填鸭式”教学。多媒体技术引进教学是社会发展的必然趋势，传统的教学模式正面临挑战，但这不意味着计算机可以取代教师的教学。多媒体课件的作用尽在“辅助”二字，必要的讲解、分析还需要教师来完成，对课堂气氛的控制，对学生非智力因素的培养，计算机是无能为力的。因此，它只能作为传统教学的辅助手段。随着计算机技术的不断完善，完全可以做到多媒体与传统教学彼此兼容，从而实现课堂教学的不断优化。

（二）多媒体教学技能训练评价表

多媒体教学技能训练评价表见表 7-1。

表 7-1　多媒体教学技能训练评价表

评价项目	好	中	差	权重
1. 多媒体选择与教学目标和教学内容的适当性				0.10
2. 多媒体运用的熟练性				0.15
3. 软件设计的科学性、教学性、技术性、艺术性和实用性				0.25
4. 多媒体运用时声音、画面的清晰程度和趣味性				0.15
5. 多媒体选择的经济性				0.10
6. 多媒体运用的教学效率和教学质量				0.15
7. 多媒体运用中教学方法和教学模式的改革程度				0.10

阅读链接

多媒体模拟技术在危险化学实验教学中的应用

一、模拟技术可以解决危险实验的安全问题

化学实验的安全问题一直是实验教学所关注的热点。有些实验因其本身的性质，具有一定的危害性和危险性，尤其是实验过程中使用一些易燃易爆化学品或氧化性极强的药品时，实验过程具有一定的危险性。例如，用 Na 干燥乙醚可能引起爆炸，原因是乙醚存放形成过氧化物，过氧化物与 Na 反应剧烈引起爆炸。又如，有机化学实验操作中稍微不慎也可能引起爆炸；振摇分液漏斗时内部产生大量气体而喷料、爆炸；做氧化反应实验时，多余的氧化剂没猝灭而直接减压蒸馏导致爆炸；另外，过氧化氢在高温或杂质催化作用下开始热分解反应，生成的氧气和水蒸气使罐体内压力增大，与此同时分解潜热使液体温度升高，温度升高又进一步加速分解反应，使罐内压力越来越大，最终导致反应失控或热爆炸。因此，为了降低实验过程中事故的发生率，有些实验可以采用多媒体模拟技术代替真实实验，用计算机进行模拟，直接进行课堂演示，使学生获得一定的感性认识，既保证了学生的安全，又收到了良好的教学效果。

在有机化学实验中有时需要对易被还原的物质进行减压蒸馏，这也容易引起爆炸。例如，亚磷酸二苯酯，

将反应完处理后的粗品进行减压蒸馏，在180℃，操作者用的是刺形分馏柱，塔板很多，反应瓶温度达到250℃，由于体系中有微量的氧进入，亚磷酸突然冒烟，发生爆炸。对于这种简单的蒸馏，由于实验中存在较大的风险，可以采用模拟的方法，即采用3D仿真技术，物质和减压蒸馏设备都可以用立体图表示，减压过程中产生的现象也可以做成动漫形式，以利于学生观看；另外产生爆炸的过程也可以以视频图像呈现出来，这样学生可以通过这种间接经验掌握实验的关键之处，而模拟实验过程没有安全问题。因此，模拟实验可以规避有毒、有害实验，解决危险实验的安全问题。

二、模拟技术可以增强实验效果

危险实验不仅实验药品具有可燃易爆性，而且实验条件比较特殊，实验难度较大，难以观察到实验现象，或者说实验受到各种因素的影响，往往不易成功或现象不明显，学生很难观察到位，从而影响教学效果。而模拟实验可以对视频图像进行放大或缩小，暂停实验中的某些关键步骤，对此部分从各个角度进行观察，全方位了解潜在危险的发生。这将使学生对实验过程有深刻认识，从而促使学生在进行真实实验时有更好的把握。

例如，在进行仪器分析实验时，有时需要了解色谱的检测器，如火焰检测器的工作原理。燃烧室可能是氢火焰，具有一定的危险性，当火焰检测器检测到无法使主烧嘴着火的小的副烧嘴火焰时，如继续供给燃料，会有发生爆炸的危险；而且要了解火焰的开关量信号和表示火焰强度的视频信号，真实实验很难有直观的现象。这时可以借助多媒体模拟技术，采用动画模拟，直接将火焰检测器实验原理过程显示出来，真实感极强，同时避免了发生爆炸的危险。这样既减轻了教师的负担，又提高了教学效果。

三、模拟技术有利于培养学生技能

传统的化学实验教学很难满足创新型人才培养的要求，难以达到预期目的，必须充分发挥多媒体技术的优势，寻找新的教学方法和手段。化学虚拟实验充分利用了计算机多媒体的技术，将化学实验过程中的文、图、声、像、动画各种因素有机地组合在一起，将操作过程放大，让学生在计算机上操作也能达到身临其境的效果，学生更易观察。这样可以激发学生的学习兴趣，调动学生的积极性，有利于指导学生做实验，从而有利于增强学生做真实危险实验的信心。在进行危险实验时学生的心里往往会有更多的忧虑，毕竟实验过程有可能发生意外，威胁生命和财产安全，忧虑过多可能在实验中出现更多的纰漏。例如，对于加热、生成气体的反应，一定要小心不要形成封闭体系；对于低沸点的溶剂，如乙醚、正戊烷等，不要忘记用干燥剂预先干燥等。通过模拟实验的演示会消除学生的忧虑，增强一定的自信。因此，通过模拟技术可以很好地指导学生做危险实验，提高学生的动手能力，起到良好的教学效果。

四、模拟技术有利于节约药品

有些化学药品性质活泼、稳定性差，极易诱发火灾、爆炸事故，一般情况下应严格管理易燃易爆化学品的存放，限制实验室内各种药品的存量，尤其是实验室内做实验剩余或常用的少量易燃易爆化学品。同时，实验过程中尽可能使用模拟技术，可以大大减少危险物品的用量，降低实验风险的同时，也降低了实验成本。

思考与实践

(1)以多媒体教学训练为主，编制一段初中或高中“化学教学课”的教案，注意不同的化学软件的恰当使用，进行教学录像并做出评价。

(2)查阅资料或进行教师访谈，归纳整理出在化学教学中哪些内容适合采用多媒体教学，哪些内容不适合采用多媒体教学。

第八章　化学说课与评课技能的训练

第一节　说 课 技 能

一、什么是说课

说课是教师以教育教学理论为指导，在精心备课的基础上，面对同行、领导或教学研究人员，利用口头语言和有关的辅助手段阐述某一学科课程或某一具体课题的教学设计或教学得失，并就课程目标的达成、教学流程的安排、重点难点的把握及教学效果与质量的评价等方面与听课人员相互交流、共同研讨，进一步改进和优化教学设计的教学研究过程。

通俗地说，说课讲的是“怎样教”“为什么这样教”，向听者阐述自己的教学准备过程和教学实际过程。讲课只讲授教学内容，“怎样教”是不直接讲出的，而是表现在教的过程中。“为什么这样教”不仅不讲，一般也难以从讲课中直接表现出来。同行和研究者要“知其然，知其所以然”，全面地了解、评价一节课和一位教师，要听课，也要听相关课的说课。

说课不受时间、空间和人数的限制，简便易行。从说课活动所需的媒体或手段来看，它可以仅通过教师口头表达，也可以利用实物、实验、现代教学媒体等手段辅助说课，具有简单易操作的特点，非常有利于在教学研究中推广。

教师说课不仅要说“怎样教”，还要说明“为什么这样教”的理论依据和实践需求。把课说清、说透需要教师积极主动地学习教育教学理论，认真反思教学实践活动，确立运用理论指导教学实践的意识，将教学理论和教学实践有机结合。此外，虽然教师在日常的备课和上课中已对课程标准和教材等进行了分析、处理，形成了初步的教学设计，但这些分析和处理往往是浅显感性的，在此基础上的教学设计也常常是依据教师的经验判断。而通过教师在说课中对教学的全面阐述，教师和教学专家就有可能从教学理论的高度来审视和评价教学。可见，说课活动体现了较强的理论与实践相结合的特点。

说课是一种集体参与、集思广益的教学研究活动方式，通过相互交流，每一位参与者都容易迸发出思想的火花。无论是教师同行还是教研人员，他们的每一种想法、每一个观点乃至一个小小的补充或提示，都是一种教学智慧。教师在相互评议与切磋中分享经验，在合作中共同提高，达到智慧互补。

说课能展现教师对课标、教材的理解和把握程度，对学情的了解程度；展现教师备课的思维过程，显示教师的教育教学水平和能力，显示教师的教学基本功的扎实程度；能从中了解教师的教育观、教学观和学生观，以及对现代教育教学理论和教学手段的掌握情况，因而能较全面地了解评价教师。

说课是一种重要的教学研讨形式，是教学研究过程中的一项常规性内容，对于教师教学理念的更新与教学方法的转变具有重要意义。通过课前说课，能够发现教学设计中的不足之处，以便及时进行修改，从而使课堂教学更加科学、合理、有效；通过课后说课，对课堂教学中好的做法进行提炼和升华，以推广应用。说课能够在课堂之外解决课堂教学中的低效、无效和负效问题，避免学生在课堂学习中成为教学设计失误的实验品和牺牲品。

说课给讲课教师提供了向听课、评课人员解说自己备课思维过程的机会，使讲课教师能处于和听课、评课人员平等的地位来研究讨论问题，能更主动地参与教学研究。可见，说课的目的在于更好地研究教学、评价教学过程和教师的水平、能力，促进教学质量和教师水平的提高，提高教学研究人员的水平，促进教学、教研的紧密结合。

二、说课的设计

(一)说课的类型

(1)课前说课：课前说课是一次预测性和预设性说课活动。课前说课是教师在认真研读教材、领会教学目标、分析教学资源、初步完成教学设计的基础上的一种说课形式，是教师充分备课后进行的一种教学预演活动。通过课前说课，可以借助集体的智慧来预测课堂教学的效果，进而改进和优化教学设计。

(2)课后说课：课后说课也可以认为是一种反思性和验证性的说课活动。它是教师按照既定的教学设计上课，在上课后由授课教师将自己在教学活动中的得失感受、体会、想法与听课教师、教学研究人员相互交流的一种说课形式。课后说课是建立在教师个体教学活动基础上的一种集体反思与研讨活动。通过课后说课讨论课堂教学中存在的问题，分析其产生的原因，并提出实质性的改进意见，可以使说课者和参与研讨的教师对教学的成败得失有更加清晰的认识，也为进一步改进和优化教学设计提供了可能。

(3)评比型说课：评比型说课是把说课作为教师教学业务评比的内容或一个项目，对教师运用教育教学理论的能力、理解课程标准和教材的实际水平、教学流程设计的科学性和合理性等做出客观公正的评判的活动方式。评比型说课可以是课前说课(预测性说课)，也可以是课后说课(反思型说课)。评比型说课可以发现优秀教师，是带动教师队伍建设、促进教师专业发展的有效途径。

(4)主题型说课：主题型说课是教师在教学实践的基础上，把实际工作中遇到的重点、难点或热点问题作为研究主题进行探索，以说课的形式向其他教师、专家和领导汇报研究成果的教育教学研究活动。主题型说课是一种更深入的问题研究活动，更有助于教育教学重点、难点的解决，有利于新的教学模式、教学理念等在教学中的应用。

(5)示范型说课：示范型说课是在教学能手和学科带头人等优秀教师做示范说课的基础上，按照说课内容进行上课，然后组织教师对该课进行评议的教学研究方式。示范型说课也是培养教学骨干的有效方式和重要途径。听课教师在这种形式的教研活动中，可以从听说课、看上课、参评课中增长见识，开阔视野，不断提高自己的教学实践能力。示范型说课适合在校内开展，也可以扩大规模在区内或市内开展，每学期一般可以进行一两次。

(二)说课的内容

(1)说教材，就是说课者在认真研读课程标准和教材的基础上，系统地阐述选定课题的教学内容、所教内容在教学单元乃至整个教材中的地位和作用，以及与其他单元或课题乃至其他学科的联系等，围绕课程标准对课题内容的要求，将三维目标化解到具体的教学环节中，确定教学的重点和难点以及课时的安排。

说教材时，说课者应尽最大努力阐述自己对教材的理解和感悟，以充分展示自己对教材的宏观把握能力和对教材的驾驭能力。力求做到既要“说”得准确，又要“说”出特色；既要“说”出共性，也要“说”出个性。说教材可细分为如下三点：

(i)地位作用分析。讲清本节课用什么版教材第几章第几节什么课题第几节课，包含哪些知识点，这些知识在整体知识结构中的地位、作用及前后关系。

(ii)确定教学目标。在新课程标准理念下的教学目标是反映学生通过一段时间的学习后产生的行为变化的最低表现水准或学习水平。因此，目标的陈述必须从学生的角度出发，行为的主体必须是学生，目标应该围绕“学生在学习之后，能干些什么”，或者“学生将是什么样的”来描述，必须描述所期望的教学成果。通常新课程要求的教学目标三个维度：知识与技能、过程与方法、情感态度与价值观。

(iii)说重、难点。教学重点就是教学中要着力解决的问题。教学难点就是对照学生的知识储备、思维能力、认知规律，学生难以理解掌握和接受的知识。说课者要说明重点、难点是什么，为什么成为重、难点。

可见，说教材至少可以实现以下三个目的：一是依据学习内容确定教学的重点、难点，使教学活动做到重点突出、难点分散，解决“教什么”的问题；二是依据课程标准对学习内容的要求，将三维目标化解到具体内容的教学过程中，有利于解决“怎样教”的问题；三是整体把握教材，根据学生已有的学习体验和认知特点，循序渐进地设计教学活动，为解决“为什么这样教”的问题提供教学参考。

(2)说教法，就是根据本课题内容的特点、教学目标和学生学业情况，说出选用的教学方法和教学手段，以及采用这些教学方法和教学手段的理论依据。教学方法虽然多种多样，但始终没有通用的方法。“教学有法，教无定法”，就是这个道理。

教学方法的选择与制订往往受教材内容、学生特点、教学媒体、教师教学风格和授课时间的制约。一般情况下，本源性知识通常采用观察、实验、讨论等方法，以培养学生观察现象、动手实验和分析问题的能力；派生性知识一般采用讲授、讨论、自学等方法，以培养学生的推理能力、演绎能力和抽象思维的能力。在说课中，教师有必要把采用的这些方法及相关的理论依据说出来。

教学方法的选择，教学手段的应用直接影响教学质量的提高，教师对此必须做出明确、肯定的陈述。说教法可以理解为说教学方法，或教学方法中某个教学方式和手段的选择和应用。

(3)说学法。学法即学习方法，是学生完成学习任务的手段与途径，是学生获得知识、形成能力过程中采用的基本活动方式和基本思想方法。说学法即要说出对学习方法如何指导，怎样教学生学会学习。

教法与学法是教师组织教学和学生开展学习的两种不同活动的反映，它们相辅相成、相互促进。教为主导、学为主体，确切地道出了教学系统中这两个要素之间的关系。说教法与学法，实际就是要解决教师“教”如何为学生“学”服务的问题。

(4)说程序。教学程序是指教学活动的系统展开，它表现为教学活动推移的时间序列。通俗地讲，就是教学活动是如何发起的，又是怎样展开的，最终又是怎样结束的。

说教学程序是说课的重点部分，因为只有通过这一过程的分析，才能看到说课者独具匠心的教学安排，才能反映教师的教学思想、教学个性与教学风格。也只有通过对教学程序设计的阐述，才能看到其教学安排是否合理、科学和艺术。

说教学程序要说出教学过程的整体安排。要求说出课题如何导入，新课如何展开，练习如何设计，如何进行小结，如何分层教学，作业布置以及教学评估、板书设计、时间分配等；

要求说出教学过程中教与学的双边活动和必要的调控措施；体现教学方法、手段的运用；学习方法的指导，学生思维活动的落实；重、难点的解决以及各项教学目标的实现等。说教学程序不是宣读教案，更不应为课堂教学的浓缩，应省略具体细节而着重说清教学过程的基本思路以及其理论依据。

三、说课技能的应用

(一)说课的基本原则

(1)要根据说课内容的特点，注意完整性和突出重点相结合的原则。说课必须坚持“四层”(教什么、怎么教、为什么这样教、教得如何)和“五说”(说教材、说教法、说学法、说程序、说效果)的完整性，但不是平均使用力量，一定要根据具体情况具体分析，如教材的特点、学生的实际、办学的条件、说课的对象等决定说课的轻重、详略，注意突出重点，因为有重点才会说出深度，说得精彩。

(2)理论性分析要与课堂教学实际操作设计相统一的原则。说课必须展示出说课者“一桶水”的质和量，就是对教师理论水平的检阅。因为没有充分的理论分析，便没有说课的价值。但是，说课的最终目的还是讲好课，提高课堂的教学质量。因此，必须把理论与操作设计紧密挂钩，把理论通过操作变为实际的基本功说清楚，显示出说课者运用理论的水平和能力。

(3)要坚持现实性与发展性相统一的原则。说课一定要从教学现实的现状出发，不可好高骛远、夸夸其谈，应根据说课者自身对教学现实的了解及对所运用的教育教学理论理解的现状，坚持实事求是，这样才会真正在教育教学改革中发挥其作用。另外，说课不要局限于眼前的需要，不要为说课而说课，应顾及发展的需要，如知识的发展、学生的发展、教学改革的发展、群体教学水平的发展等，使人们逐步认识教学过程，获得系统的、全面的、完整的认识，使说课活动落到实处。

(二)说课技能训练评价表

说课技能训练评价表见表 8-1。

表 8-1　说课技能训练评价表

<table>
<tr><th>评价内容</th><th>评定指标</th><th>满分(100 分)</th><th>实际得分</th></tr>
<tr><td rowspan="2">讲演理念</td><td>1. 理念先进、明确、突出</td><td rowspan="2">25</td><td rowspan="2"></td></tr>
<tr><td>2. 有独到的观念和见解</td></tr>
<tr><td rowspan="3">讲演内容</td><td>1. 内容紧扣主题</td><td rowspan="3">25</td><td rowspan="3"></td></tr>
<tr><td>2. 核心观念明确、突出</td></tr>
<tr><td>3. 材料典型</td></tr>
<tr><td rowspan="5">基本能力</td><td>1. 灵活而有效地调整、组织演讲内容</td><td rowspan="5">35</td><td rowspan="5"></td></tr>
<tr><td>2. 能够清楚地表达自己的观念，没有科学错误</td></tr>
<tr><td>3. 语言流畅、生动、富有感染力</td></tr>
<tr><td>4. 说明、阐述、论证充分</td></tr>
<tr><td>5. 时间分配合理</td></tr>
</table>

续表

评价内容	评定指标	满分(100分)	实际得分
整体表现	1. 思路清晰，重点突出	15	
	2. 仪态自然		
	3. 有口才		
	4. 有见解，有创意		
合计得分			

阅读链接

“空气中氧气含量的测定”说课案例

尊敬的各位领导、各位专家，大家好！

我是来自江苏的杨××。我的身份有点特殊，既是一名教师又是一名教研员，能够参加这次活动对我来说是机会更是挑战。我今天说课的课题是“空气中氧气含量的测定”，下面我想从五个方面谈一谈这节课。

一、点击教材

“空气中氧气含量的测定”是人教版九年级《化学》上册第二单元第一课题的内容。本单元是学生初次接触化学物质，教材选择学生最熟悉的空气入手，既符合学生的认识规律，又能自然地过渡到氧气等后续章节的学习，还可以让学生初步体验科学探究的过程与方法，从而比较顺利地进入化学世界。可以说本课题是本单元乃至整个初中化学的一个引子。

二、深入学情

大部分教师在处理本课题时，往往习惯上按照教材编排顺序，先引导学生弄清楚拉瓦锡的实验原理，再模仿其原理进行教材中的演示实验。仔细想想，这样做的话很明显会扼制学生的探究欲望，阻碍学生的思维发展。因此，在设计本课时，我就在想，反过来，如果能由学生自主讨论测定原理并设计出实验装置，再亲自动手验证自己的设想不是更好吗？而动过手之后，学生一定会有收获，也会有所疑惑，这时再对比拉瓦锡的经典实验，是不是会更有感触呢？

为进一步验证这一想法，我访谈了部分学生，了解到九年级学生的特点可以用四句话概括：知识水平急剧上升，思维能力空前提高，探究欲望异常强烈，而动手能力却有待培养。因此，本节课的教学目标就非常明确了！

三、瞄准目标

(1)知识与技能：掌握测定空气中氧气含量的方法。

(2)过程与方法：尝试探究空气中氧气的含量，通过实验来验证自己的结论。

(3)情感态度与价值观：通过分组实验及分析研讨，培养动手能力、抽象思维及推理能力。

找准了目标，沿着最初的设想和思路，本节课做了如下设计。

四、设计流程

情境引入，提出问题→剖析原理，设计实验→分组探究，论证猜想→交流评价，发现问题→反思改进，横向拓展→对比领悟，纵向延伸。

好！具体看：

首先以(奇怪的现象)瓶吞鸡蛋导入，来看一下本人在课堂上的演示！利用这一处于学生最近发展区的问题情境，首先让学生肯定一个事实：空气中是含有氧气的，并且对测定氧气的原理有了一定的暗示效果：学生很容易联想到，哦！可以用物质燃烧来消耗氧气，同时又提起了学生的学习兴趣，进而引发进一步探究的欲望。可谓一举三得。

通过想一想、动一动，让学生知晓要测定氧气的含量，不可能取出氧气，只可以消耗，可以通过物质燃烧的办法来消耗氧气，再配以水倒吸直观地看出消耗掉的氧气的体积。

再通过比一比、选一选，由学生寻找出最佳药品及选择最佳药品的依据。如此一来，学生对本实验基本上就有了一个初步的了解。

紧接着由小组讨论得出实验步骤，再由学生自主实验，并汇报结果，研讨误差。交流之后再回头重新审视实验步骤中的重点字词，从而领悟到细节决定成败。这两个环节的设计，其目的是使学生学会分享、学会合作、学会思考、学会评价。

学生在研讨实验误差时，会发现影响因素非常多，自然会想到要对本实验做一些改进，但考虑到学生的学情，短短的时间内想要一下子由学生自主设计改进实验几乎是不可能的。

因此，课堂上采用由教师引导，学生参与，共同设计出一套改进装置。用具支试管代替集气瓶，可以减少药品的用量；用白磷代替红磷，可以实现在密闭容器中直接燃烧物质，避免气密性因素的影响，并降低污染；用量筒代替烧杯，不再需要观察进入容器内水的体积，而只要从量筒中液面的下降直接读出结果，实验结果一目了然。激发兴趣的同时，提高了思维的深度和广度。(视频)让我们来看看这个改进实验的效果。从47mL下降至38mL，这减少的9mL即为氧气的体积，最终测定结果接近五分之一。

此改进与课本实验的相似度较高，既克服了诸多因素的影响，又避免了课本实验预先分5等份的那种暗示式的验证性实验的缺点，探究意味更浓，对学生有较高的启发性。

经过了动手操作和动脑改进之后，再引导学生穿越时空感知经典，从而明白拉瓦锡的实验无论是药品的选择还是装置的设计都近乎完美，堪称当年科学实验的典范。再通过感受现代数字化先进的测定仪器，将课堂朝着横向、纵向不断延伸，开放了学生的思维，开阔了学生的眼界，将课堂升华到一种更高的层次。课后则将感悟创新作为作业，以创新实验设计大赛的形式，为学生创造更大的挑战自我的舞台。

本节课是一节典型的实验探究课，全课的设计亮点就来源于对教材实验的横向和纵向的深度挖掘。重点关注了实验探究课的三大要素：

(1)重点关注细节的实验视角：通过误差研讨避免学生只注重现象和结论，而不注意实验过程和细节的反思。

(2)重点关注定量研究的实验素养：巧用量筒中液面的变化取代进入瓶内水的体积的观察，化繁为简、避重就轻。

(3)重点关注系统化的实验思维：以分组实验为核心，改进实验为铺垫，让学生对比课堂探究实验与拉瓦锡经典实验的异同、与现代数字化手段的差异，从中感知经典、感受现代、最终达到感悟创新的境界。

大道至简，智者无华！

本堂课中没有新奇的装置设计，只有实用的经典重现；没有花哨的趣味展现，只有朴实的原理探微；没有虚有其表的探究过场，只有纵览全局的学科思维。

我们都很清楚，马拉多纳与李承鹏、黄健翔的区别在哪里？教师其实是类似马拉多纳这样的运动家，是“行动中的研究者”，而不只是一个知识的传递者。

最后我想用一句话结束我的说课：教师是脑力劳动者，而非口力劳动者。与各位共勉！谢谢大家。

化学说课的艺术

讲课是艺术，说课同样是艺术。在“说”的要求上比“讲”更难。它要求教师在10分钟左右将一节课的教学设计、教学过程及教学内容用简要准确的语言表达出来，呈现给听众。它不失为一种考查教师教学基本功的有效方式，具有鲜明的艺术性、很强的操作性和实用价值。

(1)说课要突出一个“新”字。创新是艺术的生命。只有创新才能突出说课的艺术。新是说课成功的关键。“新”的要求很高：方法新，不能平铺直叙；结构新，要有起伏，高潮迭起；练习新，激发学生的兴趣，启发学生的智慧；手法新，用多媒体突出重点，图文并茂；设计新，导入新课、展开新课、巩固新课、结束新课等几个环节要环环紧扣，具有新意；开结新，从开讲艺术到结尾艺术要吸引听者，引起共鸣。

(2)说课要体现一个“美”字。美是艺术的核心。说课要跟讲课一样处处体现美，给人以美的享受。内容美，教师要善于从教材中感受美、提炼美、提示美，使原有的美更添色彩。语言美，教师语言美是决定说课成败的关键。讲普通话、发音正确。吐字清楚，速度、节奏适当语言流畅。语调有起伏，富于变化。语言逻辑严密、条理清楚。感情充沛，有趣味性、启发性。有形象的肢体语言，肢体语言与口头语言配合得当。情感美，情感是教学艺术魅力形成的关键因素，没有真挚强烈的情感，不可能把课说得成功。板书美，板书是教师在备课中构思的艺术结晶，它以独特的魅力，给学生以美的熏陶。教态美，教态是沟通师生情感的桥梁，教态美可以唤起学生对美的追求。

⑶说课要突出“说”字。说课与授课不同，它不仅要讲“教什么”“怎样教”，更重要的是要说明“为什么”，这是说课的质量所在。说课的三个方面的理论，即教育学、心理学的相关理论，学科教学的专业理论，体现各级各类学校的特色理论，要随说课的步骤有机提出，使理论与教学实践相结合，这样说课才真正具有说服力。因此，在说课过程中，要特别注意以下几点：“说课”不等于“备课”，教师不能照教案读；“说课”不等于“讲课”，教师不能视听课对象为学生去说；“说课”不等于“背课”，教师不应将事先准备好的“说案”只字不漏地背下去；“说课”不等于“读课”，教师不能拿着事前写好的材料去读。教师在说课时，要紧紧围绕一个“说”字，突出“说”课特点，完成说课进程。

⑷说课要选准“说法”。教学思路是教师课堂教学思想的具体体现，是实施教学过程的基本构想，教师在授课时，也要环环扣住课堂教学思路进行。能否围绕教学思路实施“教”法，能否围绕教学思路展开“说”法，无疑是授课和说课成败的关键。说课的方法很多，需要因人制宜，因材施“说”。说物、说理、说实验、说演变、说现象、说本质、说事实、说规律、正面说、反面说，等等，但无论怎么“说”，均要沿着课堂教学思路这一主线，才不会让“说”法跑野马，提高说课质量。

⑸说课要找准“说点”。说课的对象不是学生。这些听众可能是说课的评委，本学科教师，其他学科教师以及教学部门、教育行政部门评价人员。他们都会竭力站在学生角度对待教师所说的课，审视教师说课的一字一句、一举一动，包括教学方法的采用、教学重点的突出、教学难点的突破、教学环节的把握，以及教学语言、语气、表情、称呼等。因此，说课者要置身于听众思维与学生思维的交汇处，站在备课与讲课的临界点，变换“说”位，编写“说”案，研究“说”法，找准“说”点。

⑹说课要把课“说活”。说课的重点应放在实施教学过程、完成教学任务、反馈教学信息、提高教学效率上。换言之，说课重理性和思维，讲课重感性和实践。因此，用极有限的时间完成说课，必须详略得当、繁简适宜，准确把握“说”度。说得太详太繁，时间不允许，听众觉得没必要；说得过略过简，说不出基本内容，听众无法接受。把握好“说”度，最主要的一点是因材制宜，灵活选择，把课说活。说出该课的特点特色，把课说得有条有理、有理有法、有法有效，说得生动有趣。这要求教师认真钻研“说”的教材，精心设计说课教案，灵活选择说课方法，准确实施“说”的教程。

第二节 评课技能

一、什么是评课

评课是一项常规的教学研究活动，一般指评课者在随堂听课后对授课教师这节课的教学行为和结果进行的一系列评价活动。科学化的评课可以客观地评判教师课堂教学水平以及不同的教学方法和内容所产生的教学效果，并以此为教师提供反馈信息，利于教师改进教学。评课作为一种特殊形式的教学交流与评价活动，是提高教师从教能力、促进教学反思、提高课堂教学质量的有效途径，也是衡量教师教学水平的重要方式，是教师必须具备的一项教学技能。

以上评课都是在真实的教育情境中进行的，而微格教学是一个运用教育技术的手段有控制的教学实践系统，带有实验室情境的性质。微格教学中的评课，主要任务是让实习生或年轻教师掌握教学评价的原则和技能，在自我评价和评价他人的过程中，进一步加深对教育教学理论的理解，对教学策略的应用进行研究和反思，逐步提高教学评价能力。在微格教学这种实验室情境下的评课，依据评价主体的不同，可采用自我剖析式、小组评议式、师生评议式三种形式。也可以将三种形式结合起来使用，先由授课教师自我评课，再由小组成员充分评课，最后由指导教师进行有针对性的总结评课，以提高评课质量。

二、评课的方法

(一)评课类型

(1)根据评课的特征分为通识性评课和专业性评课。

通识性评课是指从一般意义上对一节课的状态做出评价，包括教学活动与过程的合理性、有效性，师生的投入程度等。专业性评课除了上述一般性问题外，还关注学科特征和专业性问题。

(2)根据评课的范围分为自评、互评、点评等。

自评往往是化学教师对上课表现做出自我评价，这种评价带有很强的自我意识，有时并不能客观评价自我，但由于自评有一定的自我解剖意识，还是值得提倡的。

互评往往是一个教研组的同事相互听课时采用的方式。同事分别从自己的认识，结合新课程的一些理念，相互探讨教学的方法，分析彼此教学过程的优缺点，达到共同进步的目的。这种方式可能受到互评者的知识能力水平的缺陷，有些问题还不能一步到位地指出，看问题的深度还不够，不能从本质上把握教学的维度。

点评则是专家型教师对上课者的一种指导性评判方式。这种评课方式涉及的内容具有很强的典型性与代表性，能如实反映出上课者上课的质态，更能中肯地反映出上课者需要改进的地方。这种评课虽然内容不多，但精华集中，含金量高，对化学教学具有一定的指导意义。

(二)评课要点

评课的三要素常称为评课的“三度”：学生学习的参与度、思维的激活度和三维目标的达成度。

评价学生学习的参与度：

(1)看班级中的全体学生是否积极投入学习，主动思考问题。

(2)看教师是否努力创设平等、民主、和谐的气氛，给学生以学习轻松自由、乐趣无限的感觉。

(3)看教师是否能采取各种有效的手段和方法，调动学生积极性，激发学生浓厚的学习兴趣，让学生广泛参与自主学习、合作探究。

评价思维的激活度：

(1)看课堂上教师设计的问题是死板、机械、单调还是生活化、灵活化、丰富化。

(2)看教师是否善于激发学生积极思维，让学生在丰富多彩的活动和实践中不知不觉地学到知识、增强能力，让师生富有个性的发现迸发出思维的火花，并在师生亲切的合作交流、探索中得以修正、补充和完善。

评价三维目标的达成度：

(1)要求新课程下课堂教学必须从过去重认知轻情感、重结论轻过程、重教书轻育人转化到知识与技能、过程与方法、情感态度与价值观全面发展。

⑵课程的功能变了，课堂不再只停留在知识技能的训练上，更应创设氛围情景，注重学习的方法传授，思维的过程展示，给学生体验和领悟的机会。看教学是否促进了发展，并引发继续学习的愿望，让学生在潜移默化中受到高尚情感的熏陶和感染，为学生形成良好的价值取向和人生观奠定基础。

三、评课技能的应用

(一)评课遵循的原则

1. 客观公正原则

评课应尊重事实，本着实事求是、客观公正的原则评价课堂教学。通过听课仔细观察授课教师的课堂教学行为，这是评课的主要事实依据。评课过程中采用的一些测评数据必须是真实可靠的，没有任何情感因素和虚假成分。评课结论必须真实反映授课教师现有的教学业务水平，不能人为拔高或随意贬低。另外，评课人必须具备一定的教学理论与实践功底及评课经验，才能够科学、客观地分析评议他人的课堂教学。

2. 重点突出原则

尽管前面谈到了评课可以从很多方面进行，但这并不意味着评课要面面俱到。评课要体现主次分明、重点突出的原则。评课时切忌面面俱到，平均用力，主次不分。无论是教学中体现出特色的地方还是需要改进的地方，都应抓住问题的主要方面，结合实际教学过程，详细地进行分析评点；而次要的则宜简略地讲，点到为止。评课还应做到语言简洁，观点鲜明，条理清楚，重点突出。

3. 理论联系实际原则

评课要坚持理论联系实际的原则。评课既不是生硬的、泛泛的理论说教，也不是简单的、细琐的教学行为描述，而是一项理论性很强的实践活动。评课要注意理论联系实际，将教育教学理论与课堂教学环节紧密结合，围绕着“如何教”来阐明观点，切忌泛泛而谈和平铺直叙。例如，有些评价者只给出“优秀”“合格”“不合格”这种简单的结论，或只说“不错”“讲得比较熟练”，这种笼统的反馈意见、模糊的评语对被评价者并没有多大的帮助。所以，评课不仅要有教育教学理论的科学铺垫，而且要有教学例子的有力论证，说“好”要指出好在什么地方，说“不好”也要指出不好在什么地方，做到夹叙夹议，这样的评课才具有说服力和感染力。例如，一位教师在评点一节化学课时说：“这节课有采用探究教学方法的意图，但教师没有调控好，表现在学生讨论时没有让学生充分发表意见，暗示太多，对学生回答中的错误也没有解释清楚，可能是课堂时间不够的原因。关键是在教学时间结构上安排还可以更合理一些。教学重点没有抓准，作为高一化学必修课，化学反应速率的计算只要求简单应用，然而你在教学中花了一半的时间进行化学反应速率的计算讲解和练习。这里只需要举一两个简单计算的例子和练习就可以了，重点应放在影响化学反应速率的因素及其在生活中的应用上。”

4. 激励性、指导性原则

评课要坚持激励性和指导性原则。评课者要以帮助、促进者的身份，站在授课教师的角度来考虑、分析问题，用诚恳的态度提出中肯的意见，充分肯定闪光点，以激励为主，对教学中出现的问题，从建议的角度指出可供选择的改进做法。

5. 差异性原则

差异性原则要求评价时根据不同的课型、不同的受评对象，做到“因课制宜”，因人而异。教学过程是极其复杂的系统过程，任何一种因素都会对上课产生影响，用一个标准或少数几个标准是无法进行教学评价的，而任何一个标准也都不能对所有的教学进行评价。因此，评课时要具体问题具体分析，针对不同的课型，采用适宜的评价标准。而对于不同水平的授课教师，评课的重点也要因人而异。例如，对能力较弱的教师，评课的侧重点宜放在备课、上课等教学基本功是否扎实方面，评课的目的重在鼓励和引导他们尽快入门；而对教学能力较强的教师，评课的目的则是在充分挖掘、总结优秀教学经验的同时，全面深入地提出教学中仍存在的问题，使教学精益求精。甚至面对个性不同的授课教师，评价人采取的语气和评价策略也要相应改变，这就涉及评价的艺术性原则。

6. 艺术性原则

评课要讲究说话技巧，掌握谈话的方法与策略。评课的语言要做到简明、易懂，避免晦涩、生僻，语气要平和谦虚，避免说教的口吻。评课还要注意人的心理变化，掌握评议的尺度。例如，对性格内向、自尊心强的教师，评课者宜采用委婉含蓄的语言指出问题所在，或者保留部分问题在私下交谈时再议。此外，评课者提出问题宜委婉含蓄；提出教学建议时，尽量使用商量的语气。评课者要以帮助、促进者的身份，站在授课教师的角度来考虑、分析问题，用诚恳的态度提出中肯的意见，这样的评课才能使授课者和听课者都乐于接受。

(二)评课技能训练注意的问题

1. 从听好课入手，记好听课时的第一手材料

通常教师听课做记录有两种形式：一种是实录型，这种形式如同录音机一样，如实地记录课堂教学的全过程，这种记录方式一般不可取，因为听者记得多、想得就少；另一种是选择型，选择某一侧面或某些问题，而选择记录内容的依据是根据听课者的需要，如主讲人的优势所在、课堂的特色、存在的问题等。

2. 从记录的材料中，思考评课时应点评的内容

任何一种课，评者都应从教的角度去看待教者的优势、特色、风格、需改进的地方、需商讨的问题，更应从学的角度去看待主体发挥程度、学的效果和学生的可持续学习情况、学生思维的活跃性、学生活动的创造性等。

3. 倾听授课教师的自评，做出对点评内容的取舍

授课教师有刚参加工作不久的新教师，也有经验丰富的老教师，有新秀、骨干，也有能手、名师，有活跃型、也有内向型，有严肃型、也有可亲型，形形色色，各有差异。作为评课者，为了达到评课的目的，一定要学会察言观色、学会倾听其自评，从而做出判断，做出

点评内容的取舍，切不可一意孤行。因为任何人的点评都是“仁者见仁、智者见智”，本来评无定法，评课也无法用条条框框的标准准确量化。只有评课者与教者达成一致，点评内容才有效果。

4. 思考以什么方式加以点评，实现点评的目的

实事求是地讲，分析授课教师的心理也好，倾听教师本人的自评也好，其目的不是迎合教师，而是或激励，或督促，或帮助，所以了解点评的形式很重要。目前，点评有以下几种形式：

(1)先说优点或是值得学习的地方，再提出研讨的问题。这种形式比较多见，大多是有这种传统的心理，良好的开端是点评成功的一半。

(2)先谈需研讨商榷的问题，再把优点加以点评。这种点评开门见山、有针对性，一定要注意指出问题的数量不要太多，抓住主要矛盾即可。

(3)在每一条“优点”中，再重新加以设计，提出改进方向，以求更好。这种评课方式给听者造成思路并不很清晰的感觉，需要有一定的语言组织能力。

(4)评者只谈体会，不直接谈优点和不足，而是通过富有哲理的体会，给授课者留下思考和启迪，或激励赞扬，或蕴含希望。这种点评层次较高，需要具有一定的教学理论功底，需因人而异。

(5)加强学习，勤于思考，使点评别有一番风味。

要想真正评好课，必须加强学习，学习新的教学理念，学习教育学、心理学、美学、演讲与口才，学习课的模式，掌握学科特点，熟悉各种课型，并在实践中学会推敲点评的语言，这样才能给优秀者锦上添花，给不足者雪中送炭，使点评别有一番风味。

(三)评课技能训练评价表

评课技能训练评价表见表 8-2。

表 8-2　评课技能训练评价表

评价指标		评价等级			得分
一级指标	二级指标	好	中	差	
评课原则的掌握	客观公正，实事求是				
	兼顾整体，把握重点				
	理论联系实际，有理有据				
	语言精当，评议尺度适当				
	发现问题并提出解决方法或建议，指导性强				
评课量表设计	指标体现评价目的				
	指标明确具体				
	分数权重分配合理				
满分	100 分	得分			

阅读链接

化学评课的技巧

一、准备充分、态度鲜明

评课的过程既是对自己综合能力的一次考验，也是对授课人劳动成果的公正评判。不打无准备之仗，每一位评课人都应积极采取相应的措施应对。通过认真倾听授课人的教学反思，找出授课人的亮点与不足，发言时应有理有据，不能泛泛而谈而无鲜明的观点，也不能人云亦云，若每一位评课的教师都有充分的准备，都有鲜明的观点，那评课就能起到教研与反思的目的。

二、应善于与授课者交流与互动

评课人在评课时应注重与授课人之间的交流与互动。评课人在评课时的某些观点可能会引起授课人及在场教师的讨论，评课人应善于倾听其他教师和授课教师的意见，每一个观点都会有它的可行性和它运用的缺陷。这样通过交流与互动，使每一个观点和每一种做法都能让在场的每一位教师认识透彻，了解其应用和操作的注意事项，进一步完善相关观点，这样才能使教学设计更合理，进一步彰显研讨的力量。

三、应从多层次剖析，不走程式

评课人在评课时，形式应力求多样化，不走程式，新课程的教学目标强调的是三维目标，所以评课人可以从教师活动和学生活动来分析；从教学思路的设计、教学方法与学习方法、道德观的培养加以分析；从教学技术、教学质量、教学价值加以分析；从教材的处理与实施加以分析，等等。评课人从多层次剖析一堂课，从不同角度综合性认识一堂课，会使听课者从整体上认识本节课，取长补短，促进教学研究向纵深发展。

思考与实践

(1) 观看说课与评课教学视频，依据自身的理解总结出说课和评课的关键及其注意事项。

(2) 选一段合适的教材，分别写出导入技能、强化技能、课堂组织技能和结束技能的微格教案(5～6 分钟)，分组进行教学练习并讲评。

(3) 在微格教室进行录像，观看录像，师生共同进行讲评，指导教师对学生的教学进行总结性讲评，依据评定标准给出成绩。

第九章　微格教学的整体训练与教学反思

第一节　微格教学技能的整体训练

一、微格技能整体训练的概念

整体训练是一种综合训练，它是在课堂技能分解训练之后，学生通过一定的教学手段对教学计划、教学内容完整实施的过程。它不是简单的累加与堆积，一般来说可以通过小组教学训练、说课或试教的方式完成。教学技能不是教学片段或教学环节的简单集合，而是有一个综合性过程。实际上，任何教学活动行为总是同时综合若干行为类别，从不同方面表征教师与学生同一的相互作用。

而微格教学说是对某种技能行为的训练，宗旨只是意味着这种行为在该教学时刻的优势地位。它对完成某项教学任务优势较大，如为了教学直观则使用演示技能，为了调动学生积极思维则使用提问技能，并没有把各个单项技能分离开来，每项技能都是互相包容、不可分割的。但如果教师使用提问技能，实际上这意味着其中掺杂演示、讲解、板书等行为，但是其目的是培养学生的思维能力。弄清这一条，学生才能在技能练习中像交响乐的合奏，形成一首完整的乐曲。

二、微格技能整体训练的要求

（一）确定教学计划

1. 明确教学目标

教学目标是一节课的中心，正如活动需要主题一样，教学目标是上课的指向性，发挥定向作用，成为教师和学生共同奋斗的目标。因为是否实现预定的教学目的是衡量一节课成功与否的重要依据。

2. 分析教学任务

学生在实训前对课程标准、教学要求进行了解，分析内容的重点、难点，本节课的具体要求，在对文本进行细读后，提出教学任务，包括确定具体的教学目标。

（二）课堂教学的具体要求

在教学中，每个人对教学的看法不同，一般很难界定，外行看热闹，内行看门道，事物发展变化总是有外在行为表现的，教学作为一种严谨的活动，需要科学地、客观地加以分析和考察。总体来说，有以下一些要求（表 9-1）。

表 9-1 化学课堂教学评价表

姓名：	班级： 时间：		
课题名称：	课程类型：		
维度	评价指标	权重	得分
教学目标	(1)多维目标明确，与学生自身心理特征和认知水平相适应 (2)能够激发学习兴趣，重视学习习惯的养成和学习能力的培养 (3)充分挖掘教材中的思想教育因素，寓情感、态度和价值观教育于课堂教学过程之中	0.1	
教学内容	(1)准确把握教学内容逻辑，重点突出，难易适度 (2)注意联系学生生活、社会实际和学生已有的经验知识，有效拓展教学资源	0.1	
教学实施	(1)教学思路清晰，每个环节紧紧围绕既定的教学任务与目标，突出重点和难点 (2)课堂结构合理，技能的训练、能力的培养处理得当，重在把知识转化为能力 (3)善于运用启发性教学方法，教学方法灵活多样、得当 (4)面向全体学生，兼顾个体差异，注重学生有效参与 (5)课堂组织、调控能力强，能根据教学反馈信息及时调整教学活动 (6)创设探究情境，培养学生思维能力、创新能力及意识	0.25	
学生学法	(1)善于引导学生自主学习、合作学习和探究学习，激发学生的学习兴趣 (2)解决难点的方法有效，指导具有针对性、启发性、实效性 (3)为学生的学习设计、提供、利用合理的学习资源，并促成新的学习资源的生成 (4)课堂气氛和谐，师生关系融洽，不同层次的学生都参与 (5)体现经验建构和探究式的学习过程，培养学生独立思考的能力，主动提出问题	0.2	
教学效果	(1)学生在学习中有积极情感体验，表现为好学、乐学、会学，并形成正确价值观 (2)学生在学会学习和解决实际问题方面形成一些基本策略 (3)学生认真参与课堂教学评价活动，积极思维，敢于表达和质疑 (4)不同层次学生都能学有所得，体验到成功的愉悦	0.25	
教师素养	(1)正确把握知识、思想和方法，重视教学资源的开发与整合 (2)有较强的组织和协调能力，有教改创新精神，有独特良好的教学风格 (3)教学语言准确、精练，有感染力，问题解决能力较强，板书工整、合理 (4)现代教学技术手段设计应用适时适度，操作规范熟练	0.1	
总体评价：优秀(90 分及以上)、良好(89～80 分)、合格(79～60 分)、不合格(59 分及以下)		总体得分：	

三、微格技能整体训练的程序

(一)组织理论学习

指导教师简要介绍各项技能的要求，注意问题。

(二)观摩示范录像

组织受训者认真观摩示范，选择一个或几个优秀的教学录像，结合已学习的理论知识边观摩边分析。

(三)选择恰当的组织方式进行教案设计

根据所设定的教学目的选择恰当的方式进行教学设计，并编写较详细的教案。

(四)受训者的教学实践

(1)组成课堂教学小组：利用课余时间进行小组训练，地点可选在一般教室。指派小组长组织。

⑵角色扮演：受训者根据实际训练要求，进行课堂教学的完整演练，时间45分钟。

⑶准确记录：一般用录像的方法对教师行为、学生行为进行记录，以便及时准确地进行反馈。

⑷反馈评价：①重放录像，为了使受训者及时获得反馈信息要重放录像，教师角色、学生角色、评价人员和指导教师一起观看，以便进一步观察受训者达到培训目的的程度；②自我分析，看完录像后，教师角色要进行自我分析，检查实践过程是否达到自己所设定的目标，是否掌握所培训的教学技能，是否还有其他方面教学行为的问题，明确改进的方向；③讨论评价，扮演学生角色的其他受训者、评价人员和指导教师从各自的立场评价实践过程，讨论所存在的问题，指出努力的方向(表9-2)。

表9-2　微格教学整体评价表

项目	导入	讲解	提问	演示	语言	组织	强化	结束	板书	教态	氛围
标准分	5	20	10	10	10	10	10	5	5	10	5
第一次评分											
第一次评语											
第二次评分											
第二次评语											

第二节　化学微格教学的教学反思

一、教学反思及其构成

(一)什么是教学反思

国际教师教育界公认教学反思应该成为教师教育的重要组成部分，然而反思作为一种思维方式，其本身的复杂性使得我们很难去界定教学反思，同时教学反思能力的培养也成为一个难点问题。但从最贴近课堂的角度来理解，教学反思是有意识地对已经发生或正在发生的教学活动进行批判性的思考和审视。在此过程中，要运用以往的知识和经验，发现教学活动中存在的优势与不足、困惑与问题并进行深入分析，继而通过行动解决问题并进一步积累教学知识、重构教学经验。这里所说的整个教学活动应该包括决策、行为和由此产生的结果。教学反思是一种通过提高教师的自我觉察水平来促进教学能力发展、提升教师专业水平的途径。

(二)教学反思的成分

⑴认知成分。这是教师进行教学反思的基础。教师已有的相关知识和经验在头脑中相互关联，以一定的结构组织起来，成为图式，可以在一定的情境中有效地存储和快速的提取，构成了个体理解世界的基础。对教学活动进行思考、审视和分析的过程中，必然要依赖已往的知识和经验。另外，对教学事件的认识还要依赖于教学理念和价值观，这些构成了教学反思的认知成分。有研究者对专家型教师和新手型教师对课堂事件的解释做了对比研究，结果表明，专家型教师在教学决策过程中体现出更深刻的具有丰富联系的图式。这些图式使得他

们能够准确判断哪些事件是值得关注的，并从记忆中提取出有关的信息，以便选择最恰当的反应策略，这是他们能够自动化地处理各种问题的基础。

(2)行为成分。教学反思既是一个思维的过程，也是一个将思维付诸行动的过程。反思是问题解决的一种特殊形式，它起源于问题或困惑，反思主体利用知识、经验和价值观，对问题进行深入分析后要形成问题的解决方案，并通过实践加以检验，根据实践结果进行经验的重构或下一轮的反思。因此，没有经过验证的思考和设想，即使经过探究已经形成了问题的解决方案，但也只能是空想，而不能确定其结果。教学反思的目的是解决教学实践中的具体问题，进一步提高教师的教育教学能力。教学反思是教学实践者在与教学情境的对话过程中框定问题并解决问题的过程。反思者如果脱离了自己的实践，任何所谓有效的方法和措施都是无力的。杜威说，“思维活动是从疑难的情境到确定的情境，思维不单是从情境中产生出来的，它还要回归到情境中去。”教学反思起源于教学实践，还要回归于教学实践，只有经过教学实践的检验，能将含糊的、疑惑的情境变为清楚的、确定的情境。

二、教学反思的方法

(一)观察学习：通过反思将他人经验映射到自身

班杜拉将人类的学习分为直接经验的学习和间接经验的学习。显然，观察学习属于间接经验的学习，指的是一个人通过观察示范者的行为形成新反应机制的能力。通过观察教学活动，可以在真实的、具体的教学情境中理解教学、解构教学活动的复杂性、学习教学活动中蕴含的隐性知识，通过反思将他人的实践经验映射到自身。

在观察学习的过程中要有关注的焦点，焦点可以是教学活动中的教学行为/学习行为、课程的结构、对技术的运用、教学方法、学生的反应、师生之间/生生之间的关系等。观察过程中要记笔记，要采用描述性的语言，避免使用判断性的语言，以便为日后查看提供明确的、客观的参考记录。对于新手教师，尽量确定单一的关注点，可以选用一些简单的记录行为以及行为发生程度的工具、量表等，有助于帮助他们发展观察能力。随着学习者观察能力的逐步提高，逐渐可以选择较复杂的关注点，灵活选用标准和工具，用叙事、轶事记录、流水账、示意图等方式提供更详细的描述。

(二)实习课：用反思联结教育理论与实践

实习课为理论在实践中的运用提供了一个演练场，反思充当了一个纽带，通过行动中和行动后的反思，学习者将先前学到的相关教学理论转化为自身的实践性知识，建构个人化的经验。实习课中的教学对象一般是同伴，主要包括微格教学和反思性教学。

(1)微格教学。微格教学以模拟课堂的形式在一定程度上弥补了职前教师欠缺接触真实教学情境机会的不足，使他们将课堂中获得的理论付诸行动。它可以帮助实习者在支持性的环境中练习教学方法、技巧，发展一些具体的教学策略，在此过程中，实习者可以及时地获得指导者、同伴和自己的评价。由于是一种面对的人数较少、教学时间较短的模拟教学形式，也会减轻实习者的焦虑感。同时，同伴作为模拟学生，在参与教学过程的同时也在进行观察学习，并在对同伴的教学过程评价中发展教学评价和教学反思能力。在对教学的评价过程中，可以使用事先制订好的评价量规，也可以共同商议评价量规的制订，这可以促使大家考虑教学过程中的重要因素，有助于加强对教学的理解，增强主人感并有利于量规的使用。

(2)反思性教学。也称为反思性模拟教学，与微格教学类似，是一种面向同伴的教学方式，目的是促进教学方法的改进和教学效率的提高。反思性教学可以提供全面、客观地分析教学的机会，可以给教学者提供及时反馈以及反思的机会，培养教学者和参与者对教学进行反思的习惯。在这样的活动中可以体会和分享教学经验，形成有利于同伴交流的氛围，提供观察他人教学实践的机会。

(三)叙事研究：让反思回归到教育现象本身

教育叙事研究就是对教师日常的专业生活进行描述与反思，它注重教师独特的体验与个体化的思想与行为。教育叙事对反思的意义体现在：它是教师教学实践对象化的过程，这个过程不仅为思维主体建构了反思的对象，而且使思维主体获得一种审视自身的距离，教师通过叙事从自己教学实践中抽身而出，在叙述中沉思自己日常活动中蕴含的个人化的行动和观念，通过追问与诘难，发现叙述话语背后体现的教育学意义。教育叙事是一个基于现象学理论建构起来的反思过程，现象学对现象本身的回归是试图消除固有的理论与观念对事件意义的遮蔽，它关注的是人的情感价值判断，并关注人的意识。教师日常教育教学行动的过程和细节是对教育实践的最真实的现象还原，通过叙事研究达到直面教育现象本身的目的。探寻教学的秘密就是去发现当时的细节和教师的日常生活；教师是拥有关于教学知识的最丰富、最有用的资源；那些希望理解教学的人必须转向关注教师本身。通过教育叙事，可以探询教师个体化的思想和观念，并在将这些隐性知识显性化的过程中，重构教师个体化的实践知识和智慧。

(1)反思日记。有学者强调更多的学识来自对经验的反思而不是经验本身。反思日记可以帮助反思者系统地反思自己的教学行为、工作状态、个人的专业发展和信念与价值观，使得教学者的实践与个人的信念、价值观联系起来。当反思者掌握了日记写作的方法并且得到了针对反思内容的有意义的反馈时，才能达到真正的反思效果。

反思日记的内容可以是一次教学活动，也可以是一段时间发生的事。一般会描述事件的情节，对事件做出解释和说明，运用相关理论分析原因与影响因素以及可能造成的影响，还可以记录通过事件联想到的关联事件和问题以及从中学到的东西，并尝试从事件中分析个人的信念和价值观，还可以针对事件做出假设，提出可能的改善方案。为了保证日记能够真实、客观地反映教学现实，最好在事件发生后及时进行记录。

(2)自传。写自传，然后对故事的含义、相关因素进行反思，可以促进教师对过去的经验进行分析，帮助他们认清自己对教学的观点以及观念、态度的变化。这些是在教师的信念、目标、感悟以及生活中与人的交往等基础上形成的，它们在故事情节中呈现出来。自传使教师反思当前的经验，进而能够更加理性地处理问题。长此以往，将促进教师的自我认识、个人成长及专业发展。通过写自传，经验被具体化了，更有助于理解；使学习者呈现他们的观念、目标以及对“什么样的教学是好的教学”的看法。学习者的行为反映了他们的文化背景，而学习者的自传反映、影响他们所处的文化背景。

(3)案例分析。由于教学的复杂性、课堂观察时间的有限性以及系统观察教学的必要性，案例分析成了教师教育领域中的有效做法。案例是教师教育教学经验的浓缩，来源于现实教育教学情境中的疑难问题，具有典型性，通过对案例中教育教学事件的分析和决策，可以为教师在现实教学情境中处理真实问题积累经验。案例分析的方法为教师提供了一种在短期内接触并处理大量教育实际问题的机会，通过鲜活的、具体的案例让教师身临其境，间接获得处理各种教育问题的经验。

案例的撰写要注意几点：第一，要以第一人称或第三人称进行记叙；第二，要详细描述真实的教学事件，记叙尽可能多的细节；第三，记叙时要采用生动、活泼的描述性语言，不要加入个人的推断；第四，对教学事件的描述要完整，要有事件发生的具体过程；第五，案例中的事件要含有问题或疑难情境，最好是有多种解决方案、需要分析者进行决策的问题或情境。案例的分析评论是案例的精华所在，分析评论就是运用先进的教学思想和教学理念，围绕案例的主题评析成功或不足之处，针对教师外显的教学行为分析其内含的理论依据，进而提炼出具有普遍意义的新理念、新观点、新策略，给人以启示。

(四)行动研究：将反思嵌入真实的教育情境

澳大利亚学者凯米斯(Kemmis)认为，“行动研究是社会情境中的实践者为了提高对所从事实践的理性认识，改善他们的实践活动及其所处的社会情境而进行的自我反思的探究形式。”由于教育实践具有情境性、不确定性，所面临的问题是复杂的、多变的、独特的，有学者从解释学的立场出发进一步强调“没有教师对情境理解的发展，就不可能改进实践情境”。因此，教育中的行动研究就是反思性实践者在具体的、真实的、不确定的教育情境中不断框定问题并解决问题，以改善教育实践的反思性对话过程。

通过行动研究，教师从技术理性转移到审视教学过程，将注意力从教学技能转移到批判性地思考教学实践和其中蕴涵的原理以及它们的替代方案，不再毫不怀疑地依据课本进行教学，而是更加关注后果和教学情境中的问题(如学生的需要)，更加关注策略、方法及模式的恰当运用。在此过程中，教师在真实的教学情境中通过反思获得个体性的实践知识，增强了对教学的深入思考；深化了对教师角色的认知；增进了对理论、观念与实践之间差距的认识；更加关注学生，对学生需要的感知更加敏锐。长此以往，行动研究将帮助教师形成反思、问题解决的行为习惯，促进教师的专业化发展，最终将更好地改善教育实践。

实施行动研究，第一步是要界定问题，问题应该来自教师的困惑或者理想与现实之间的差距，同时应确定核心问题和相关问题；然后确定目标以及实施每一步骤的原则，这些原则将就研究中的一些伦理道德问题给教师提示，同时包括一些用于问题解决的干预措施；通过各种途径(如现场记录、访谈、社会关系网图、学生作品、录音、录像、观察等)收集数据。第二步(也是至关重要的一步)是数据分析。它主要对研究中所得到的数据进行解释，用来判断干预措施的作用。最后一步是应用研究结果并考虑下一步的研究。

(五)构建反思共同体：为反思营造广域的对话空间

反思是为了教师能够更好地理解教学、实现自我认知、促进自我发展。但人们往往是通过观察他人对自我行动的反馈来认识自我、建构自我的，他者是自我建构的一面镜子。通常在与他人的对话中人们能够最好地对一个具体情境的意义进行反思。反思共同体中应该包括教育研究者、同行教师和学生。教育研究者可以为教师提供理论上的援助，同时也可以从教师那里获得实践的第一手资料，共同在教学研讨中受到启发；同行教师可以形成学习小组，共同学习，共同发展；学生可以为教师提供教学的反馈，有助于教师站在学习者的立场反思自己的教学行为和观念。这种结构层次为教师的反思活动营造了一个广域的对话空间，在这个空间中，具有不同背景的认识主体提供了对教育教学实践的不同认识和不同理解，形成多元对话空间，在不同观点和理念的砥砺和竞争中，寻求对具体教育教学实践情境的理解，提高教学实践行动的合理性和有效性。

在教学实践中，教师应该以坦诚的态度将自己的课堂向研究者和同行开放，在反思共同体的深度交流和柔性碰撞的过程中，可以在更广阔的背景下看问题，并将想法、观点与行动联系起来。在反思共同体中，要提倡参与者之间的平等和民主，建立个体之间相互信任的、健康的文化氛围，保证交流和讨论在轻松、自在的状态下进行，才能对问题进行细致深刻的分析，才能促进反思走向深入。有效地反思共同体会保证反思的连续性，确保充分的对话时间，会使个体质疑并改革那些对学生无效的做法，并经常研究新的教学观念，会对教育教学实践始终保持开放的好奇心，包容各种不同的意见，共同致力于学生的成功和健康成长，通过问题解决、建设性的批判、反思以及辩论形成团队意见。

三、教学反思的培养策略

(一)教学反思的过程

(1)产生疑惑，识别问题。思维起源于疑惑，起源于问题，起源于不确定性，它是由某种事物作为诱因而发生的，这样才会引发思考和探究。进行教学反思，首先要让反思者感到教学中的困惑现象，即通过对教学的观察、回顾或通过他人对教学的评价，反思者意识到教学实际情况与自我认知情况不符、教学中存在着一些不知如何解决的困惑或还存在着一些问题需要去改进，这些将引发反思者深入思考和探究，去寻找解释困惑的证据，寻求解决问题的方法和途径，进一步促使自己的教学行为发生改变。在专家型教师与普通教师对比的研究中发现，专家型教师具有不断探索和试验、质疑看似“没有问题”的问题和积极回应挑战的特征。专家教师具有的将貌似正常的情境“问题化”、主动去发现问题、定义问题的能力，而不是他们解决已呈现出来问题的能力，是他们和非专家教师的关键区别。

(2)分析问题，探究解法。如果没有对问题的分析和探究，疑难终究是疑难。识别出问题或困惑之后，接下来就要考虑对问题或困惑做出近乎合理的解释，以寻求适合问题的方法。这就需要凭借以往的相关知识和类似情境的经验，它们以图式的方式存储于头脑中，需要在图式系统(认知结构)中将其提取出来。这一过程中，需要思考的是，当前的问题或困惑可以与什么相关概念、理论或相关事件联系起来？这些概念、理论或事件可以为此提供佐证或做出解释？这一问题产生的原因是什么？有哪些影响因素对其起作用？有什么相似情境的经验可以提供借鉴？通过这些方面的考虑，反思者多角度、多侧面地分析、评价教学活动及其背后的观念、假设，积极寻求多种可能解决问题的方法，进而做出合理的判断和选择。

(3)实践检验，重构经验。有了问题的解决方案，就要在实践中解决问题，一切假设和推理都需要在真实的情境中得到检验。检验的结果可能会产生两种情况：一是出现了所期望的结果，假设和解决问题的方法得到了验证和加强；二是产生的结果并不能与期望的结果一致，需要继续反思再付诸行动。在经过了实践检验之后，反思者要在已有经验的基础上对经验进行重新组织和重新建构，目的是达到对各种教学活动的背景有新的理解，对自身作为教师和教学活动的文化环境有新的理解，对关于教学的一些想当然的假设有新的理解。由于教学实践的不确定性、情境性、复杂性和创造性，教师的专业发展带有明显的个人特征，它不是一个把现成的某种教育教学知识或理论应用于教育教学实践的简单过程，而是蕴涵了将一般理论个性化、与具体的应用场景相适应、并与个人的个性特征(情感、知识、观念、价值观等)相融合的过程。因此，教师必须以自己的已有经验为基础，对自身的教学实践不断重新认识和理解，不断建构和提升自身经验，才能深入理解教学实践，才能创造性地发展教学实践，才能不断提高自身的专业水平。正如杜威所说的，“真正的思维必然以认识到新的价值而告终。”

(二)教学反思的策略

(1)建立批判态度，突破行为习惯。教学反思就是要把日常的教育教学活动当作观察对象，探寻常规和习惯掩盖下的教育实践的真正意义。生活中人们对习惯存有极大的依赖，常依据习惯对具体的生活情景做出反应。在实际的教育教学实践中，教师也大多是依据惯例的反应来应对具体的教学情境，并且常有将自己的行为合理化的心理倾向。惯常的行动图式在给人带来行动便捷的同时也消解了人的批判意识和创新意识。教育反思的实质就是对这种惯常行为图式和思维图式的抗拒与颠覆，改变那种单纯以风俗、习惯和前见为基础进行判断的倾向。通过批判，对自己的教学行为和教学观念进行理性剖析，在这个过程中发现教育教学中的问题和困惑，促使自身去改善教学行为和观念，以实现教育实践的真正意义，彰显教学反思的本真价值。

(2)培养问题意识，建立觉察性。一切探究性思维的发生都发自对自己感兴趣问题的研究和分析，反思性思维也是如此。研究发现，有些教师在教学中缺乏反思意识，对自己的教学行为缺乏足够的敏感性和觉察性。面对这种情况，如果只是宣传反思的重要性和对自身专业成长的意义价值不大，更重要的是要引导他们从自己的教育教学实践中寻找突破，发现问题。当教师自己觉察到教学行为的实际结果与预期结果不协调，或心理产生各种疑难、困惑时，会促使他们对行为做出改变，去解决心中的疑难和困惑。问题和疑惑是激活反思的内在动因，通过自我分析的方式主动发现问题和疑惑比单纯地确定这些更重要。正如杜威所说的，“对解决困惑的需求在整个过程中是稳定的并具有导向性的要素。”

(3)发现成功之处，形成再生点。对于新手教师，虽然失误和问题比较容易引起他们的注意，但自己教育教学过程中的成功经历也会使他们产生满足感，对他们起到鼓励作用，促使产生改善教育教学的动力。因此，在反思过程中，也要让他们注意到自己在教学过程中表现出的优势，总结经验，思考如何将其进行发扬，使其成为新的再生点。

(4)加强总结提炼，提升已有经验。很多时候，教师在实践中采取的教育教学策略是适应当时教育教学情境随机产生的，是即时迸发的，并不是当初设计好的，教师认为这样做是自然而然的，并不会刻意思考和总结。还有的教师在教学中对课堂的教学和整体把握都很好，让其交流经验和体会时却说不出所以然来。这都说明，无论是对于短期迸发型还是长期积累型的教师，都应该及时创造条件引导他们总结提炼自己的教学特点和教学经验，积极思考和探究教学过程，促进新经验与以往经验的融合，不断建构和提升自身经验。

(5)了解理论动态，寻找实践融入点。教育理论和理念在不断更新，它们直接指导教育教学实践。工作在教学一线的教师要及时获悉教育改革和发展的最新动态，深入学习和理解教育的最新理论和理念。但理论在具体实践中的应用不是套用的过程，而是能动与发展的过程，是理论和理念在实践主体内植根和成长、并在实践中不断创造可能性和发展自由空间的过程。因此，要深入学习和理解、并在实践中深刻体会教育教学理论和理念的本质与精髓，思考教育实践中的具体的、切合实际的、适合自身的融入点，做到将理论和理念真正融入活生生的教育教学实践，使其在实践中得到充分的运用、探究、理解和发扬。

(6)鼓励协作反思，促进深度交流和柔性碰撞。反思是指向自我的，教学反思的目的和实质是进行自我分析、最终实现自我发展，但不代表反思的过程中不需要共同协作。自我反思容易使自己陷入个人的经验和自我思维定式，而群体协作有助于改善独立反思的偏差，使个体的反思走向深化。同时，协作反思能够消除教师的孤独感和无助感，为教师提供情感上的支持。此外，只有当信念对自己而言是真实的、清晰时，才能与他人交流，才能促进个人化信念的发展。

在协作反思的过程中，要促进深度交流，首先需要勇于真心坦露自我，勇于展示内心的想法，可以通过抛出一些问题或困惑的形式邀请大家帮助解决，要适时鼓励或主动探询他人提供不同的看法，这样才能将群体反思推向深入。其次，要降低习惯性防卫心理，要善于倾听大家的想法和意见，并能针对他人的看法给予积极的回应，当表达不同的观点时，要注意表达的方式，提倡不同看法间的柔性碰撞。最后，在相互交流的过程中可以衍生出新的问题。

当大家的观念或看法存有差异、解决问题的方案产生冲突时，就会使问题显性化，从而碰撞出新知识、新问题与新的解决方法。在民主和谐的环境氛围主导下，在一种无拘无束的探索中更容易产生新问题。而一旦民主氛围缺失，教师之间相互敌对，也就难以碰撞出智慧的火花了。

阅读链接

师范生教学技能存在的问题及对策

一、师范生教学技能存在的问题

(1) 对新课标认识不足。大多数师范生对新课程理念认识比较清楚，在实习和模拟教学中，注意在课堂教学中转变教与学的方式，起到了教师是学生学习的指导者、帮助者、促进者的作用，注意运用“自主、合作、探究”的学习方式调动学生学习的积极性。但是，大多数师范生对新课标的认识不足，不了解新课标的内容。例如，不少师范生对新课标所强调的三维教学目标机械套用，出现大而空的现象，特别是情感态度价值观目标的制订基本没有和教学内容实际联系在一起，教学目标没有落实到位。

(2) 对微格教学把握不准。从教案来看，大多数师范生没有体现微格教案的特点，编写的不是微格教案，对所运用的技能要素认识不清，在“技能”一栏，只写技能名称，不写技能要素，把微格与教学技能分割开来，微格技能非微格化。有的教案编写过于简单，没有体现出运用什么技能，有的教案是一节课的内容，压缩到 10 分钟，导致容量过大，不能按时完成教学任务。从教学来看，大多数师范生对自己所运用的教学技能也很模糊，看不出来运用哪一种技能，由于运用多种技能，加上时间关系不能充分展示，结果自己运用的核心技能没有体现出来，都影响了讲课的效果。

(3) 运用多媒体课件能力不强。就目前的师范生而言，由于尚未接触中小学教学，对于中小学教学情况并不了解，尤其是对中小学学生学习的特征、学习风格、个性特点、认知水平等方面把握不够准确，所以对于教材的处理不当。这就要求师范生在教材处理上要充分利用网络资源的优势，可以组织师范生学习优秀教师的教学案例，开展教学视频的观摩。但是，在教学中发现部分师范生将网络资源采取“拿来主义”，照搬过来，没有把自己讲课所需要的教学内容进行分析加工，从而影响了教学效果。少部分师范生也试图运用多媒体，但课件制作和使用欠佳，视频播放与教学不同步，一张幻灯片有多种颜色，学生看不清，视觉疲劳。师范生没有在传统教学与多媒体教学两者之间找到一个合适的平衡点为教学服务，导致在多媒体课件的使用中出现了负面效应，或者把多媒体课件当作课堂教学的摆设，没有发挥应有的作用。

(4) 说课设计思路不清。阐述说课设计思路是在模拟讲课前对教学内容与过程进行的阐释和说明。具体应阐述设计该课的课程标准、教学理念、教学方法、教学内容如何突出重点、怎样突破难点、如何围绕重点难点问题引导学生积极探究的教学思路。教学中要注重创设教学情境，注意利用学生已有的知识经验进行知识建构，运用启发式，形象生动地进行讲解。但大多数师范生在说课中，只是按说课的程序去阐述设计思路，重点放在了“教什么，学什么”，忽视了为什么这样教的具体依据，甚至忽略了讲课时运用什么技能，如何运用各种技能、重点突出哪一个技能都没有说清楚。由于对阐述教学设计思路理解不到位，大部分师范生对阐述教学设计思路与“说课”混淆不清。

(5)教学基本技能薄弱。部分师范生语言技能欠佳，表达不规范。教师的教学语言有其特定的职业内涵和规范要求，要求做到简练生动、科学严谨，具有启发性。但目前大多数师范生教学语言技能欠佳，表达不规范，普遍存在的问题是发音不准，语速过快，没有语调变化，语言啰唆、习惯性口语较多，提问语言欠准确，措辞不当，提问后马上让学生回答，不给学生留思考时间，问题设置随意，无层次与深度，在运用教学语言陈述时，科学性、准确性、流畅性、语速适宜性都有待提高。板书设计不合理，写字不规范。在信息技术环境下的教学课件和恰当的板书配合，是体现教学基本技能的重要途径之一。但是，大多数师范生板书技能很薄弱，具体表现在书写不规范，具有随意性，板书设计不合理、不科学、不美观，不是字大就是字小，有的写字歪斜，重难点不突出，不能体现教学内容的中心和关键。这就需要进一步加强粉笔字训练，提高板书技能水平。部分师范生缺乏自信。大多数师范生在教学实习中教态自然、仪表大方、穿着得体、手势适度。但是，也有部分师范生面对生疏的评委和不能积极配合的学生，表情非常紧张，有的站在那一动不动，有的乱走，有的手不知道怎么放、腿颤抖，等等。教学过程比较被动而且缺乏自信与活力。

(6)现场答辩能力不强。教学实习中部分师范生讲完课后，对教学现场指导教师和学生突如其来的发问感到无所适从，对于指导教师的提问不能抓住问题的要点，不能清楚地表达自己的观点，语言不流畅，缺乏回答问题的策略，不能根据评委提出问题的特点及时调整回答问题的方案。例如，一位师范生讲课，运用的是讲解技能。指导教师提问：根据你运用的讲解技能，请你回答讲解技能都有哪些要素？该师范生没有回答上，很尴尬。很多师范生普遍存在的问题是，对指导教师提出的问题，不能准确理解，不能切中问题的要害与关键，思维不灵活，不能用理论与事实证明问题，概括性不强，条理不清晰。由此可见，师范生的现场答辩能力、应变能力还有待加强。

二、加强师范生教学技能培养的对策

(一)进一步加强师范生对新课标的学习

针对师范生对新课程教学理念认识不足的问题，师范院校应改革学科教学的方式，让学生深入中小学课堂，看看新课程理念下的中小学课堂教学与传统的课堂教学相比发生了哪些变化(其中最重要的是教师的角色与学生地位、作用的变化，以及师生关系的变化)，变化的程度有多大，哪些要素变化了，哪些还没有变化，原因在哪里。只有围绕这些问题进行深入分析，让学生知道现在的中小学课堂教学改革的真实情况，才能进一步加强师范生新课程理论的学习。只有内化新课程教学理论，才能在实践中紧跟中小学课堂教学改革的步伐，提高师范生课堂教学能力，形成自己的教学特点。

(二)加强师范生微格教学训练

作为即将走上教学工作一线的师范生，熟练运用教学技能是上好一堂课的基本保证，这就需要师范生尽可能多地参加教学技能的训练。采用微格教学模式训练师范生教学技能是一种有效途径。笔者随机选择了接受微格训练的师范生进行访谈，师范生普遍认为运用微格教学训练教学技能是一种好方法，在训练中通过自己讲课和观摩他人授课能发现自己在教学中存在的问题，通过角色扮演、反馈评价、教师指导等不断提高教学技能。

(三)要强化多谋体使用技术训练

师范生学会使用信息技术是我国基础教育新课程改革的一个必然要求。这就要求师范生要努力学习信息技术与学科教学的整合理论，运用先进的教育理论，特别是新型建构主义理论和教学结构理论指导整合。师范生在进一步学习信息技术与学科整合理论基础上，多尝试，多训练，强化媒体使用技术，从而进一步提高课堂教学整合的能力。

(四)在教学中开展阐述说课设计思路活动

阐述说课设计思路是师范生极为薄弱的环节，这一环节能反映师范生的口头表达能力，更能显示师范生对教学内容设计的思维广度和深度，还能反映师范生对先进教学理论掌握和运用的水平。因此，应该加强对师范生阐述说课设计思路的培养。因为阐述说课设计思路不清晰直接影响说课，所以必须打好这个基础。通过视频直播的方式让师范生观摩是指导学生阐述说课设计思路的非常好的形式。此外，在学科教学论中，教师可开展各种形式的阐述教学设计的大赛活动，为说课奠定基础。

(五)加强师范生教学技能训练

培养师范生教学技能，除了上微格教学课之外还要组织实施一些训练教学技能的实践活动，将教学技能训练纳入师范生常态化学习的考核范围之内，这样更能激发师范生参与教学技能活动的积极性。例如，在学科教学论学习过程中，组织师范生观摩特级教师录像课，给学生创造见习和研习的机会，多组织师范生参加综合实践大赛等活动，活动形式可以多种多样，如三字一话(钢笔字、粉笔字、毛笔字、普通话)、模拟授课、阐述设计思路、说课等。可以将这些活动纳入师范生学习考核的内容，从而调动学生参与活动的积极性，使他们的教学技能在活动中不断得到提升。

思考与实践

(1)观看说课与评课教学视频，依据自身的理解总结出说课和评课的关键及其注意事项。

(2)选一段适合的教材内容，写出整体训练的微格教案(15～20分钟)，分组进行教学练习并讲评。

(3)在微格教室进行录像，观看录像，师生共同进行讲评，指导教师对学生的教学进行总结性讲评，小组成员依据评定标准给出成绩。

参 考 文 献

鲍正荣. 2013. 化学新课程教学技能研究[M]. 北京：科学出版社.
陈传锋. 1999. 微格教学[M]. 广州：中山大学出版社.
陈时见，邓翠菊. 2011. 课堂教学综合训练教程[M]. 北京：高等教育出版社.
杜正雄. 2014. 中学化学新课程教学设计[M]. 北京：科学出版社.
傅道春，齐晓东. 2003. 新课程中教学技能的变化[M]. 北京：首都师范大学出版社.
郭友. 2004. 新课程下的教师教学技能与培训[M]. 北京：首都师范大学出版社.
胡淑珍. 1996. 教学技能[M]. 长沙：湖南师范大学出版社.
胡志刚. 2007. 化学微格教学[M]. 厦门：厦门大学出版社.
黄宇星. 2008. 信息技术微格教学[M]. 厦门：厦门大学出版社.
江家发. 2004. 化学教学设计论[M]. 济南：山东教育出版社.
李冶军. 2009. 有效教学与教师的专业发展[M]. 大连：辽宁师范大学出版社.
李远蓉. 1996. 化学教学艺术论[M]. 重庆：西南师范大学出版社.
梁杏. 2007. 课堂教学的十大技能[M]. 长春：吉林大学出版社.
林崇德. 2001. 教师教学技能导读[M]. 北京：华艺出版社.
刘昌友. 2007. 微格教学与课堂教学技能训练[M]. 贵阳：贵州教育出版社.
刘宗南. 2011. 微格教学概论[M]. 天津：天津大学出版社.
毛东海. 2012. 化学课堂“有效教学”研究[M]. 上海：上海教育出版社.
孟宪恺. 1992. 微格教学基本教程[M]. 北京：北京师范大学出版社.
荣静娴，钱舍. 2000. 微格教学与微格教研[M]. 上海：华东师范大学出版社.
沈鸿博. 1999. 化学课堂教学技能训练[M]. 长春：东北师范大学出版社.
孙立仁. 1999. 微格教学理论与实践研究[M]. 北京：科学出版社.
孙文杰. 1993. 微格教学初步[M]. 北京：地质出版社.
孙正川. 1999. 课堂教学技能训练[M]. 武汉：华中理工大学出版社.
童悦，张文凤. 2003. 微格教学教程[M]. 成都：电子科技大学出版社.
王磊. 2003. 初中化学新课程的教学设计与实践[M]. 北京：高等教育出版社.
吴渝. 2007. 微格教学实训教程[M]. 合肥：合肥工业大学出版社.
杨承印. 2003. 化学教学设计与技能实践[M]. 北京：科学出版社.
叶佩玉. 2016. 中学化学教学设计[M]. 上海：上海教育出版社.
张庆云，谭建红. 2009. 化学教学设计与教学技能训练[M]. 重庆：西南师范大学出版社.
张学敏. 2000. 课堂教学技能[M]. 重庆：西南师范大学出版社.
赵伶俐. 2006. 课堂教学技术[M]. 重庆：重庆出版社.
周青. 2014. 化学教学设计与案例分析[M]. 北京：科学出版社.
周晓庆，王树斌，贺宝勋. 2013. 教师课堂教学技能与微格训练[M]. 北京：科学出版社.
朱嘉泰. 1999. 中学化学微格教学教程[M]. 北京：科学出版社.